本书由 公益性行业（农业）科研专项（3–52 肉兔）<br>国家兔产业技术体系建设（nycytx–44） 项目资助出版

国家重点规划图书

21世纪规范化养殖日程管理系列

# 肉兔日程管理及应急技巧

谷子林　孙惠军　主编

中国农业出版社

**主　编**　谷子林　孙惠军

**副主编**　李明勇　白云峰
李大婧　綦敦鹏
王　怡　于晓龙
于会民　高　沛
王新国　阎英凯
孙洪波　唐治忠

**编著者**（以姓氏笔画为序）

于会民　于晓龙　马学会
王　怡　王　磊　王志恒
王新国　白云峰　任文社
刘亚娟　孙洪波　孙惠军
李大婧　李明勇　李艳军
李素敏　谷子林　谷新晰
张玉华　张国磊　陈宝江
陈赛娟　范京惠　赵　杰
赵　超　高　沛　郭万华
郭洪生　唐治忠　黄玉亭
阎英凯　葛　剑　董　兵
管相妹　綦敦鹏　阚庆华
霍妍明　魏　尊

ROUTU RICHENG GUANLI JI YINGJI JIQIAO

## 个人档案

姓　　名：

兔场地址：

办公电话：

住宅电话：

手　　机：

E-mail：

## 常用电话

兽医防疫站：

兽药销售门市：

饲料供应商：

门诊兽医：

兔皮收购商(贩)：

兔肉收购商(贩)：

活兔收购商(贩)：

## 本书有关用药的声明

兽医科学是一门不断发展的学科，标准用药安全注意事项必须遵守。但随着科学研究的发展及临床经验的积累，知识也在不断更新。因此，治疗方法及用药也必须或有必要做相应的调整。建议读者在使用每一种药物之前，参阅厂家提供的产品说明以确认推荐的药物用量、用药方法、所需用药的时间及禁忌等。医生有责任根据经验和对患病动物的了解决定用药量及选择最佳治疗方案。出版社和作者对任何在治疗中所发生的对患病动物和/或财产所造成的伤害不承担任何责任。

中国农业出版社

# 出版说明

目前，我国国际农产品贸易额与日俱增。同发达的西方农业相比，我们传统粗放的农业生产形式面临着严峻的挑战。生产过程不规范、效率低下、产品质量低、农药残留超标，这些因素无疑使得我国农产品在国际市场竞争中处于劣势，也是国际贸易中采用技术壁垒制约我国农产品贸易的主要方面。

为了提高食品安全水平，增加农民收入，更好地建设社会主义新农村，我们从生产过程规范化的角度提高农民的生产技能，以便提高产品质量、增强产品竞争力，从而更好地增加农民收入。在此，作为本套丛书的策划者，就以下几个方面加以说明：

**成书历程：**本套丛书从调研立项到成书历时5个春秋，先后赴北京、天津、河北、山东、山西、浙江、四川等10多个省、直辖市调研，走访了全国有代表性的特色生产企业100多家，从中遴选出合作单位20余个。图书文稿都是经过反复论证、推敲和修改，逐本过关，精心设计，最终才在2010年隆重推出。

**丛书亮点：**本套丛书入选国家重点图书出版规划。具有以下特点：

1. 日历形式简洁　日历形式阅读，方便饲养人员操作。本套丛书根据畜禽饲养特点，以生产日历的形式，清楚地说明每天几点该做的工作、该备的药物等；给养殖人员以规范化的操作管理模式，使其不仅知道该怎么养，还要知道该怎么管。

2. 信息搜集方便　日历备忘录，方便信息搜集。本书有利于信息的搜集和整理，让饲养人员知道该记录哪些，怎么记录，以便科研人员和企业管理者总结经验和事故追溯。

3. 应急预案准确　应急处理技巧，方便饲养员临时操作。同时，给技术人员提供第一手资料，以备后期处理，及时预防大的疫情出现。

**作者组成：**由科研人员和养殖场技术人员组成。编著者在全国有代表性的养殖企业基层工作或有基层工作经验，文字功底和专业知识较好。

**最适读者：**①养殖场饲养员；②想从事规范化养殖的饲养户；③科研、教学单位的实验基地人员。

本套丛书经编写人员、编校人员的不懈努力，倾心奉献。但鉴于新的创作形式，错误和不足难以避免，恳请读者和同行不吝斧正，当再版之时作以纠正以兹回谢。

# 前 言

肉兔养殖是我国传统的养殖项目，有着悠久的历史和广泛的群众基础。近年来，农业产业结构的调整、人民生活水平的不断提高、膳食结构的逐渐改善、科技的迅猛发展和国际市场的强力拉动等，对于肉兔养殖业的发展产生了巨大的推动作用。据有关部门统计，1985 年我国兔肉产量仅 5 万吨，到 1987 就增加到 10 万吨，1993 突破了 20 万吨，2004 增加到 46 万吨，占世界兔肉产量的 23%（世界兔肉总产量约 200 万吨），几乎每隔 10 年兔肉产量就翻一番。我国已经成为世界肉兔生产大国和兔肉主要输出国。肉兔养殖业为农民增收做出了突出的贡献。

尽管我国养兔业在整个畜牧业中占据的份额依然很小（兔肉产量约占肉类总产量的 0.86%），但肉兔产业的特有优势预示着其具有广阔的发展前景。肉兔以草为主（40%～50%），生长速度快（70～90 天出栏），饲料报酬高（3～3.5：1），繁殖力强（每只母兔年出栏商品兔可达 50 只以上）。发展肉兔养殖符合中国国情：兔肉营养丰富，结构优良，具有高蛋白、高赖氨酸、高消化率、低脂肪、低胆固醇、低能量的特点，代表了当今人类食品发展的潮流和趋势，已经受到并且必将受到更多消费群体的重视和青睐。

几年前，我国加入了WTO，为兔肉占据更大的国际市场创造了有利条件。但兔肉市场并没有立即见到成效，相反却遭到欧盟的封关。我们不能对兔肉进口国的“苛刻条件”和“绿色壁垒”产生任何抱怨，抱着对自己、对他人、对子孙后代负责的态度正视这一问题。通过科技进步提升我国肉兔产业总体饲养管理水平和产品标准，是肉兔产业健康、稳定、持续发展的唯一出路。肉兔产业需要我们认真研究“绿色兔肉”生产技术，生产出合格的“绿色兔肉”，让人类享受现代文明。

近年来，在全球范围内出现了与现代文明不甚协调的现象：欧洲的“疯牛病”使人们谈牛色变；“二噁英”事件的暴发使人们心惊肉跳；“猪链球菌病”、“禽流感”等事件，使人们在消费动物性食品时心有余悸。但是，到目前为止，在动物源性食品中，尚未发现兔肉对人体健康形成威胁的信息。近年肉兔养殖业在国内外的快速发展和兔肉在国内外市场消费量的急剧增加，与此不无关系。

我们欣喜地看到，近年我国肉兔养殖业得到了迅猛的发展，令人刮目相看。养殖区域扩大，养殖队伍壮大，养殖规模也不断增大。我国肉兔养殖正处于一个由粗放型向集约化、由零星散养型向规模化、由家庭副业型向专业化和由传统型向科学化方向发展的过渡时期。肉兔产业化生产模式在部分地区已经初步形成。为了更好地服务于中国的肉兔产业，近年来，我们承担了农业部公益性行业（农业）科研专项肉兔高效饲养技术研究与示范项目（3-52肉兔）和国家兔产业技术体系建设项目（nycytx-44），围绕着肉兔的高效健康养殖开展了系列的研究工作，积累了一些经验，取得了一些成果。

本书一改以往科技著作的惯常写法，分为六大部分，即准备篇、日程管理篇、应急技巧篇、用药篇、失误篇和资料篇，突出实用、实效和可操作性。尤其是日程管理篇，将妊娠母兔、泌乳母兔、仔兔、幼兔和育肥兔的饲养管理程序化，每天何时做什么工作、如何做、注意什么，写得一清二楚，使养兔者照方抓药，立竿见影。

我们的目的是想给从事肉兔饲养者提供一个每天都可以照着做的作业指导书。也许你是一个刚开始养肉兔的农民，或是一个刚从农业院校毕业即将担任肉兔饲养管理的畜牧兽医专业的学生，或是一个欲求一份饲料营销或肉兔技术服务但实践经验不很丰富的应试者，你不必担心自己是否会养肉兔，均可很容易地试着按照本书指导农民养兔。本书以青岛康大外贸集团规模化肉兔绿色养殖模式为基本参照，以高产肉兔配套系为基础总结了我们20多年来从事家兔科研、教学和生产的实践经验，同时吸收了国内外前人的最新科技成果，力求实现初衷。

由于著者知识和专业经验的局限，书中疏漏甚至不科学的地方在所难免，恳请同行不吝赐教，以便今后不断改进和完善。

编著者

2010年5月于保定

# 目 录

本书有关用药的声明
出版说明
前言

**第1篇 准备篇** …… 1

一、兔场的准备 …… 3
（一）兔场功能区的划分 …… 3
（二）兔场场址的选择 …… 4
（三）兔场建筑物的布局 …… 6
二、兔舍的准备 …… 8
（一）兔舍建筑的要求 …… 8
（二）兔舍的类型 …… 12
三、笼具的准备 …… 15
（一）兔笼 …… 15
（二）笼具 …… 20
四、兔舍和笼具消毒 …… 24
（一）新兔场的消毒 …… 24
（二）老兔场的消毒 …… 24
五、饲料准备 …… 26

（一）饲料加工设备 …… 26
（二）饲料库 …… 26
（三）饲料配方 …… 27
（四）饲料原料 …… 28
（五）饲料生产人员 …… 28
六、生产记录准备 …… 29
七、饲养人员准备 …… 36
（一）饲养员的选择 …… 36
（二）饲养员的培训 …… 36
（三）饲养员的使用 …… 37
八、种兔准备 …… 38
九、药品和疫苗准苗 …… 40
第2篇　日程管理篇 …… 41
一、种公兔日程管理 …… 43
（一）配种准备期 …… 43
（二）配种期 …… 46
（三）高温前期 …… 48
（四）高温期 …… 50
（五）高温期后 …… 51
二、空怀母兔日程管理 …… 53
（一）后备空怀母兔 …… 53
（二）断乳后空怀母兔 …… 54
（三）休闲期空怀母兔 …… 55
三、妊娠母兔日程管理 …… 57
四、泌乳母兔（及仔兔）日程管理 …… 123
五、幼兔和育肥兔日程管理 …… 195
第3篇　应急技巧篇 …… 267
一、传染病发生前处理 …… 269

二、传染病发生时处理 …… 270
三、传染病发生后处理 …… 272
四、突然死亡处理 …… 274
五、流产死胎处理 …… 275
六、难产处理 …… 277
七、阴道脱处理 …… 278
八、子宫脱处理 …… 279
九、煤气中毒处理 …… 281
十、惊群处理 …… 282
十一、牙齿错位处理 …… 283
十二、食仔处理 …… 284
十三、冻僵处理 …… 285
十四、高温处理 …… 286
十五、高湿处理 …… 289
十六、降温处理 …… 291
十七、中暑处理 …… 292
十八、换料处理 …… 293
十九、饲料中毒处理 …… 295
二十、用药失误处理 …… 297
二十一、停电处理 …… 298

**第 4 篇　用药篇** …… 301

一、药物基础常识 …… 303
（一）抗菌药 …… 303
（二）抗病毒药 …… 305
（三）消毒药 …… 306
（四）抗球虫病 …… 306
（五）抗菌药的配伍禁忌 …… 307
（六）药物的正确使用 …… 310

（七）合理使用抗菌药 …… 313
（八）合理使用抗球虫药 …… 314
（九）正确使用磺胺类药物 …… 322
（十）肉兔的用药方法 …… 323
二、疫苗基础常识 …… 327
（一）疫苗与免疫 …… 327
（二）疫苗的种类 …… 327
（三）确定免疫程序的依据 …… 328
（四）疫苗免疫失败的原因 …… 328
（五）常用疫苗的接种方法 …… 329
三、药物采购常识 …… 332
（一）药物采购原则 …… 332
（二）制订采购计划 …… 332
（三）选择采购对象 …… 332
（四）签订采购合同 …… 333
（五）采购凭证和质量管理 …… 333
（六）区分产品，作好记录 …… 334
（七）首次采购一种药品时需要注意的事项 …… 334
（八）特别要注意辨别药品的名称 …… 334
四、药物保管常识 …… 335
（一）药品质量验收 …… 335
（二）药品保管养护 …… 336
（三）药品出库复核 …… 337
（四）效期药品管理 …… 338
（五）不合格药品的管理 …… 338
（六）退库药品质量管理 …… 339
五、禁用药物 …… 340
（一）禁用药物名录 …… 340
（二）允许使用药物 …… 341
（三）常备药物 …… 344

第 5 篇　失误篇 ········ 351
一、用药失误 ········ 353
（一）滥用抗生素导致抗生素相关性腹泻 ········ 353
（二）滥用马杜拉霉素造成家兔大批中毒死亡 ········ 354
（三）注射受冻疫苗造成兔瘟大发生 ········ 357
二、饲养管理失误 ········ 358
（一）早期断奶引起仔兔腹泻 ········ 358
（二）以猪鸭配合料喂兔导致大批死亡 ········ 360
（三）维生素 A 缺乏给生产造成严重损失 ········ 362
（四）低温环境造成新生仔兔猝死 ········ 364
（五）一次长途运兔的教训 ········ 365
（六）肉兔酒糟中毒造成巨大损失 ········ 367
（七）频密繁殖不当的教训 ········ 368
三、经营及决策失误 ········ 369
（一）追赶市场走，朝三暮四 ········ 369
（二）仓促上马，基础不牢 ········ 370
（三）管理粗放，广种薄收 ········ 373
（四）经营不善，低效空转 ········ 376
四、疾病诊断和防治失误 ········ 379
（一）兔瘟诊断失误 ········ 379
（二）球虫病诊断防治失误 ········ 382
（三）注射部位细菌感染导致兔瘟免疫失败 ········ 384

第 6 篇　资料篇 ········ 387
一、家兔常用饲料营养价值表 ········ 389
二、家兔生理常数 ········ 395
三、养兔机械设备生产厂家 ········ 397
四、家兔饲料主要供应商 ········ 406
五、部分国家和地区明令禁用或重点监控的兽药及其化合物清单 ········ 418

# 第1篇

# 准备篇

ROUTU RICHENG GUANLI JI YINGJI JIQIAO

一、兔场的准备 …………………………… 3
二、兔舍的准备 …………………………… 8
三、笼具的准备 …………………………… 15
四、兔舍和笼具消毒 ……………………… 24
五、饲料准备 ……………………………… 26
六、生产记录准备 ………………………… 29
七、饲养人员准备 ………………………… 36
八、种兔准备 ……………………………… 38
九、药品和疫苗准备 ……………………… 40

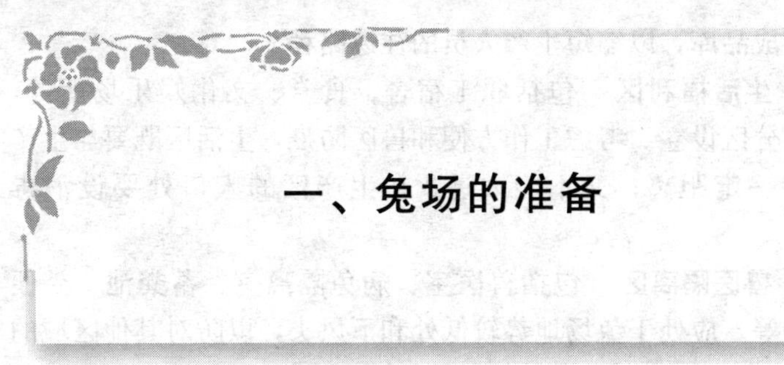

# 一、兔场的准备

准备篇

兔场是肉兔生产的场所，兔舍是肉兔生活的环境，它们对于养好肉兔是十分重要的。特别是规模化肉兔生产，兔场的建设和兔舍的建造非常关键，也是养好肉兔的基础。

## （一）兔场功能区的划分

按照功能，一个规范的规模化肉兔场可划分为生产区、行政管理区、服务供应区、生活福利区和兽医隔离区等。

**1. 生产区** 即养兔区，是兔场的主要建筑区、兔场的核心。其建筑物包括种兔（核心群和繁殖群）舍、育成舍、幼兔舍或育肥舍。优良种兔（即核心群）舍应设于环境最佳的位置；繁殖舍要靠近育成舍，以便兔群周转；幼兔舍和育肥舍应靠近兔场一侧的出口处，以便出售种兔和商品兔。

**2. 行政管理区** 办公室等行政管理部门所在的建筑群，是兔场领导层工作的场所，也是对内进行领导和指导、对外进行联络沟通的重要场所。应放在兔场最突出的位置，与交通要道的距离最近。应与生产区隔开，以便于防疫。

**3. 服务供应区** 主要建筑物有饲料加工车间、饲料库、维修间、变电室和供水设施等。该建筑群要单独成为一个小区，与生产区隔开，并保持一定距离。饲料原料库和加工车间应尽量靠近饲料成品库，以缩短生产人员的往返路程。

**4. 生活福利区** 包括职工宿舍、食堂、文化娱乐场所等，应单独分区设立。考虑工作方便和兽医防疫，生活区既要与生产区保持一定距离，又不能太远。在生产区的入口处要设消毒设施。

**5. 兽医隔离区** 包括兽医室、病兔隔离室、蓄粪池、粪便处理场等。应处于兔场地势较低处和下风头，以防对其他区域的污染。



## （二）兔场场址的选择

**1. 地势、地形及面积**

地势：较高、干燥，通风良好；背风向阳，以减少冬春季风雪侵袭，保持兔场相对稳定的温热环境；平坦而有适当的坡度，以便排水。地面坡度以1%～3%为好；地下水位低，其地下水位应在2米以下，以免引起地面潮湿。同时，选排水良好的地方，尽量符合家兔的生活习性。不要在地势低洼的地方选址，否则对家兔的健康有影响。

地形：要开阔、平整和紧凑，不要过于狭长和边角过多，以便缩短道路和管线长度，节约投资和利于管理。

兔场占地面积：要根据家兔的生产方向、饲养规模、饲养管理方式和集约化程度等因素而确定。在设计时，应考虑满足生产、节约用地，又要为今后发展留有余地。如以1只母兔及其仔兔占地0.8米$^2$建筑面积计算，兔场的建筑系数约为15%，500只基础母兔的兔场需要占地约2 700米$^2$。

**2. 水源** 在生产过程中，兔场的需水量很大，如家兔的饮水、粪尿的冲刷、用具及笼舍的消毒和洗涤、生活用水等。可以说，兔场无时不在用水。因此，选择场址应将水源作为重要的因素考虑。兔场水源水量要充足，水质良好、清洁，不被细菌、寄生虫和有毒物质污染。最好的水源是泉水、溪涧水、井水或城市中的自来水；其次是江河中流动的活水。不能用死水，死水中细菌和寄生虫较多，会使家兔致病。

作为兔场水源的水质，必须符合畜禽饮用水标准（表 1-1）。

**表 1-1　畜禽饮用水水质标准**

| 项　目 | | 标准值 畜 | 标准值 禽 |
|---|---|---|---|
| 感官性状及一般化学指标 | 色（°） | 色度不超过 30 | |
| | 浑浊度（°） | 不超过 20 | |
| | 臭和味 | 不得有异臭、异味 | |
| | 肉眼可见物 | 不得含有 | |
| | 总硬度（以 $CaCO_3$ 计，毫克/升） | ≤1 500 | |
| | pH | 5.5～9 | 6.4～8.0 |
| | 溶解性总固体（毫克/升） | ≤4 000 | ≤2 000 |
| | 氯化物（以 $Cl^-$ 计，毫克/升） | ≤1 000 | ≤250 |
| | 硫酸盐（以 $SO_4^{2-}$ 计，毫克/升） | ≤500 | ≤250 |
| 细菌学指标 | 总大肠菌群（个/100 毫升） | 成年畜≤10，幼畜和禽≤1 | |
| 毒理学指标 | 氟化物（以 $F^-$ 计，毫克/升） | ≤2.0 | ≤2.0 |
| | 氰化物（毫克/升） | ≤0.2 | ≤0.05 |
| | 总砷（毫克/升） | ≤0.2 | ≤0.2 |
| | 总汞（毫克/升） | ≤0.01 | ≤0.001 |
| | 铅（毫克/升） | ≤0.1 | ≤0.1 |
| | 铬（六价，毫克/升） | ≤0.1 | ≤0.05 |
| | 镉（毫克/升） | ≤0.05 | ≤0.01 |
| | 硝酸盐（以 N 计，毫克/升） | ≤30 | ≤30 |

摘自 NY 5027—2001 无公害食品　畜禽饮用水水质。

**3. 土质**　兔场场地土壤情况，如土壤的通气性、吸湿性、抗压性及土壤中的化学成分，都直接或间接对家兔及其建筑物产生影响。因此，兔场场址要求土质良好，透水、透气性强，不能被有机物或有毒物质污染；否则，就会使家兔致病，危害家兔的健康。

兔场的用地，最好的土质是砂质壤土。因砂质壤土的透水和透气性都很好，能保持干燥，导热性小，还有良好的保温性能，有利于家兔的身体健康和正常生活；砂质壤土的颗粒大、强度大、承受的重力大，故在冻结时体积不会膨胀，符合建筑的要求；再者，砂质壤土中，空气、水分较适宜，是植物生长的良好土壤。而黄土、黏土不行，黄土、黏土颗粒小，透气性差，黏着力很强，透水性也差，水分多时地面常有一些积水。冬季当水分冻结时，土壤体积会膨胀，对建筑物有损害。



## （三）兔场建筑物的布局

兔场建筑物的布局（图 1-1）应从人和兔的健康角度出发，以建立最佳生产联系和符合卫生防疫条件的建筑物。特别是在地势和风向上进行合理布局。管理区和生活区应占全场的上风向和地势较好的地段，其次为服务供应区，生产区建在这些区的下风

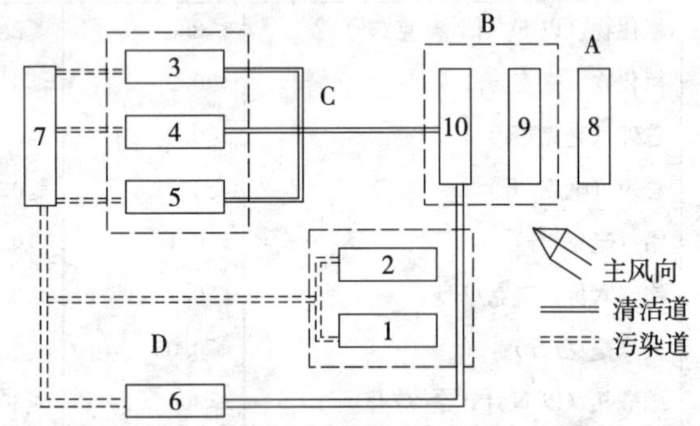


图 1-1　兔场布局示意图

A. 生活区　B. 管理区　C. 生产区　D. 兽医隔离区
1. 种公兔舍　2. 种母兔舍　3. 幼兔舍　4. 育成舍　5. 繁殖舍　6. 病兔舍
7. 粪便处理场　8. 办公室　9. 料库　10. 饲料加工厂

向和较低处，但应高于兽医室和隔离舍等，并在其上风向。规模较大的养兔企业，为了生产的安全，将不同的功能区，甚至将不同用途的肉兔单独设区，如商品兔场、种（核心）兔场和繁殖兔场等。

兔舍是兔场的主要建筑物，兔舍的朝向、间距和道路等的布局都非常重要。兔舍一般应坐北朝南，兔舍的长轴与夏季的主导风向垂直。但多排兔舍平行排列时，如果兔舍长轴与主导风向垂直，后排兔舍受到前排兔舍的阻挡，通风效果不好。要达到理想的通风效果，一方面加大兔舍的间距，一般间距为舍高的 4～5 倍，但这样要占用较多的土地，经济上不合算，生产中也难以做到。如果从夏季的主导风向和兔舍的关系考虑，使兔舍长轴与夏季的主导风向成 30°左右的夹角，可大大缩短舍间距，并可使每排兔舍获得最佳的通风效果。

兔舍的道路应设清洁道和污染道两种。清洁道是运送饲料、兔子和工作人员行走的道路。污染道是运送粪便、垃圾和病死兔的道路。在总体设计时，应考虑以最短的线路合理安排，使两种道路严格分开，避免交叉。

# 二、兔舍的准备



兔舍设计包括家兔生物学和建筑学设计。兔舍不同于民用住房，更不同于工业厂房。其特点是，对象是家兔，其密度大。这些有生命的小动物不仅要在兔舍内生产，还要生活，要在舍内吃、饮、排粪和排尿。而伴随着排泄物的产生及变化，还有大量的水汽、有害气体、灰尘和微生物的产生。这就增加了兔舍环境控制的复杂性。因此说，兔舍作为家兔的生活环境和从事家兔生产的场所，必须根据家兔的生物学特点和饲养管理要求，进行建筑学设计。全面考虑兔舍的防寒防热、通风换气、采光照明、排水防潮、供热保温等因素，为家兔创造一个理想的生活环境，提高其生产力。

## （一）兔舍建筑的要求

**1. 符合肉兔的生物学特性** 兔舍的设计要符合家兔的生物学特性，有利于环境控制，有利于家兔生产性能和产品质量的提高，有利于卫生防疫，便于饲养管理和提高劳动效率。

**2. 考虑投入产出比** 兔舍的建造要考虑投入产出比。在满足家兔生理特点的前提下，尽量减少支出，以便早日收回投资。在设计兔场时，要考虑资金回收期。一般而言，小型兔场 1～2 年，中型兔场 2～4 年，大型兔场 4～6 年，应全部收回投入。因此，在兔舍形式、结构的设计以及设施的选择上，都应突出经济效益。选材要因地制宜，就地取材，经济实用。

**3. 墙壁是兔舍的主要结构** 以砖墙为例，墙重占兔舍建筑物总重的40%～65%，造价占总造价的30%～40%。墙也是兔舍的主要外围护结构，对舍内温湿状况的保持起着重要作用。据测定，冬季通过墙散失的热量占总散热量的35%～40%。对墙壁总的要求是：坚固耐久，抗震、防水、防火、抗冻，结构简单，便于清扫消毒。同时，具备良好的保温与隔热性能。墙的保温与隔热能力取决于所选用的建筑材料和厚度。比如，选用空心砖代替普通红砖，墙的热阻系数可提高41%；而且，加砌混凝土块，则可提高6倍。我国建造的兔舍多用砖块垒砌，厚度一般一砖至一砖半。开放式或半开放式兔舍可用一砖至半砖。为了增加防潮和隔热性能，墙内表面应抹灰浆。为了增加反光能力和保持清洁卫生，内表面粉刷成白色。

**4. 舍顶及天棚** 舍顶是兔舍上部的外围护结构，用于防止降水和风沙侵袭及隔绝太阳辐射热，无论对冬季的保温和夏季的隔热，都有重要意义。舍顶支撑在墙上，除承担本身的重量外，还要抵抗风和积雪等外力作用。

天棚又称顶棚和天花板，是将兔舍与舍顶下空间隔开的结构，使该空间形成一个不流动的空气缓冲层。天棚的主要功能是加强冬季保温和夏季防热，同时也有利于通风换气。

屋顶和天棚的失热最多。一方面是由于它们的面积较大；另一方面热空气上升，热能容易通过屋顶散失。兔舍热量36%～44%是通过天棚和屋顶散失的。因此，它们的结构要严密、不透气。透气不仅会破坏顶棚间空气的稳定，还会降低保温效果。而且，水汽侵入会使保温层变潮或在屋顶下挂霜、结冰，增强了导热性。为了加强隔热保温性，天棚选择隔热性好的材料，如玻璃棉、聚苯乙烯泡沫塑料等。屋顶坡度，在寒冷积雪和多雨地区，坡度应大些，可采用高跨比。一般屋顶高度（$H$）和屋的跨度

(*L*) 的比为 1∶2～5，高跨比 1∶2 即 45°坡，适于多雨雪的寒冷地区。

**5. 地板** 兔舍地板质量不仅影响舍内小气候与卫生状况，还会影响家兔的健康及生产力。对地板总的要求是：坚固致密，平坦不滑；抗机械能力强，耐消毒液及其他化学物质的腐蚀；耐冲刷，易清扫消毒；保温隔潮；能保证粪尿及洗涤用水及时排走，不滞留及渗入土层。

生产中兔舍多为水泥地板。其坚固抗压，耐腐蚀，不透水，易于清扫和消毒。但其导热性强，虽有利于炎热季节的散热，却在寒冷季节散热量大。因此，不宜直接作兔的运动场和兔床（如散养）。为了防止雨水及地面水流入兔舍，便于粪尿的清理及自然流出，兔舍地面要高出舍外地面 20～30 厘米。

**6. 门** 兔舍的门有内门和外门之分。舍内分间的门叫内门，通向舍外的门叫外门。对舍门的要求是：结实耐用，开启方便，关闭严实，防兽害，保证生产过程（如运料、清粪等）的顺利进行。兔舍门向外开，门上不应有尖锐突出物，门下不应有木槛和台阶。兔舍门比其他畜舍的门可小一些，一般宽 1.5 米，高 2 米。人行便门宽 0.7 米，高 1.8 米。每栋兔舍一般有两个外门，设在两端墙上，正对中央通道，以便运料及管理，其大小根据作业方式而定。

**7. 窗** 兔舍的窗主要用于自然采光和自然通风。窗户的装置和结构对兔舍的光照度、温湿度和空气的新鲜度等都有重大影响。窗户的面积愈大，进入舍内的光线愈多。窗户面积的大小，以采光系数来表示。所谓采光系数，即窗户的有效采光面积同舍内地面面积之比。兔舍的采光系数：种兔舍为 1∶10，育肥舍为 1∶15。

入射角是兔舍地面中央一点到窗户上缘所引的直线与地面水平线之间的夹角。入射角愈大，愈有利于采光。兔舍窗户的入射角一般不应小于 25°。从采光效果看，立式窗户比水平式窗户好。但立式窗户散热较多，不利于冬季保温。故寒冷地区在兔舍南墙设立式窗户，在北墙设水平式窗户。缩小窗间墙壁的宽度，不仅可增大窗户面积，而且可使舍内的光照比较均匀。将窗户两侧的窗棂修成斜角，使窗洞呈喇叭形，能显著扩大采光面积。为了增加保温能力，寒冷地区窗户应设双层玻璃。

**8. 排污系统** 兔舍的排污（污水、粪、尿），对保持兔舍清洁、干燥和卫生有重要意义。排污系统由粪尿沟、沉淀池、暗沟、关闭器和蓄粪池等组成。

粪尿沟的基本功能是将舍内粪、尿和污水排出舍外。其位置可设在墙角内外、每排的笼前、笼后或笼下。可根据不同笼舍的具体情况，以便于管理保持清洁和干燥为原则酌情而定。粪尿沟不宜过宽，以减少与大气接触面。粪尿沟地面呈月牙形，以便于清理。粪沟深度，起始端5～10厘米，然后按一定坡度决定终端深度。一般坡度为1％～1.5％。粪尿沟必须不透水，表面光滑，一般以水泥抹制。

沉淀池为一圆形或方形小井，上连粪尿沟，下通地下沟，作用是将粪便中的固形物进行沉淀。为了防止被残草、粪便等堵塞，应在沉淀池入口处设滤网。

暗沟：即地下沟，是沉淀池通向蓄便池的地下管道，一般为圆形水泥管或烧制的瓷管。为了防止臭气回返，暗沟要开口于池的下部，管道呈3％～5％的坡度。

关闭器：即设在粪尿沟出口处的闸门，以防粪尿分解的不良气体进入兔舍。同时，防止冷风倒灌和鼠、蝇等由粪尿沟钻入兔舍。关闭器要严密，耐腐蚀，坚固耐用。

蓄便池：用于蓄积舍内流出的粪尿和污水，应设在舍外5米以外的地方。池底及四壁要坚固，不透水。池的大小根据污水排出量而定。一般可蓄积4周左右的粪尿。池的上部保留80厘米×80厘米的池口，供取尿液用，上设活动盖，其余部分密封。池的上口要高出地面10厘米以上，以防地面水流入池内。

准

备

篇

**9. 兔舍跨度和长度** 兔舍的跨度要根据家兔的生产方向、兔笼形式和排列方式以及气候环境而定。一般单列式兔舍跨度不大于3米，双列式4米左右，三列式5米左右，四列式6～7米。兔舍跨度不宜过大，一般控制在10米以内。过大不利于兔舍的通风和采光，同时给建筑带来困难。

兔舍的长度没有严格的规定，可根据场地条件、建筑物布局灵活掌握。但为便于兔舍的消毒和防疫，考虑粪尿沟的坡度，过长的兔舍会带来一些麻烦，故以控制在50米以内为宜。或根据生产定额，以一个班组的饲养量确定兔舍长度。

## （二）兔舍的类型

兔舍的类型应依据地理环境条件、社会和经济条件、生产方向、生产水平及饲养方式而定。从早期的棚舍发展到今天的密闭无窗兔舍，其形式多种多样，各具千秋。生产中主要有以下几种：

**1. 棚式兔舍** 又叫敞棚（图1-2）。四面无墙，只有舍顶，靠立柱支撑。或两面至三面有墙与顶相接，前面（后面）敞开或设丝网。其优点是：通风透光好，空气新鲜，光照充足，造价低、投资少、投产快。缺点：该舍只起到遮光避雨的作用，无法进行环境控制，不利于防兽害。适用于冬季不结冰或四季如春的地区。也可作为季节性生产（如温暖季节）使用。由于该种兔舍通风透光好，空气新鲜，兔舍干燥，家兔的呼吸道疾病和消化道疾病发病率非常低。同时，体外皮肤病的发生率也较低。其缺点无法进行环境控制，不利于防兽害和鸟类的污染。

图1-2 棚式兔舍

**2. 室外笼舍** 在室外以砖、石或水泥等垒砌而成的笼舍合一结构，一般两层重叠式或三层重叠式（图1-3）。种母兔间还可设产仔室。兔舍覆以较大而厚的顶，以遮阳挡风防雨雪。其优点是：通风，透光，干燥，卫生，造价低，兔体健壮，很少发生疾病，特别是呼吸道疾病较室内明显减少。其缺点：无法进行环境控制，特别是冬季保温差，遇不良天气管理不便，彻底消毒难。适用于干旱温暖地区小规模兔场。华北地区农家养兔多采用室外笼舍。

图 1-3 室外水泥预制件兔笼

**3. 封闭式兔舍** 与普通民房相似，兔舍上有屋顶遮盖，四周有墙壁，前后墙装有窗户（图 1-4）。通风换气依赖于门、窗和通风管。其优点是：有较好的保温作用，可进行舍内环境控制，便于人工管理，可防兽害。缺点：粪尿沟在舍内，有害气体浓度高，呼吸道疾病较多。特别是在冬季，通风和保温矛盾。此种形式是目前我国应用最多的一种普通兔舍。

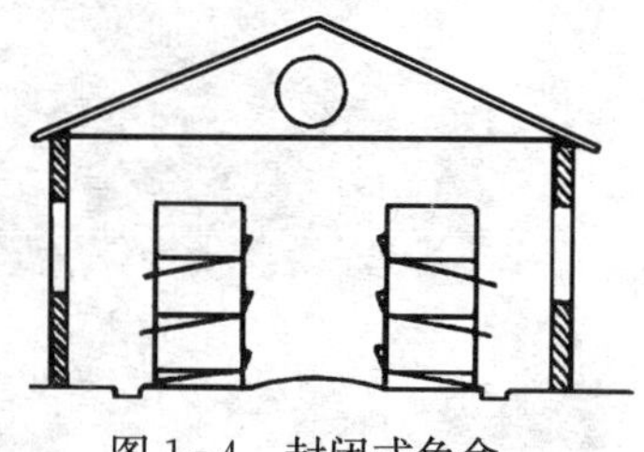

图 1-4 封闭式兔舍

**4. 无窗舍** 即环境控制舍。该种舍没有窗户（或设应急窗，平时不使用），舍内的温度、湿度、气流、光照等全部人工控制在适宜范围内。其优点是：给兔创造一个适宜的环境条件，克服了季节的影响，可使家兔周年生产，提高了生产力和饲料转化率；避免了鼠、鸟及昆虫等进入兔舍的可能性，有效地控制了传染病的传播；便于机械化、自动化操作，节省人力，减轻了劳动强度，提高了劳动效率。其缺点：对建筑物和附属设备要求很高，务必达到良好而稳定的性能，方可正常运转。必须供给家兔全价营养的饲料，否则，兔群的营养代谢病严重；兔群质量要求高，规格一致；对水、电和设备依赖性强，一旦某一方面发生故障，将无法正常运行。

无窗舍的兔群周转实行“全进全出”制。这样即利于控制疾病，又便于管理，可使家兔年龄、体重、生理阶段等比较一致，达到最佳的生产效果。但是，必须有科学的管理手段、周密的生产计划、妥善的措施和严格的规章制度。目前一些养兔发达的国家，如法国等已采用无窗舍。我国部分规模化兔场也已经开始使用。

# 三、笼具的准备



笼具主要包括兔笼及其附属设施，如踏板、料槽、草架、饮水器和产仔箱等。

## （一）兔笼

兔笼是现代家兔生产的必备工具，是家兔生活的必需条件。家兔笼养，使之完全在人工环境下生活，其全部生活过程即采食、饮水、排泄、运动、休息和繁衍后代等活动，都在笼内进行，与其祖先的野外生活有很大差异。因此，适宜的笼具可以给兔子创造一个良好的生活空间，提高生产效率，否则，将会影响兔子的生产性能，甚至导致疾病和死亡。

**1. 兔笼设计的基本要求** 符合家兔的生物学特性，耐啃咬，耐腐蚀，可保持干燥卫生；易清扫，易消毒，易维修，易更换；方便操作，配置合理。笼门启闭方便，大小适中。草架、料槽、个体记录牌、饮水器和产箱等，最好配置在门上或便于操作的地方；通风透光好，有利于防兽害；可移动和可装卸的兔笼，力求轻便，坚固耐用；底网有一定柔性，力求平整，耐啃咬，保证粪便顺利排除；选材尽量经济，造价低廉。

**2. 兔笼的基本结构** 一个完整的兔笼由笼体和附属设备组成。笼体由笼门、底网（踏网、踏板、底板）、侧网（两侧及后部）、笼顶（顶网）及承粪板等组成。

（1）笼门。笼门是兔笼的关键部分，多采用前开门，也有的上开门和前上开门。一般为转轴式左右或上下开启，也有的为推拉式左右开启。无论何种形式，笼门应启闭方便，关闭严实，无噪声，不变形。笼门有单、双门之分。较大的兔笼（大型种兔笼、小群育肥笼等）多采用双门。一般的附属设备配置在笼门上，如草架、食槽、记录牌和饮水器等。但乳头式自动饮水器多安装在笼的后壁或顶网上。笼门取材多样，如可用铁网、铁条、竹板、木料、塑料等。兔笼侧网及前门底部钢丝应有一定的密度，保持适当的距离，以防仔兔外爬而落入笼外。笼门宽度以笼的大小而定，一般 30～40 厘米，高度与笼前高相等或稍低。

（2）底网。底网是兔笼最关键的部分。因兔直接接触的是底网，底网的质地、网孔大小、平整度等对兔的健康及笼的清洁卫生有直接影响。底网要求平而不滑，坚而有一定柔性，易清理消毒，耐腐蚀，不吸水，能及时排出粪尿。底网丝间隙以 1.2 厘米左右为宜（断乳后的幼兔笼 1.0～1.1 厘米，成兔笼 1.2～1.3 厘米）。

底网取材不一。我国各地多用竹板底网。其优点是：取材方便，经济实用，板条平直，坚而不硬，较耐啃咬，吸水性小，易干燥，隔热性好，容易钉制。制作时，应将竹节锉平，边棱不留毛刺，钉头不外露。板条宽度一般为 2.5～3 厘米。其缺点是：有时粪便附着，彻底清扫消毒较困难。若板条质量不佳（如强度不够）或钉制不好（如板条宽窄不一），容易卡腿造成骨折。尤其是种公兔配种时容易发生。

规模化、工厂化养兔，笼具多用金属丝焊网做底网。网丝直径多为 2.4 毫米，网孔一般为 20 毫米×150～200 毫米。其优点是：耐啃咬，易清洗，适于各种消毒方法，粪尿易排除，不出现卡腿现象。其缺点是：导热快，有时镀锌过薄或工艺不当容易出现锈蚀。金属焊网要求焊点平整，牢固。金属焊网底网适于饲养脚毛丰厚的中型兔（如新西兰兔和加利福尼亚兔等）和长毛兔。对于大型兔，容易发生脚皮炎。

（3）侧网及顶网。选材与建造时，应注意通风透光。板条或网丝间距视所养家兔类型而定。繁殖母兔网丝间距为 2 厘米。为节约网丝，又有利于通风，也可上 1/2 的网丝稍大，下 1/2 的网丝间距稍小。生产中发现，如果两笼之间使用一个隔离网，网条间隙较宽时，容易造成相邻两笼的兔子相互食毛。因此，笼间网间隙仍然以不超过 2 厘米为宜。

（4）承粪板。两层以上结构的重叠式和半重叠式兔笼，在笼底下层要设承粪板，用来承接上面的兔粪尿，承粪板用玻璃钢、水泥板、石板或用油毛毡制作均可。承粪板要有一定的坡度，以便于粪尿自动落下。承粪板的形式基本上有两种：一种为斜式的，一种是凹式的。供水条件不便的地方，斜式的较好，便于清扫粪便；供水条件好的地方，凹式的较好，便于用水冲洗。此外，笼底板与承粪板之间要有适当的空间，以利于打扫粪尿和通风透光。笼底板与承粪板之间的间距以 14～18 厘米为宜。

（5）支撑架。支撑架是兔笼组装时支撑和连接的骨架，多为金属材料（如角铁、槽冷板）。要求坚固，弹性小，不变形，重量较轻，耐腐蚀。

**3. 兔笼类型**　兔笼的种类很多，其制作材料不尽相同，形式也多种多样。按照制作材料不同分为金属兔笼、水泥预制件兔笼、砖（石）砌兔笼、木制兔笼和竹制兔笼等；按照兔笼固定方式不同分为固定式兔笼、活动式兔笼、悬挂式兔笼和组装固定式兔笼等；按兔笼置放环境不同，可有室内兔笼、室外兔笼等。下面主要介绍按照兔笼的层数多少和层次之间的关系进行划分的兔笼。

（1）单层兔笼。兔笼在同一水平面排列。饲养密度小，房舍利用率低。但通风透光好，便于管理，环境卫生好。适于饲养繁殖母兔。养兔发达国家和地区（如美国）种兔多采用单层悬挂式兔笼。

（2）双层兔笼。利用固定支架将兔笼上下两个水平面组装排列。较单层兔笼增加了饲养密度，管理也比较方便。

（3）多层兔笼。由3层或更多层笼组装排列。饲养密度大，房舍利用率高，单位家兔所需房舍的建筑费用小。但层数过多，最上层与最下层的环境条件（如温度、光照）差别较大，操作不方便，通风透光不好，室内卫生难以保持。多层兔笼仅饲养育肥兔，一般不宜超过3层。

（4）重叠式兔笼。上下层笼体完全重叠，层间设承粪板，一般2～3层。兔舍的利用率高，单位面积饲养密度大。但舍内的通风透光性差，兔笼的上下层温度和光照不均匀。

（5）全阶梯式兔笼。在兔笼组装排列时，上下层笼体完全错开，粪便直接落入笼下的粪沟内，不设承粪板。饲养密度较高，通风透光好，观察方便。由于层间完全错开，层间纵向距离大，上层笼的管理不方便。同时，清粪也较困难。因此，全阶梯式兔笼最适宜于两层排列和机械化操作。双层全阶梯兔笼见图1-5。

（6）半阶梯式兔笼。上下层兔笼之间部分重叠。因此，重叠处设承粪板。由于缩短了层间兔笼的纵向距离，所以上层笼易于观察和管理。较全阶梯式兔笼饲养密度大，兔舍的利用率高。它是介于全阶梯和重叠式兔笼中间的一种形式，既可手工操作，又适于机械化管理。因此，在我国有一定的实用价值。三层半阶梯兔笼见图1-6。

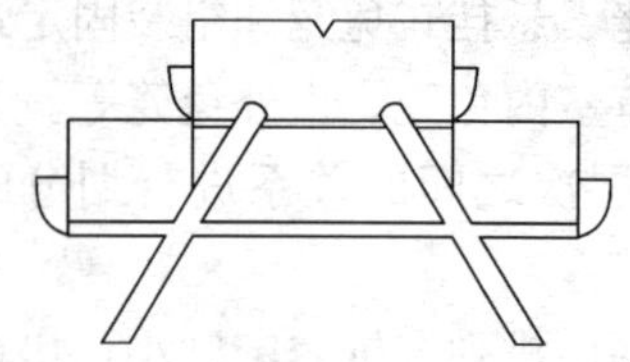

图1-5　双层全阶梯兔笼

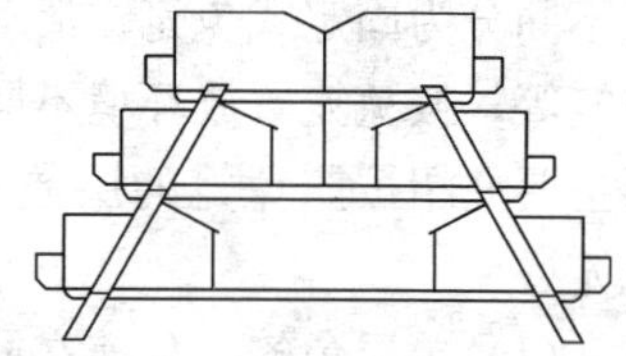

图1-6　三层半阶梯兔笼

**4. 兔笼大小** 兔笼的大小规格，应根据兔场性质、家兔品种、性别和环境条件，本着适应家兔的生物学特性又便于管理，而且成本较低的原则设计。兔笼过大，虽然有利于家兔的运动，但笼具成本高，笼舍利用率低，管理也不方便。笼具过小，家兔运动不足，密度过大，不利于家兔的活动，还会导致某些疾病的发生。在我国，一般认为，标准兔笼的尺寸为：笼宽 60～70 厘米，笼深 50 厘米，笼高 40 厘米。但因品种、用途不同，兔笼尺寸也不一样。

一般而言，种兔笼适当大些，育肥笼宜小些。大型兔应大些，中小型兔应小些。若以兔体长为标准，一般来说，笼宽为体长的 1.5 倍，笼深为体长的 1.1～1.3 倍，笼高为体长的 0.8～1.0 倍。现将我国和其他国家不同类型家兔的单笼尺寸推荐如下(表 1-2)。

**表 1-2. 我国种兔笼单笼规格**

单位：厘米

| 兔类型 | 宽 | 深 | 高 | 备　注 |
| --- | --- | --- | --- | --- |
| 大型种兔 | 80～90 | 55～60 | 40 | |
| 中型种兔 | 70～80 | 50～55 | 35～40 | |
| 小型种兔 | 60～70 | 50 | 30～35 | |
| 育肥兔 | 66～86 | 50 | 35～40 | 每笼养殖 7 只 |

肉兔育肥笼，以 6～8 只一笼为佳。这样可基本保证同窝小兔同笼饲养，减轻断奶的应激。同时，可充分利用笼具，便于管理。根据国外研究结果，以每平方米兔笼饲养 18 只左右效果最好。考虑我国各地的饲养条件和环境控制能力，以每平方米饲养育肥兔：夏季 14～16 只，冬季 16～18 只。每 6～7 只兔为一笼。德国兔笼规格见表 1-3，法国克里莫育种公司兔场兔笼规格见表 1-4。

**表 1-3　德国兔笼规格**

| 兔别 | 体重（千克） | 笼底面积（米$^2$） | 宽×深×高（厘米） |
|---|---|---|---|
| 种兔 | ≤4.0 | 0.2 | 40×50×30 |
| 种兔 | ≤5.5 | 0.3 | 50×60×35 |
| 种兔 | ≥5.5 | 0.4 | 55×75×40 |
| 育肥兔 | ≤2.7 | 0.12 | 30×30×30 |
| 长毛兔 | 一只 | 0.2 | 40×50×35 |

**表 1-4　法国克里莫育种公司兔场兔笼规格**

| 兔别 | 体重（千克） | 笼底面积（米$^2$） | 宽×深×高（厘米） | 备注（厘米） |
|---|---|---|---|---|
| 种母兔 | ≤5.0 | 0.35 | 38×92.5×40 | 其中产箱 22.5×38 |
| 种母兔 | ≥5.0 | 0.43 | 46×92.5×40 | 其中产箱 22.5×40 |
| 种公兔 | ≤5.0 | 0.43 | 46×92.5×40 | |

## （二）笼具

**1. 饲槽**　饲槽是用于盛放混合料、供兔采食的必备工具。对饲槽的要求是：坚固耐啃咬，易清洗消毒，方便装料，方便采食，防止扒料和减少污染等。料槽应根据饲喂方式、家兔的类型及生理阶段而定。料槽的制作材料有金属、塑料、竹、木、陶瓷和水泥等，按喂料方式可分普通饲槽和自动饲槽等。对于规模化肉兔养殖，应提倡自动饲槽。

自动饲槽，又称自动饲喂器，兼具饲喂及贮存功能。多用于大规模兔场及工厂化、机械化兔场。机械化兔场饲槽多置于笼顶的下部，以方便自动输料。人工喂料的兔场饲槽悬挂于兔笼门上。笼外加料，笼内采食。料槽由加料口、贮料仓、采食口和采食槽等组成。隔板将贮料仓和采食槽隔开，仅底部留 2 厘米左右的间隙，使饲料随着兔的不断采食，采食槽内的饲料不断减少，贮料仓内的饲料缓缓补充。为防止粉尘被吸入兔呼吸道而引起咳嗽和鼻炎，槽底部应均匀地钻些小圆孔。

自动饲槽分个体槽、母仔槽和育肥槽（图 1-7）。

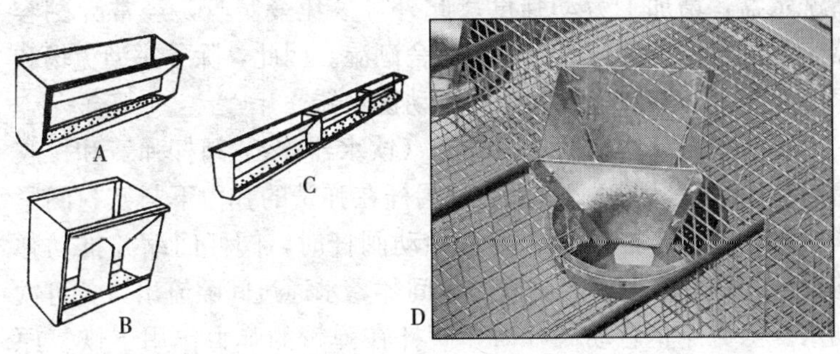

图 1-7　自动饲槽

A. 育肥槽　B. 母仔槽　C. 三联育肥槽　D. 圆盘式自动饲槽

**2. 草架**　草架是盛放粗饲料、青草或多汁料的饲具。使用草架可保持饲草新鲜、清洁，减少脚踏和粪尿污染所造成的浪费，预防疾病。我国以农民养兔为主体，以草为主。因此，草架是必备的工具。国外大型工厂化养兔场，尽管饲喂全价颗粒饲料，有的仍设有草架，投放粗饲料（如稻草），供兔自由采食，以防发生消化道疾病。草架多设在笼门上，以铁丝、木条、废铁皮条制成，呈 V 形，分为固定式和翻转式（图 1-8）。兔通过采食间隙采食。

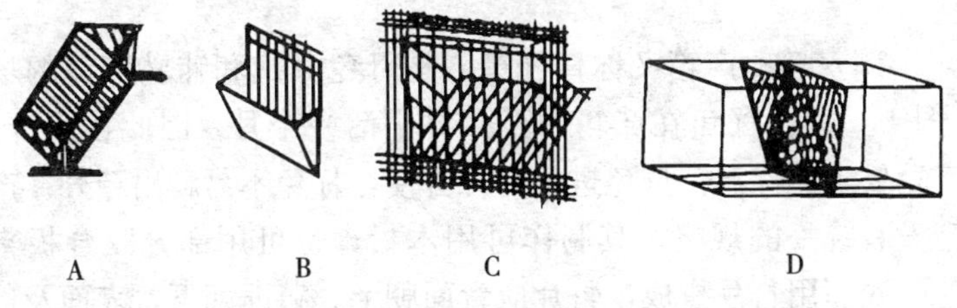

图 1-8　草架（单位：厘米）

A. 群兔草架　B. 门上固定草架　C. 翻转草架　D. 笼间草架

**3. 饮水器** 小规模兔场多用瓶、盆或盒等容器作为饮水器，取材方便，投资小。但这种容器容易被粪尿和饲料污染，需经常清洗水盆，增加了劳动强度。此外，家兔爱啃咬，经常弄翻容器，不仅影响饮水，还会造成兔舍潮湿。因此，除了小型兔场和家庭兔场外，多数采用乳头式自动饮水器。

乳头式自动饮水器是由外壳（饮水器体）、阀杆弹簧和橡胶密封圈等组成（图 1-9）。平时阀杆在弹簧的弹力下与密封圈紧紧接触，使水不能流出。当兔触动阀杆时，阀杆回缩并推动弹簧，使阀杆和橡胶密封圈间产生间隙，水通过间隙流出，兔可饮到水。当兔停止触动阀杆时，阀杆在弹簧的弹力作用下恢复原状，停止流水。

图 1-9 乳头式自动饮水器

**4. 产箱** 产箱又称育仔箱，是母兔分娩和哺乳仔兔的场所（图 1-10）。仔兔在产箱内至少要生活一个月，因此在设计上，产箱要求能保温，母兔进出哺乳方便，仔兔不易爬出箱外。产仔箱没有统一的规格，其制作可用木板，也可用部分胶合板来代替。底面用竹片拼成，竹片应青面朝上、黄面朝下，表面及边缘要刨光滑，间隙 0.2～0.4 厘米较合适。

目前常用的有两种样式：一种是敞开的平口产仔箱，多用 1

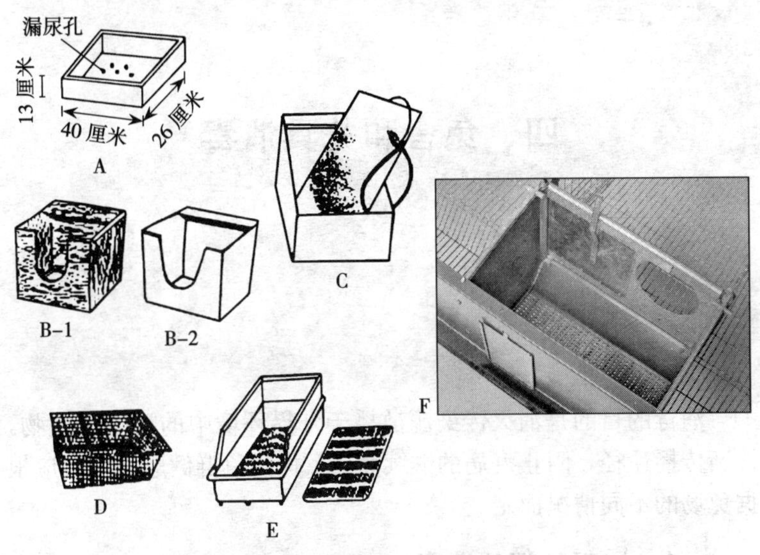


图 1-10　产箱（单位：厘米）

A. 平口产箱　B. 月牙缺口产箱　C. 电热产箱

D. 下悬式产箱　E. 斜口产箱　F. 组装式产箱

厘米厚的木板钉制而成，箱底有粗糙锯纹，并凿有间隙或小洞，使仔兔不易滑倒，便于排尿。另一种为月牙形缺口产仔箱，便于母兔出入。整个产箱的里外均应光滑，不得有毛刺、铁钉等尖锐物外露，尤其是缺口处，应用粗砂纸磨光，否则，母兔进出时容易刺伤或刮掉腹部的毛。这种产仔箱可以竖起，也可横倒使用。分娩时将产箱横倒；分娩后将产箱竖起，使仔兔不易爬出。仔兔开食后，再将产箱横倒，仔兔可以自由出入。这种形式的产箱，对接产和采用自然哺乳的方法哺乳均很方便。

# 四、兔舍和笼具消毒

消毒的目的是消灭传染源散播于外界环境中的病原微生物，切断传播途径，阻止疫病的继续蔓延，保障兔群健康。消毒应根据兔场的不同情况而定。

## （一）新兔场的消毒

新建兔场兔舍和笼具都是新的，没有受到污染，其消毒与老兔场或其他动物养殖场改造的兔场消毒有所区别。

首先，将兔舍地面灰尘杂物清理掉，用清水冲刷笼具和地面；其次，待干燥后，将笼具、地面和墙壁用0.025%的百毒杀消毒；最后，在进兔前半个月，兔舍用福尔马林加高锰酸钾密闭熏蒸消毒24小时，然后打开门窗通风1周。

## （二）老兔场的消毒

老兔场，无论过去是饲养家兔，还是饲养其他动物，都具有残存病原微生物的可能性和危险性。因此，消毒应该更加严格和彻底。

首先，将兔舍内的粪便、杂物等清理；第二，刮掉墙壁表层，并将刮落物清除；第三，如果为土地面而非水泥或瓷砖等硬质地面，铲除3厘米厚的地面表土，并重新换上新鲜安全表土，并夯实；第四，将兔舍内的所有笼具彻底清洗、刷拭，将利用价值不大的笼具更换；第五，笼具用 0.1%的新洁而灭或 0.1%的消毒净或 0.5%过氧乙酸或 0.3%的菌毒敌消毒；墙面和地面先用 0.2%的农乐消毒，再用 2%的热火碱水或 20%的石灰水消毒；也可先用火焰将笼具、地面和墙壁普遍消毒一次后，再喷施其他液体药物；第六，进兔前半个月，兔舍用福尔马林加高锰酸钾密闭熏蒸消毒 24 小时，然后打开门窗通风 1 周。

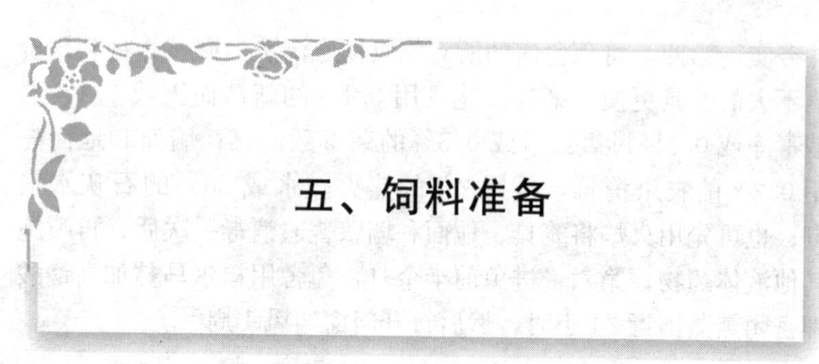

# 五、饲料准备

准备篇

饲料是养兔的基础，没有优质、安全和充足的饲料，就不可能有高效的肉兔生产。因此，在引进和饲养家兔之前，要提前准备好饲料，其中包括饲料加工设备、饲料库、饲料配方、饲料原料和饲料加工人员。

## （一）饲料加工设备

一个肉兔养殖场如果自己加工饲料，必备的加工设备包括粉碎机、搅拌机、颗粒饲料机及其配套设施。

一般中小规模肉兔养殖场，可选用中小型饲料加工设备即可。其生产能力可根据家兔的饲养量确定。为了留有余地，以每只兔日均消耗饲料 120 克、每天 8 小时的生产量可供应本场一周的消耗量计算。若兔场平时家兔存栏量2 000只，则每天消耗饲料 240 千克，每周消耗1 680千克，则配备一个时产 200 千克的颗粒饲料机及其配套的设备即可。

若一个基础母兔1 000只以上的兔场，平时存栏量应在万只以上，其配备设备的功率应在时产 500 千克以上。

## （二）饲料库

饲料库包括原料库、成品库，而原料库又包括普通原料（如玉米、豆粕、麦麸、矿物质等大宗饲料原料)、粗饲料原料(如青干草、花生秧等)和小料库(如氨基酸、维生素和微量元素、各种药物性添加剂等)。大型饲料加工厂通常将大宗原料储存在饲料塔中,而中小型饲料加工厂可直接存放在饲料库中,其库房容量应能满足兔场一个月以上的需要量;粗饲料原料占据最大的空间,而其供应量有明显的季节性。因此,粗饲料原料库的使用面积应更大些。其容纳饲料量应至少满足兔场一个季度的数量。多数兔场可将粗饲料存放在敞篷内;或在露天的草料场堆垛后,用苫布封盖。特别注意,用这种方式存放粗饲料,必须进行防潮处理,底部应高出地面 20～30 厘米;小料库占用的面积很小,一般 1～2 间普通房即可容纳。但是,由于多数小料需要避光阴凉存放,其窗户应安装黑布帘,并具有通风和夏季降温设施,地面进行防潮处理。

成品库是存放成品饲料的场所。由于饲料的保存期不宜过长,因此,库房的面积无需过大。对于自己生产饲料的兔场,成品库面积可存放一周所用饲料即可。如果是外购商品饲料,为了防止意外因素造成的饲料供应不及时,成品库可容纳半月所用饲料。成品库同样需要通风、避光和防潮。



### (三)饲料配方

饲料配方是配制饲料的前提。不同地区、不同兔场的条件不尽相同,没有万能配方。因此,每个兔场必须有适于本场实际的优秀饲料配方或配方库。

配方的设计是一个技术性很强的工作,不同饲料原料和不同比例,设计出不同的饲料配方。可能有的饲料配方的原料成本很高,但不一定适用,有时还可能出现问题,导致疾病的发生。因此说一组好的饲料配方,必须同时具备饲养效果好、原料成本低和安全可靠三个条件,缺一不可。

对于新建兔场而言,获取一组好的饲料配方可通过以下途径：第一，请具有丰富实践经验和较高理论水平的专家设计；第二，借鉴本地区其他兔场或饲料厂的配方，或通过权威著作和有关技术资料介绍的配方，尔后根据本场实际进行适当调整；第三，本场技术人员依据自身经验设计。

但无论是专家设计、借鉴他人或自己设计，在正式使用之前，都必须进行小规模试验。经过试用确实没有发现问题后，方可正式生产。

### （四）饲料原料

有了优秀饲料配方，在引进种兔之前，应按照饲料配方购买相应的饲料原料。

饲料原料的购买可根据不同情况灵活掌握。比如，粗饲料的生产季节性很强，错过生产季节难以获得优质原料，而且粗饲料的保存相对容易。因此，可一次多买，不仅价格较低，而且保证同批次饲料原料质量的一致性；大宗饲料原料，如玉米、麸皮和豆粕等，一般当地生产，常年供应，一次购入无需太多；对于小料（如维生素、药物性添加剂等），保质期较短，容易受到破坏，可分批次购进。

饲料原料质量是关系饲养效果最关键的环节。在众多的兔场，都是由于饲料原料质量出现问题而造成重大损失。特别是粗饲料发霉变质导致的霉菌毒素中毒更为普遍，应引起高度重视。

### （五）饲料生产人员

饲料生产有一定的技术含量，需要专门的技术人员和工人操作。不仅仅涉及设备的使用和故障的排除，而且涉及饲料生产的全过程。比如，饲料原料配比的掌握、饲料原料质量好坏的判断、不同原料喂入顺序、搅拌时间、均匀度的控制等。每一环节都需要有一定专业技术知识。因此，对于新建兔场的饲料生产人员，应进行岗前培训，最好在其他饲料厂实习锻炼一段时间，并有专门技术人员带班生产。

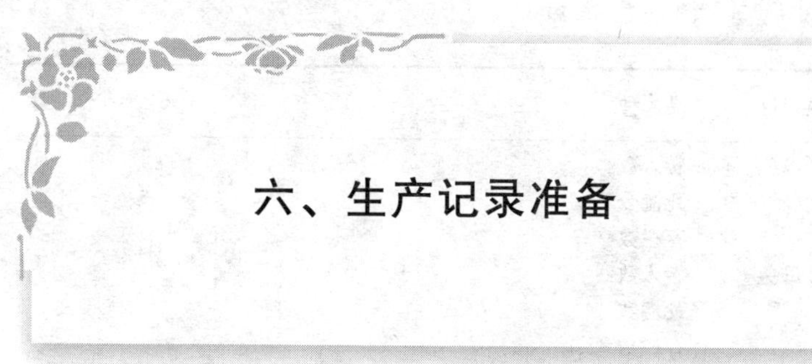

## 六、生产记录准备

准备篇

兔场的生产记录是兔场生产的重要一环，无论是对于兔场的生产管理、产品销售（尤其是出口兔肉）、原料的购进、出现问题原因的查找或经验的总结等，真实完整的生产记录，可使兔肉生产做到可追溯性。

生产记录包括的范围很广，项目繁多。根据不同生产环节，大体分为以下几种：

**1. 兔群变动记录** 每个生产车间每日填报，以便场领导和技术人员掌握全场每天的生产状况和变动情况（表1-5）。种兔变动情况统计见表1-6，后备兔、育肥兔和仔兔变动情况统计见表1-7。

**表1-5 兔群变动情况日报表**

日期： 统计员：

| 项 目 | 品 种 | 1 | 2 | 3 | 4 | 5 | 合 计 |
|---|---|---|---|---|---|---|---|
| 种公兔 | 转入数 | | | | | | |
| | 死淘数 | | | | | | |
| | 存栏数 | | | | | | |
| 空怀母兔 | 转入数 | | | | | | |
| | 死淘数 | | | | | | |
| | 存栏数 | | | | | | |

（续）

| 项　目 | 品　种 | 1 | 2 | 3 | 4 | 5 | 合　计 |
|---|---|---|---|---|---|---|---|
| 妊娠母兔 | 转入数 | | | | | | |
| | 死淘数 | | | | | | |
| | 存栏数 | | | | | | |
| 泌乳母兔 | 转入数 | | | | | | |
| | 死淘数 | | | | | | |
| | 存栏数 | | | | | | |
| 妊娠—泌乳母兔 | 转入数 | | | | | | |
| | 死淘数 | | | | | | |
| | 存栏数 | | | | | | |
| 后备兔 | 转入数 | | | | | | |
| | 转出数 | | | | | | |
| | 死淘数 | | | | | | |
| | 存栏数 | | | | | | |
| 育肥兔 | 转入数 | | | | | | |
| | 转出数 | | | | | | |
| | 死淘数 | | | | | | |
| | 存栏数 | | | | | | |
| 仔兔 | 出生数 | | | | | | |
| | 转出数 | | | | | | |
| | 死淘数 | | | | | | |
| | 存栏数 | | | | | | |

**表 1-6　种兔变动情况统计表**

家兔品种：　　车间号：　　车间主任：　　饲养员：　　统计员：

| 日期 | 存栏总量 | 种公兔 | | | 空怀母兔 | | | 妊娠母兔 | | | 泌乳母兔 | | | 妊娠—泌乳母兔 | | |
|---|---|---|---|---|---|---|---|---|---|---|---|---|---|---|---|---|
| | | 转入数 | 死淘数 | 存栏数 | 转入数 | 死淘数 | 存栏数 | 转入数 | 死淘数 | 存栏数 | 转入数 | 死淘数 | 存栏数 | 转入数 | 死淘数 | 存栏数 |



准备篇

表 1-7　后备兔、育肥兔和仔兔变动情况统计表

家兔品种：　车间号：　车间主任：　饲养员：　统计员：

| 日期 | 后备兔 | | | | 育肥兔 | | | | 仔兔 | | | |
|---|---|---|---|---|---|---|---|---|---|---|---|---|
| | 转入 | 转出 | 死淘 | 存栏 | 转入 | 转出 | 死淘 | 存栏 | 出生 | 转出 | 死淘 | 存栏 |
| | | | | | | | | | | | | |

**2. 种兔血缘记录**　主要是兔场技术人员和饲养员根据种兔血缘进行有计划的配种繁殖和选育。种兔血缘情况见表 1-8。

表 1-8　种兔血缘记录表

| 耳号 | 性别 | 父系 | | | 母系 | | | 备注 |
|---|---|---|---|---|---|---|---|---|
| | | 父亲 | 祖父 | 祖母 | 母亲 | 外祖父 | 外祖母 | |
| | | | | | | | | |

**3. 种兔繁殖记录**　饲养员进行日常繁殖生产记录，根据配种日期掌握配种受胎率，安排饲养管理和接产。根据配种受胎情况发现饲养中的问题。种兔繁殖配种情况见表 1-9。

表 1-9　种兔繁殖配种记录表

车间号：　车间主任：　饲养员：　配种记录员：

| 日期 | 品种 | 母兔耳号 | 发情状态 | | | 与配公兔 | | 摸胎日期 | 受胎与否 | 备注 |
|---|---|---|---|---|---|---|---|---|---|---|
| | | | 1 | 2 | 3 | 1 | 2 | | | |
| | | | | | | | | | | |

注：发情状态：1 为发情初期，2 为发情中期，3 为发情后期；

与配公兔：如果复配或双重配分别记录与配公兔耳号。

**4. 种公兔繁殖成绩** 饲养人员根据种公兔繁殖记录表（表1-10），填写种公兔繁殖成绩，以便根据每只种公兔的繁殖成绩决定后代的选留与否。

**表1-10 种公兔繁殖成绩表**

车间号： 耳号： 笼号： 品种：
出生日期： 体重： 等级： 特征：

| 日期 | 选配类型 | 与配母兔 | 发情状态 | 配种次数 | 受胎与否 | 产仔总数 | 产活仔数 | 死胎数 | 畸形数 | 备注 |
|---|---|---|---|---|---|---|---|---|---|---|
| | | | | | | | | | | |

**5. 种母兔繁殖成绩** 饲养人员根据种母兔繁殖记录表（表1-11），填写种母兔繁殖成绩，以便根据每只种母兔的繁殖成绩决定后代的选留与否。

**表1-11 种母兔繁殖成绩表**

车间号： 耳号： 笼号： 品种： 出生日期：
体重： 乳头数： 等级： 特征：

| 胎次 | 配种日期 | 与配公兔 | | 配种次数 | 预产期 | 产仔期 | 产仔数 | | | 出生窝重（克） | 育仔兔数（只） | 泌乳力 | | 断乳 | | | 备注 |
|---|---|---|---|---|---|---|---|---|---|---|---|---|---|---|---|---|---|
| | | 品种 | 耳号 | | | | 活仔（只） | 死畸（只） | 总数（只） | | | 日期 | 窝增重（克） | 日期 | 窝重（克） | 性比例 | |
| | | | | | | | | | | | | | | | | | |

**6. 兔群免疫记录** 兔场兽医和饲养人员按照免疫程序（表1-12）进行免疫，以便根据免疫记录安排每批兔的下次免疫时间。

**表 1-12　兔群免疫记录表**

车间号：　　　　车间主任：　　　　饲养员：　　　　防疫员：

| 日期 | 疫苗种类 | 注射剂量 | 生产厂家 | 品种 | 日龄 | 耳号 | 备注 |
|---|---|---|---|---|---|---|---|
| | | | | | | | |

**7. 肉兔育肥成绩**　兔场技术人员和饲养人员对每批断乳仔兔进行生产性能的测定，以便掌握兔子的生产性能和饲料效果，判断管理水平。肉兔育肥成绩填入表 1-13。

**表 1-13　肉兔育肥成绩表**

车间号：　　　　车间主任：　　　　饲养员：　　　　测定人：

| 品种 | 笼号 | 育肥兔数量 | 出生日期 | 断乳日期 | 断乳体重 | | 60 日龄 | | | 90 日龄 | | | 全期 | | 备注 |
|---|---|---|---|---|---|---|---|---|---|---|---|---|---|---|---|
| | | | | | 总重（克） | 均重（克） | 总重（克） | 增重（克） | 耗料（克） | 总重（克） | 增重（克） | 耗料（克） | 日增重（克） | 料肉比 | |
| | | | | | | | | | | | | | | | |

**8. 后备兔生长发育测定**　对初步选定的后备兔进行跟踪测定，以便比较，最终决定取舍。后备兔生长发育测定情况填入表 1-14。

**表 1-14　后备兔生长发育测定表**

车间号：　　　车间主任：　　　饲养员：　　　测定人：

| 耳号 | 品种 | 性别 | 出生日期 | 断乳 | | 90 日龄 | | | 120 日龄 | | | 150 日龄 | | | 180 日龄 | | | 备注 |
|---|---|---|---|---|---|---|---|---|---|---|---|---|---|---|---|---|---|---|
| | | | | 日期 | 体重（克） | 体重（克） | 体长（厘米） | 胸围（厘米） | 体重（克） | 体长（厘米） | 胸围（厘米） | 体重（克） | 体长（厘米） | 胸围（厘米） | 体重（克） | 体长（厘米） | 胸围（厘米） | |
| | | | | | | | | | | | | | | | | | | |

**9. 兔群用药记录** 兔场饲养人员和技术人员进行的日常有计划的药物预防和偶然性疾病防治用药。兔群用药情况填入表 1-15。

**表 1-15 兔群用药记录表**

车间号： 车间主任： 饲养员： 防疫员：

| 日期 | 患兔 | | | | 用药 | | | 效果 | 备注 |
|---|---|---|---|---|---|---|---|---|---|
| | 耳号 | 笼号 | 主要病症 | 病名 | 种类 | 剂量 | 次数 | | |
| | | | | | | | | | |

**10. 种兔卡片** 卡片是外销种兔的简单档案，记录种兔的出生、血缘和基本特征，填入表 1-16。

**表 1-16 ××种兔场种兔血统卡片**

| 品种 | | 性别 | | 生日 | | 乳头数（个） | 调出日期 |
|---|---|---|---|---|---|---|---|
| 耳号 | | 毛色 | | 产地 | | 同胞数（个） | 体重（克） |
| 血统 | 父 | 体重（克） | 毛色 | 特征 | 祖 父： | 体重（克） | 特 征 |
| | | | | | 祖 母： | 体重（克） | 乳头数（个） |
| | 母 | 体重（克） | 毛色 | 特征 | 外祖父： | 体重（克） | 特 征 |
| | | | | | 外祖母： | 体重（克） | 乳头数（个） |

**11. 兔场入库和出库药品、疫苗、药械记录** 兔场技术人员和采购人员将每批所入库及出库药品逐一登记填入表 1-17 和表 1-18，以便有据可查。

**表 1-17 兔场药品、疫苗、药械入库记录表**

| 日期 | 品名 | 数量 | 规格 | 单价 | 金额 | 生产厂家 | 生产日期 | 生产批号 | 经手人 | 备注 |
|---|---|---|---|---|---|---|---|---|---|---|
| | | | | | | | | | | |

**表 1-18　兔场药品、疫苗、药械出库记录表**

| 日期 | 车间 | 品名 | 数量 | 规格 | 单价 | 金额 | 生产批号 | 领用人 | 备注 |
|---|---|---|---|---|---|---|---|---|---|
| | | | | | | | | | |

**12. 兔场饲料车间购买饲料原料记录**　饲料厂采购人员将每批外购的各种饲料原料逐一登记，填入表 1-19，以便有据可查。

**表 1-19　兔场饲料车间购买饲料原料记录表**

| 日期 | 饲料品种 | 货主 | 级别 | 单价 | 数量 | 金额 | 化验结果 | 化验员 | 经手人 | 备注 |
|---|---|---|---|---|---|---|---|---|---|---|
| | | | | | | | | | | |

**13. 兔场饲料车间饲料生产记录**　饲料车间主任或带班长根据生产计划，记录每班不同饲料品种的生产数量和批号，不同饲料原料消耗的数量情况，填入表 1-20。

**表 1-20　饲料生产、出库和库存记录表**

| 日期 | 生长料 | | | 妊娠料 | | | 泌乳料 | | |
|---|---|---|---|---|---|---|---|---|---|
| | 生产量 | 出库量 | 库存量 | 生产量 | 出库量 | 库存量 | 生产量 | 出库量 | 库存量 |
| | | | | | | | | | |

# 七、饲养人员准备



饲养员是兔场的主体，饲养效果的好坏与饲养人员的基本素质、技术水平和敬业精神有直接关系。对于一个新建兔场而言，选好饲养员、培训好饲养员和使用好饲养员至关重要。

## （一）饲养员的选择

选择好饲养员是基础。通过一定程序的招聘，将有培养价值的人员录用为饲养人员，包括面试、笔试和实际动手能力。养兔的性质是一项比较脏、累和消耗时间的工作，应将饲养人员的吃苦耐劳、坚忍不拔、刻苦钻研和敬业精神放在首位。最好具有初中以上的文化程度，以便较快地接受新技术和新知识。对于新兔场，最好录用一些有养兔经验的饲养员。由于兔场防疫的严格要求，聘用外地农民更为适宜，以减少频繁回家出入兔场的机会。饲养员聘用数量，应根据兔场的工作量而定。一般每 100 只基础母兔或2 000～3 000只育肥兔配备一个饲养员。

## （二）饲养员的培训

饲养员的培训包括理论知识培训、操作技能培训和政治修养培训等。通过养兔理论的培训，使之对科学养兔有初步的认识；通过操作技能的培训，使之掌握一般的饲养管理操作技术；通过政治修养培训，使饲养员树立以场为家、以养兔为业的思想。通过集中培训后进行理论和操作的考试，合格后方可正式录用。

### （三）饲养员的使用

经过饲养员的招聘和培训合格之后，饲养员进入车间开始从事养兔工作。使用中注意以下几个问题：第一，以老带新制，即师傅带徒弟，以便使刚刚从事养兔的新饲养员很快了解并掌握养兔的基本操作技能；第二，目标管理，定任务、定指标，分工明确、赏罚严明；第三，定期考核，及时发现问题，为饲养员解决生产中存在的问题。

实践告诉我们，饲养员的思想工作是非常重要的。调动饲养员的积极性是兔场场长的重要任务之一，以表扬和鼓励为主。制定目标应切合实际，让饲养员努力可实现，再努力可超额。如果努力后还达不到预定目标，将极大压制饲养员的积极性和创新性。

# 八、种兔准备

种兔质量是养兔成败的关键，没有优良的种兔群不可能有好的饲养效果。因此，对于一个新兔场来说，引种至关重要。引种应注意以下几个问题：

**1. 品种选择** 应根据当地气候条件、饲养管理条件和市场需求选择品种。比如，对于饲养条件较好的兔场，可选择生产潜力大的肉兔优良品种和配套系；而对于条件较差的兔场，应选择适应性强、耐粗饲性和抗病力较强的本地品种。

**2. 兔场选择** 事前应对所要引种的兔场进行周密的考察和分析，最好征求专家的意见。一般来说，价格和距离服从质量；在相同质量和价格前提下，优先选择距离较近的兔场。供种场必须是经过注册和认证的种兔场。兔场的管理规范、规模较大，不能有任何危险性的传染性疾病存在，尤其是兔瘟、传染性鼻炎、真菌性皮肤病、疥癣和梅毒等。

**3. 数量确定** 对于新建兔场来说，一次引种不宜过多，以分期分批引种的安全系数更大。由于家兔是比较娇气的动物，对于没有养兔经验的人来说，饲养很短时间就可能出现问题而造成大批死亡。当少量引进试养，逐渐掌握养兔规律后再多引，以减少引种的风险。一般小型兔场一次引种不超过 100 只，中型兔场控制在 200 只，大型兔场一次引种控制在 500 只为宜。

**4. 公母比例** 正常繁殖，公母比例为1∶8～12。但是，引种的公母比例绝不可以作为搭配比例，对种群质量的贡献以公兔为主。所引种的种兔并非全部作为种兔使用，即对引进种兔也应有选择和淘汰的问题。尤其是对种公兔，其淘汰率约为50%。因此，引种时以公母比例1∶3～5为宜。少量引种1∶3，中量引种（200只左右）1∶4，大量引种1∶5。

**5. 质量控制** 主要指血缘、特征、健康状况、体重和月龄等。种兔的血缘控制主要是种公兔之间的血缘关系。引种时，所引种的种公兔至少来自12个以上的家系，以便避免群体内的近交系数增加过快。尤其是少量引种的小型兔场，种公兔的血缘关系尽量远些，尽量控制同胞和半同胞的比例；特征是指品种特征明显，具有典型的本品种特征；健康状况是指所引种是健康的，没有携带任何危险性的病原菌，尤其是慢性传染病，如传染性鼻炎、疥癣、皮肤真菌病和梅毒；所引种兔最好是青年后备兔，以3～5月龄、2.5千克以上为宜。这样的兔子引进后经过短期的适应性锻炼后，即可进入繁殖阶段。成年兔一般不要引进，体重和年龄小的兔子引种的风险性较大。

**6. 资料索取** 向供种单位索取有关技术资料，包括饲养管理手册、饲料配方和营养水平、免疫程序和已经进行的免疫、种兔卡片（主要是血缘关系）等。

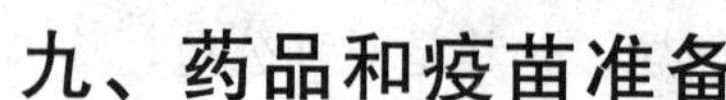

# 九、药品和疫苗准备



进兔之前，一些药品和疫苗应该提前备好。药物的使用应参照《无公害食品　肉兔饲养允许使用的抗菌药、抗寄生虫药》进行准备。

疫苗主要有兔瘟疫苗、巴氏—波氏二联苗、魏氏梭菌疫苗、大肠杆菌疫苗、克雷伯氏杆菌疫苗等。

疫苗选用一定要认准国家规定的生产厂家，查看生产日期，并进行妥善保管。由于以上家兔疫苗都属于死苗（灭活苗）而不是活苗（即弱毒苗），因此，保存时不可冷冻，否则将影响免疫效果。

# 日程管理篇

ROUTU RICHENG GUANLI JI YINGJI JIQIAO


一、种公兔日程管理 ………………… 43

二、空怀母兔日程管理 ……………… 53

三、妊娠母兔日程管理 ……………… 57

四、泌乳母兔(及仔兔)日程管理 …… 123

五、幼兔和育肥兔日程管理 ………… 195

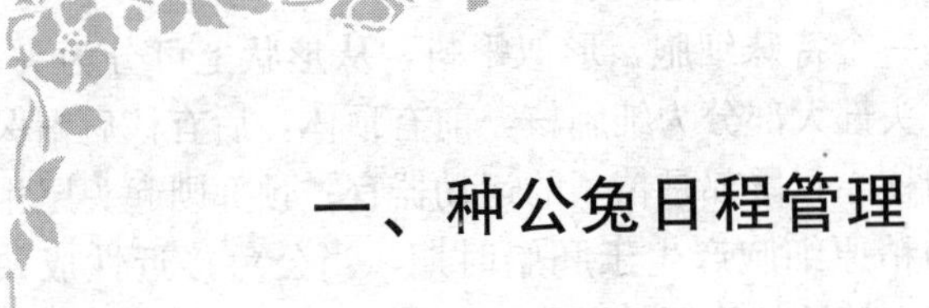

# 一、种公兔日程管理



种公兔担负繁重的配种任务。对于个体而言，种公兔和种母兔的贡献是相同的（指遗传基因），或母兔的贡献大于公兔（妊娠期和哺乳期的母体效应）。但是，对于群体而言，种公兔的贡献远远大于母兔。因为在本交的情况下，一只种公兔承担8～12只母兔的配种任务，一年可获得300只左右的后代；在人工授精情况下，可承担几十只乃至几百只母兔的繁殖任务，一年可获得数千个乃至上万个后代。因此，养好种公兔，至关重要。

种公兔在一年中配种任务不同，不同气候条件下的管理要点不一。

## （一）配种准备期

在集约化养殖条件下，人工控制环境可周年均衡生产，配种繁殖没有明显的季节性。因此，对于成年种公兔而言，没有配种准备期，仅仅对于后备公兔有一个配种前的准备阶段。而对于目前我国多数地区农村兔场而言，兔舍温度等受到外界环境的影响很大。在炎热的夏季和寒冷的冬季，必须停止繁殖。而在下次配种期到来之前，应进行必要的配种准备；否则，公兔的精液不良，将影响配种效果。

**1. 精子的发生、成熟和衰老**　精子在睾丸内形成，在附睾内成熟，并贮存在附睾内一直到射精。

兔的精子是一个特殊细胞，形似蝌蚪，从形状上可分为头、颈、尾三部分。头部大部分为细胞核，前有顶体，后有核后帽保护，是精细胞的核心；尾部是精子的运动器官；颈部则起头尾相连的作用。兔的精原细胞产生于胚胎时期，当公兔接近性成熟时，睾丸精细管中精原细胞开始进行有丝分裂，不断增殖。经若干次有丝分裂后，进入减数分裂。前期的生殖细胞称为初级精母细胞。初级精母细胞经过第一次减数分裂，成为两个染色体数减半的次级精母细胞。次级精母细胞再经过第二次减数分裂，成为两个精细胞。精细胞经过变形成为精子。一个初级精母细胞经过两次分裂，最后形成 4 个精子。从形成初级精母细胞的前一代精原细胞开始，到最后形成精子，需要 48～52 天。

精细管内形成的精子并没有活动能力，不能受精。它需要在通过附睾的运行中完成一系列的生理成熟过程，获得活动能力和受精能力，称为获能。这个过程需 8～10 天。精子在附睾中可存活 60 天左右。此后，如未排出体外就会衰老，逐渐丧失受精能力和活动能力。

**2. 配种准备期的管理**　对于多日没有配种的种公兔来说，由于精子在附睾内贮存时间较长，很多精子已经衰老，甚至死亡。也由于附睾内的精子长期没有排空，对于睾丸精子的产生具有抑制作用。因此，在配种准备期，对欲参加配种的种公兔进行精液品质检查。根据精液品种的优劣，确定饲养管理措施。同时，通过精液品质检查，使附睾内的精子排出，以促进睾丸精子的产生。

对于种公兔进行健康状况的检查，尤其是生殖器官的检查、皮肤性疾病的检查和慢性传染性疾病的检查，发现问题及时处理。对于有治疗价值的公兔，可及时治疗，否则淘汰。

对于种公兔进行一次重新鉴定。根据上季度的配种成绩、本次精液品质和身体状况，划分等级，进行排序，以确定每只种公兔在兔群中的地位。

对于初次参加配种的青年公兔，在正式参加配种之前，可放在与成年公兔相邻兔笼内，通过成年公兔配种过程的观摩，提高其性欲和配种成功率。

加强卫生，保持环境安静，保证种兔健康。注意兔舍内的实际光照时间，每天达到12～14小时；有条件的兔场，可适当增加公兔的活动量，促进肌肉发育，提高食欲和性欲；种兔的免疫，也应该在这一阶段完成。

做好配种计划是配种准备期的一项不可缺少的工作。根据每只种兔的特点、血缘、以往配种效果等重新安排配偶，并制定第一配种选择和预备配种选择计划。所谓第一配种选择，是指某只种公兔首先选配的那些母兔，如果这只公兔调配不开，备选公兔是哪些，一一列出。

**3. 配种准备期的饲养** 由于精子的发生和成熟需要一定的时间，种兔的饲养也应适应精子生产的需要，保持营养的全面性和长期性，以保证公兔睾丸产生精子所需要的各种营养。一般来说，在配种前3周，应该加强种公兔的营养供应，尤其是维生素A、维生素E、维生素D；微量元素硒、锌、锰和碘；矿物质中的钙和磷；必需脂肪酸、蛋白质和必需氨基酸等。一般来说，配种准备期多是家兔的换毛期，种兔换毛和精子生产双重营养压力，如果营养供应不足，使换毛期延长，也影响公兔睾丸机能，造成配种期性欲低下、配种无力、受胎率低和产仔数少。在农村家庭兔场，可投喂适量的青饲料，以提供必需的维生素和微量元素，同时可调节胃肠功能，促进食欲。但应注意，不应饲喂过多的含有水分较多的青饲料和营养价值较低而体积较大的粗饲料。此期饲料的供应量应适当控制，一般日喂量每只控制在150克左右，防止喂量过多造成营养性肥胖，降低种用价值。

下面推荐两个配种准备期的饲料配方（%）：

（1）大豆粕16.00，玉米25.00，玉米秸19.00，苜蓿草粉

19.00，小麦麸 12.80，芝麻粕 3.00，酵母 2.00，食盐 0.50，兔乐 0.25，石粉 1.50，磷酸氢钙 0.80，蛋氨酸 0.10，赖氨酸 0.05。此配方适于营养状况稍差的种公兔。

其中，兔乐为维生素和微量元素复合添加剂，由河北农业大学山区研究所研制。

(2) 玉米 25.00，小麦麸 8.75，花生皮 8.00，大豆饼 7.00，花生秧 25.00，菊花粉 15.00，花生仁粕 7.00，食盐 0.50，兔乐 0.25，磷酸氢钙 1.50，酵母 2.00。此配方适于营养状况较好的种公兔。

### (二) 配种期

配种期是营养消耗较多的时期，同时也是种公兔食欲低下、最容易出现问题的时期，饲养管理至关重要。

**1. 配种期的管理** 保持兔舍干燥、卫生、通风、透光、安静，是保证种兔健康和获得较好配种效果的五大要素。在配种期，尽量减少对种公兔的干扰，包括频繁的人员走动、饲养员以外人员的进入，甚至动物的闯入等。配种期公兔消耗的体力和精力多，应保证其安静休息，使之身体尽快恢复。

控制使用强度是保证公兔健康的重要环节。一般壮年公兔每天配种 1～2 次，连续两天休息一天。特殊情况下可日配 4 次，但不可连续频密配种。个体之间的配种能力有较大差异。应注意观察种公兔的表现，尤其是精神、性欲、食欲和活动量。如果性欲有降低的趋势、食欲不佳等，说明配种强度过大，应减少配种次数，防止早衰。

配种前对每只公兔进行生殖器官的检查，尤其是睾丸、阴囊、包皮和龟头，是否有外伤或感染。对其周围的被毛也要进行检查，如果有污毛应将其剪掉。同时，对与配母兔进行生殖器官的检查。如果外阴部有炎症，应停止配种。要清除母兔外阴周围的污物，包括污毛和沾污的粪便，防止配种时相互感染。

在配种季节，定期检查公兔精液品质。发现异常，及时分析原因和采取相应措施。

配种时间的安排要根据季节情况而定。一般来说，日出和日落前后是公兔性欲最旺盛的时期。有人试验，晚上配种效果最好。一般来说，大型兔场实行人工授精，一般在上午进行。这样光线好，便于操作。如果实行本交，可在晚上进行。冬季配种以中午气温最高的时候为宜，气温较高的季节可选择在温度降低之后。无论何时配种，都应避开饲喂前后半小时，以保证种兔的正常采食和营养物质的消化吸收。如果在喂饲前配种，对公兔的采食有较大影响。若采食后立即配种，也将影响营养物质在胃肠道内的消化吸收。

做好配种记录。根据配种计划进行放对配种，配种之后及时填写配种记录。

**2. 配种期的饲养**　根据体形、膘情、精神、食欲、配种强度、精液品质和配种效果，合理进行营养调控，这是种公兔配种期的基本原则。

公兔的营养标准没有单独列出。一般情况下，参照妊娠母兔标准设计配方。但在配种期，尤其是在集中配种期，应强化营养。可参考泌乳母兔的营养标准，但饲喂量要进行控制。种公兔一般不实行自由采食，而采取营养的总体控制。即保持八成膘、八分饱，保持种用体况，防止过肥和过瘦。所谓种用体况，是指公兔的全身肌肉发达，尤其是后躯发达，四肢有力。腹部较小，肚子呈圆柱形，不下垂。使公兔整体外观呈现方头方脑，粗腿粗脚，短脖子，小肚子。这样的体形具有旺盛的体力、精力和较好的配种效果。而保持这种体形主要靠营养的调控。

营养水平对公兔的配种效果有较大影响。应该强调，在所有的营养指标中，应强调维生素、微量元素、蛋白质、必需氨基酸和必需脂肪酸等。

在配种期，重视饲料的质量控制。尤其是饲料霉菌毒素的控制，防止饲料发霉。如果以霉败的饲料饲喂配种期的公兔，对精液品质和配种效果有很大的影响，甚至影响种兔的健康。

配种期严格饲料品种的选择，一般不选用对精液品质有影响的饲料，如棉籽饼（粕）、菜子饼（粕）等，更不能滥用药物，如喹乙醇、痢特灵等。

下面推荐2个种公兔配种期的饲料配方（%），供参考。

(1) 大豆粕20.00，蛋氨酸0.10，赖氨酸0.05，食盐0.50，玉米25.00，兔乐0.30，石粉1.00，磷酸氢钙0.80，玉米秸18.00，苜蓿草粉18.00，小麦麸11.30，进口鱼粉2.00，酵母3.00，霉可吸0.01。此配方适于营养状况稍差或配种强度较大的种公兔。

(2) 食盐0.50，玉米25.00，兔乐0.30，磷酸氢钙1.50，小麦麸9.60，大豆饼13.00，花生皮5.00，蛋氨酸0.10，赖氨酸0.10，花生秧20.00，菊花粉15.00，花生仁粕8.00，酵母2.00，霉可吸0.01。此配方适于营养状况较好的配种期种公兔。

其中，霉可吸是霉菌毒素吸附剂，属于生物制品。

## （三）高温前期

家兔"夏季不孕"是我国南方一些省市的自然现象。但是，不孕的根源不在母兔，而在于公兔。夏季高温使公兔睾丸生精上皮细胞变性，暂时失去产生精子的能力。

公兔有两个卵圆形的睾丸，大小约为35毫米×15毫米，重约2克，具有产生精子和分泌雄性激素的功能。胚胎的早期开始形成睾丸，最初位于腹腔内，1～2月龄移至腹股沟管内，此时阴囊尚未形成。2.5月龄时公兔开始出现阴囊，约3月龄时睾丸沿腹股沟管进入阴囊。由于腹股沟管宽而短，且终生不封闭，故睾丸可缩回腹腔或降入阴囊。这就为睾丸适应环境温度提供了方便。当温度较高时，为了便于散热，睾丸落入阴囊，同时阴囊下垂，散热面积增加；当外界温度较低时，睾丸进入腹腔，有助于睾丸的保温，防止被冻伤。由于睾丸可以随时进入和离开阴囊，因此，对于外界低温，睾丸的适应性较强，一般不至于因低温而受到损害。但是，当外界温度高过一定程度，超过了阴囊调节温度的极限时，睾丸生精上皮将受到损害，可逆性地出现变性，暂时失去产生精子的功能。其生精机能的恢复时间取决于睾丸的受损害程度，一般在45～60天；严重受损害时，生精机能的恢复时间达3个月之久。因此，为了预防夏季高温对公兔的影响，应提前做好高温前的准备工作。

**1. 舍顶喷水设施** 无论何种兔舍，在中午太阳照射强烈时，往舍顶部喷水，通过水分的蒸发降低温度，其效果良好。若在兔舍顶脊部沿房脊铺设一根水管，水管的两侧均匀钻很多小孔，使之往两侧房顶自动喷水，降温效果良好。

**2. 舍顶植绿** 如果为平顶兔舍，而且有一定的承受力，可在兔舍顶部覆盖较厚的土，并在其上种草（如草坪）、种菜或种花，对兔舍降温有良好作用。在高温期到来一个月之前，应进行此项工作。

**3. 舍前栽植** 在兔舍的前面和西面一定距离栽种高大的树木（如树冠较大的梧桐）、丝瓜、眉豆、葡萄、爬山虎等藤蔓植物，可遮挡阳光，减少兔舍的直接受热。栽种当年生藤蔓植物，应在高温期到来的6周前进行。

**4. 墙面刷白** 不同颜色对光的吸收率和反射率不同。黑色吸光率最高，而白色反光率很强。高温前，可将兔舍的顶部及南面、西面墙面等受到阳光直射的地方刷成白色，减少兔舍的受热度，增强光反射。

**5. 铺反光膜** 根据反光膜反射光照的原理，高温期前在兔舍的顶部铺放反光膜，可降低舍温2℃以上。

**6. 拉折光网** 在兔舍顶部、窗户的外面拉折光网，实践证明是有效的降温方法。其折光率可达70%，而且使用寿命为4～5年。高温前，应备好材料。

**7. 增加通风设施** 对兔舍的通风设施进行安装和维修，通过加强兔舍的空气流动，减少高温对兔的应激程度。有条件的兔场，采取增加湿帘和强制性纵向通风相结合，效果更好。

## （四）高温期

在高温期，除了在高温前期的措施得以实施外，还应采取以下措施来防暑降温，以降低公兔热应激。

**1. 降低饲养密度** 饲养密度越大，产热越多，越不利于防暑降温。因此，降低饲养密度是减少热应激的一条有效措施。种兔舍最好采取单层或双层笼养。目前，我国各地采取的三层笼养密度过大，不利于夏季的防暑降温和舍内有害气体的排出。

**2. 调整喂料** 一是喂料的时间作适当改动，采取“早餐早，午餐少，晚餐饱，夜加草”，把一天饲料的80％安排在早晨和晚上。由于中午和下午气温高，家兔没有食欲，应让其好好休息；二是饲料的种类也应适当调整，增加蛋白含量，减少能量比例，尽量多喂青绿饲料；三是在喂料方法上相应变更，如果为粉料湿拌，加水量应严格控制，少喂勤添，一餐的饲料分两次添加，防止剩料发霉变质。

**3. 满足饮水** 水的功能是任何营养物质所不能代替的，在夏季防暑降温中起到关键作用。兔子夏季对水的需求更多，约为冬季的2倍以上。除了满足饮水，即自由饮水以外，可在水中加入1％的人工盐，以提高防暑效果。

**4. 使用抗热应激添加剂** 延胡索酸具有镇静作用，能使中枢神经受到抑制，体肌活动减少；氯化铵具有调节血液酸碱平衡的作用。在饲料中添加0.1％延胡索酸，饮水中添加氯化铵，能缓解热应激。碳酸氢铵具有健胃和调节血液酸碱平衡作用，在饮水中添加0.1％～0.2％，能够减少热应激的损失。此外，柠檬酸、琥珀酸盐等也有缓解热应激的作用。

**5. 营养调控** 一些营养物质对于缓解热应激有较好效果。

日粮中添加维生素 C150～200 毫克/千克，可明显提高精液品质，提高种公兔的抗热应激能力；按每千克饲料中添加 0.7 毫克硒+40 毫克维生素 E，可提高公兔的血液睾酮、精子密度、精液转氨酶活性及繁殖力。另外，维生素 A、维生素 D、维生素 K、烟酸等，在高温期对调节热应激反应、防止体温上升也有重要作用。

**6. 搞好卫生** 夏季家兔的消化道疾病较多，主要原因在于饲料、饮水和环境卫生没有跟上。特别要消灭苍蝇、蚊子和老鼠。笼底板应保持干净，如果发现个别兔子发生肠炎，污染了底板，应及时清理和消毒。兔舍的窗户上面应安装窗纱，涂长效灭蚊蝇药物。加强对饲料库房的管理，防止老鼠污染料库。定期对饮水消毒也是必要的。

**7. 应激性环境控制** 当以上措施也不能降低温度、避免热应激的情况下，有条件的兔场可单独设公兔避暑室，将公兔集中起来，安装空调；没有条件的兔场可建地下室，山区可将种公兔转移到山洞中饲养，均可有效保护公兔免受高温影响。

**8. 停止配种** 在高温期，没有足够的降温措施，应停止配种繁殖，否则会产生不利影响。

## (五) 高温期后

高温期过后，首要的任务就是检查夏季防暑效果，为秋季配种做好准备。

**1. 对全群种公兔进行身体检查和精液品质的测定** 把老弱病残的低价值种兔淘汰，将春季繁殖的青年公兔补充到种兔群；对种公兔精液品质检查要连续进行 3 次。因为公兔长时间没有配种，往往前两次排出的精液中死精子和畸形精子占据较大的比例，而 3 次以后基本恢复正常。

**2. 尽快恢复公兔睾丸机能** 经过精液品质的鉴定，如果一些种公兔采精 3 次后精液品质仍然不合格，说明其睾丸已经受到高温的影响，应采取措施，使之尽快恢复机能。比较有效的措施有：添加稀土添加剂，可加速睾丸机能的恢复；肌肉注射 LRH-$A_3$，每 5～7 天注射一次，每次 5～10 微克，连续 3～4 次；饮水中添加维生素 C，饲料中增加维生素 A 和维生素 E 的含量等；使用中药抗热应激散（由生石膏、穿心莲、蒲公英、薄荷、黄芪等中草药组成；或香薷、薄荷、石膏、知母、茯苓等 10 余种中草药），按日粮的 0.5%～1%添加，具有较好的缓解热应激效果。

**3. 增加营养** 高温过后，种兔又进入了换毛期，同时又是配种集中期。在饲喂全价饲料的基础上，注意蛋白质、含硫氨基酸和维生素的供应。

下面提供 2 个高温期后的饲料配方（%），供参考。

（1）小麦麸 9.70，大豆粕 20.00，蛋氨酸 0.10，食盐 0.50，玉米 23.00，花生秧 45.00，兔乐 0.30，磷酸氢钙 1.50。

（2）小麦麸 4.00，玉米 22.00，大豆粕 12.00，苜蓿草粉 42.00，麦芽根 12.00，玉米胚芽饼 4.00，磷酸氢钙 1.00，石粉 0.13，食盐 0.50，兔乐 0.30，蛋氨酸 0.10。

# 二、空怀母兔日程管理

空怀母兔是既没有配种妊娠，也没有带仔泌乳的成年母兔。这类母兔又分为3种情况：

## （一）后备空怀母兔

后备空怀母兔是指被选为种用的青年母兔。这类母兔的饲养管理应注意以下几点：

**1. 酌情初配** 初配时间的确定有两个标准：一是月龄标准，二是体重标准。同时，应结合当地的气候条件酌情掌握。一般来说，中型肉兔5～6月龄（饲养管理条件较好的5月龄，稍差的6月龄）即可配种；或体重达到成年体重的70%～75%即可初配。一般中型肉兔的标准体重4～4.25千克，达到3千克左右即可配种。对于核心群的种兔，要求标准较高，初配体重适当大些。对于生产群的种兔，只要达到最低要求即可考虑配种。

**2. 看膘喂养** 国内外后备兔没有饲养标准，生产中根据后备兔生长发育情况确定营养水平和饲料供应量。如果母兔膘情较好，可按照空怀母兔的标准饲喂，即着重粗饲料的提供，促进骨骼和消化系统的发育，防止过度肥胖。每天的饲喂量控制在150克以内。如果后备母兔的膘情较差，达不到标准体重，不加速生长就达不到初配体重，应适当增加营养浓度，可参照妊娠母兔的标准，每天饲喂量为 150～165 克。

**3. 加强管理** 后备兔的管理往往被忽视，因为其既没有怀孕，也没有泌乳。其实，后备兔的培育关系到种兔群的优劣。在管理工作中，首先，进行定期测定，包括体重、体尺、饲料消耗等；第二，选优去劣，通过生长发育、抗病能力和体质外貌的综合评价，在配种前淘汰一批没有培养前途的后备兔；第三，搞好防疫，所有的疫苗应该在配种前全部注射；第四，注意卫生，一个健康的种兔群是从仔兔、幼兔、后备兔等一步一步培育而来，一环扣一环，哪一环出现问题都将影响种兔群的质量。

## （二）断乳后空怀母兔

母兔泌乳期营养消耗最大，因此仔兔断乳后体质较弱。加强断乳后空怀母兔的管理至关重要。对其如何饲养管理，取决于母兔的膘情和所处的季节。

**1. 看膘喂养** 即根据母兔体质情况确定饲养管理。如果母兔非常瘦弱、体重减轻严重，应加强营养供应，使其尽快复膘。一般以配合颗粒饲料为主，参照妊娠母兔的营养水平设计配方，颗粒饲料占全天饲喂量的 70%，其余可以青饲料补齐（以干物质计）。如果一只中型成年母兔日采食 150 克风干饲料计算，则每天投喂 105 克颗粒饲料，其余自由采食青饲料；如果母兔膘情一般，可将颗粒饲料和青饲料各占一半饲喂。即每天饲喂颗粒饲料 75 克，青饲料自由采食；如果母兔膘情较好，可以二者倒三七的比例饲喂，即颗粒饲料日喂 45 克，其余自由采食青饲料。

**2. 看季喂养** 即根据季节确定饲养管理。如果处于春秋季节，也就是家兔繁殖的黄金季节。无论母兔断乳后膘情如何，都应按照体质较差的体况饲养管理。即颗粒饲料和青饲料以 7∶3 的比例饲喂。在这样的季节，母兔空怀时间是很短的，除非母兔已经连续血配 2 次以上，必须进行身体调整。如果处于夏季或冬季，即家兔的非繁殖黄金季节。此时无论母兔膘情如何，都无需大量投喂过多的精料或饲养标准过高，以颗粒饲料和青饲料 3∶7 的比例即可，用大量的青饲料逐渐恢复膘情。

在青饲料没有保证的规模化兔场，以颗粒饲料作为全部日粮，只能降低营养标准。由于母兔的膘情与繁殖率有很大的关系。膘情好，即较肥胖的母兔，一般受胎率和产仔数均较少。因此，空怀母兔膘情的控制应该在配种时 7～8 成膘，妊娠后膘情快速回升。这样即节省了饲料，又取得较好的繁殖效果。

### （三）休闲期空怀母兔

休闲期是指非繁殖季节，母兔长时间处于空怀状态。对于此期和空怀母兔，以青粗饲料为主，逐渐调整体况。在农村家庭兔场，可全部饲喂青饲料，冬季大量饲喂粗饲料，仅每天补充不超过 50 克的精饲料即可；在规模化兔场，青饲料不容易解决，可按照空怀母兔的营养标准配料，以每天饲喂 150 克为宜。

现在推荐 2 个空怀母兔的饲料配方（%）供参考。

（1）玉米 22.00，兔乐 0.25，磷酸氢钙 0.50，小麦麸 17.00，食盐 0.50，花生皮 10.00，大豆饼 5.00，花生秧 25.00，菊花粉 15.00，花生仁粕 5.00。

（2）菊花粉 15.0，玉米 22.0，大豆粕 4.00，兔乐 0.25，小麦 7.0，玉米胚芽饼 10.00，苜蓿草粉 30.00，玉米糠 10.0，食盐 0.50，石粉 0.50，磷酸氢钙 1.0。

## 三、妊娠母兔日程管理

母兔妊娠期一般为 30 天，其长短受品种、年龄、营养和健康状况等因素影响。

在此期间，要注意加强营养，防止妊娠前期流产。同时，要掌握正确的摸胎方法，做好妊娠诊断，避免出现假孕和神经性妊娠。

## 妊娠期 第1天

| ⏲ 时间记录 | ____年____月____日 |
| --- | --- |
| ☼ 天气记录 | 室外温度________℃<br>湿　　度________%<br>室内温度________℃<br>湿　　度________% |

| 日操作安排 | | |
| --- | --- | --- |
| | 5：00 | 喂料：种母兔喂颗粒饲料 75～100 克<br>（根据膘情和体型决定饲喂量）<br>种公兔喂颗粒饲料 80 克<br>饮水：添加 0.1%多维素和 0.2%生态素 |
| | 6：15 | 洗漱，吃早饭 |
| | 8：00 | 清理舍内卫生<br>巡视观察兔群 |
| | 9：00 | 用 1∶600 的百毒杀带兔消毒<br>每只喂青绿饲料 50 克 |
| | 11：00 | 休息 |
| | 13：00 | 每只喂青绿饲料 50 克 |
| | 16：00 | 清理排粪沟<br>填写饲养记录 |
| | 18：00 | 喂料：种母兔喂颗粒饲料 75～100 克<br>（根据膘情和体型决定饲喂量）<br>种公兔喂颗粒饲料 100 克<br>饮水：添加 0.1%多维素和 0.2%生态素 |
| | 20：00 | 巡视兔群<br>每只喂青绿饲料 50 克 |
| | 21：00 | 休息 |

第1天

妊娠期

友情提示

按照喂料量的2倍计算出全天水量，准备好全天的药物，按比例添加。

知识窗

◆ **主要肉兔品种性成熟月龄和初配月龄**

| 品　种 | 性成熟月龄 | 初配月龄 |
| --- | --- | --- |
| 新西兰兔 | 4～6 | 5.5～6.5 |
| 加利福尼亚兔 | 4～5 | 6～7 |
| 弗朗德兔 | 4～6 | 7～8 |
| 青紫蓝兔 | 4～6 | 7～8 |
| 日本大耳兔 | 4～5 | 6～7 |

备注

妊娠期

第2天

| | |
|---|---|
| 时间记录 | ____年____月____日 |
| 天气记录 | 室外温度________℃<br>湿　　度________%<br>室内温度________℃<br>湿　　度________% |

日操作安排

|  |  |
|---|---|
| 5：00 | 喂料：种母兔喂颗粒饲料 75～100 克（根据膘情和体型决定饲喂量）<br>种公兔喂颗粒饲料 80 克<br>饮水：添加 0.1%多维素和 0.2%生态素 |
| 6：15 | 洗漱，吃早饭 |
| 8：00 | 清理舍内卫生<br>巡视观察兔群 |
| 9：00 | 用 1∶700 倍的“顶点”带兔消毒<br>每只喂青绿饲料 50 克 |
| 11：00 | 休息 |
| 13：00 | 每只喂青绿饲料 50 克 |
| 16：00 | 清理排粪沟<br>填写饲养记录 |
| 18：00 | 喂料：种母兔喂颗粒饲料 75～100 克（根据膘情和体型决定饲喂量）<br>种公兔喂颗粒饲料 100 克<br>饮水：添加 0.1%多维素和 0.2%生态素 |
| 20：00 | 巡视兔群<br>每只喂青绿饲料 50 克 |
| 21：00 | 休息 |

第2天

妊娠期

| | |
|---|---|
| 特别提示 | 配种后及时填写配种记录表，记录与配公兔编号和配种时间。 |
| 知识窗 | ◆ **什么是妊娠？**<br>妊娠是指在母兔生殖器官中，受精卵逐渐发育成胎儿所经历的一系列复杂生理变化过程。完成这一发育过程所需要的时间，叫妊娠期。<br>一般母兔的妊娠期平均为30～31天。但因品种、年龄、个体营养状况、健康水平以及胎儿的数量、发育情况等不同而妊娠期的长短略有差异。 |
| 备注 | |

妊娠期 第3天

| ◷ 时间记录 | ____年____月____日 |
| --- | --- |
| ☼ 天气记录 | 室外温度________℃<br>湿　　度________%<br>室内温度________℃<br>湿　　度________% |

日操作安排

|  |  |
| --- | --- |
| 5：00 | 喂料：种母兔喂颗粒饲料 75～100 克<br>（根据膘情和体型决定饲喂量）<br>种公兔喂颗粒饲料 80 克<br>饮水：添加 0.1%多维素和 0.2%生态素 |
| 6：15 | 洗漱，吃早饭 |
| 8：00 | 清理舍内卫生<br>巡视观察兔群 |
| 9：00 | 用 1∶500 倍的灭菌可灵带兔消毒<br>每只喂青绿饲料 50 克 |
| 11：00 | 休息 |
| 13：00 | 每只喂青绿饲料 50 克 |
| 16：00 | 清理排粪沟<br>填写饲养记录 |
| 18：00 | 喂料：种母兔喂颗粒饲料 75～100 克<br>（根据膘情和体型决定饲喂量）<br>种公兔喂颗粒饲料 100 克<br>饮水：添加 0.1%多维素和 0.2%生态素 |
| 20：00 | 巡视兔群<br>每只喂青绿饲料 50 克 |
| 21：00 | 休息 |

第3天



| | |
|---|---|
| 友情提示 | 添加饲料前，严格检查饲料的质量，杜绝饲喂霉变饲料。 |
| 知识窗 | ◆ **胚胎的前期发育过程如何？**<br>精子和卵子受精之后形成合子，合子立即进行分裂。<br>● 在交配后的21～25小时完成第一个卵裂过程，并在输卵管中继续分裂到桑葚期；<br>● 72～75小时，胚胎进入子宫；<br>● 经7～7.5天，胎膜与母体子宫黏膜相连，形成盘状胎盘。 |
| 备注 | |

妊娠期

第4天

| ◷ 时间记录 | ____年____月____日 |
|---|---|
| ☼ 天气记录 | 室外温度________℃<br>湿　　度________%<br>室内温度________℃<br>湿　　度________% |

日操作安排

|  |  |
|---|---|
| 5：00 | 喂料：种母兔喂颗粒饲料 75～100 克<br>（根据膘情和体型决定饲喂量）<br>种公兔喂颗粒饲料 80 克<br>饮水：添加 0.2%生态素 |
| 6：15 | 洗漱，吃早饭 |
| 8：00 | 清理舍内卫生<br>巡视观察兔群 |
| 9：00 | 每只喂青绿饲料 50 克 |
| 11：00 | 休息 |
| 13：00 | 每只喂青绿饲料 50 克 |
| 16：00 | 清理排粪沟<br>填写饲养记录 |
| 18：00 | 喂料：种母兔喂颗粒饲料 75～100 克<br>（根据膘情和体型决定饲喂量）<br>种公兔喂颗粒饲料 100 克<br>饮水：添加 0.2%生态素 |
| 20：00 | 巡视兔群<br>每只喂青绿饲料 50 克 |
| 21：00 | 休息 |

第4天

妊娠期

| 特别提示 | 配种母兔卡片标识清晰，能够有效识别，防止错误操作导致流产。 |
| --- | --- |
| 难点提示 | ◆ **导致妊娠前期流产的原因**<br>• 吃了霉变饲料，导致母兔霉菌毒素中毒；<br>• 吃了冰冻饲料；<br>• 强烈噪音或持续噪音；<br>• 捉拿动作粗鲁；<br>• 饲料营养水平差；<br>• 母兔在配种前体质虚弱，且没有及时调理；<br>• 盲目使用药物，使用了一些损伤胎儿的药物；<br>• 试情法妊娠诊断或强制配种。 |
| 备注 | |

妊娠期

第5天

| ⏲ 时间记录 | ____年____月____日 |
| --- | --- |
| ☼ 天气记录 | 室外温度________℃<br>湿　　度________%<br>室内温度________℃<br>湿　　度________% |

| 日操作安排 | | |
| --- | --- | --- |
| | 5：00 | 喂料：种母兔喂颗粒饲料 100 克<br>种公兔喂颗粒饲料 80 克<br>饮水：添加 0.2%生态素 |
| | 6：15 | 洗漱，吃早饭 |
| | 8：00 | 清理舍内卫生<br>巡视观察兔群 |
| | 9：00 | 每只喂青绿饲料 50 克 |
| | 11：00 | 休息 |
| | 13：00 | 每只喂青绿饲料 50 克 |
| | 16：00 | 清理排粪沟<br>填写饲养记录 |
| | 18：00 | 喂料：种母兔喂颗粒饲料 100 克；种公兔喂颗粒饲料 100 克<br>饮水：添加 0.2%生态素 |
| | 20：00 | 巡视兔群<br>每只喂青绿饲料 50 克 |
| | 21：00 | 休息 |

第5天

| | |
|---|---|
| 特别提示 | 妊娠母兔中有的还同时处在哺乳期，所以这部分兔子饲料喂量应参照哺乳期标准。 |
| 难点提示 | **◆ 试情妊娠诊断**<br>要想提前知道是否受胎，便于对没有受胎的母兔及早配种，应进行妊娠诊断，但这时人工摸胎准确率低。<br>试情妊娠诊断是将母兔放到公兔笼子里，如果母兔已经妊娠就会发出警惕的“咕、咕”叫声，或尾巴掩盖臀部拒绝交配。<br>这个方法容易对母兔产生应激，造成流产。所以，尽量采用人工摸胎法进行妊娠诊断。 |
| 备注 | |

妊娠期 第6天

| 🕓 时间记录 | ____年____月____日 |
|---|---|
| ☼ 天气记录 | 室外温度______℃<br>湿　　度______%<br>室内温度______℃<br>湿　　度______% |

| 日操作安排 | | |
|---|---|---|
| | 5：00 | 喂料：种母兔喂颗粒饲料 100 克<br>种公兔喂颗粒饲料 80 克<br>饮水：添加 0.2%生态素 |
| | 6：15 | 洗漱，吃早饭 |
| | 8：00 | 清理舍内卫生<br>巡视观察兔群 |
| | 9：00 | 每只喂青绿饲料 50 克 |
| | 11：00 | 休息 |
| | 13：00 | 每只喂青绿饲料 50 克 |
| | 16：00 | 清理排粪沟<br>填写饲养记录 |
| | 18：00 | 喂料：种母兔喂颗粒饲料 100 克<br>种公兔喂颗粒饲料 100 克<br>饮水：添加 0.2%生态素 |
| | 20：00 | 巡视兔群<br>每只喂青绿饲料 50 克 |
| | 21：00 | 休息 |

第6天

特别提示

- 因繁殖频密等原因造成体质较差的母兔，每天单独增加10～20克饲料和50克青绿饲料；
- 尽量在哺乳期间将体质恢复好。

知识窗

◆ **什么是青绿饲料？**

青绿饲料是指天然水分含量高于60％的一类饲料，是春、夏、秋三季家兔的主要饲料，主要包括牧草类、青饲作物、蔬菜类、树叶和水生饲料等。

青绿饲料特点是水分含量高，适口性好，含有丰富的维生素，但营养不平衡，最好作为混合颗粒饲料的补充饲料使用。

备注

## 第7天

| 时间记录 | ____年____月____日 |
|---|---|
| 天气记录 | 室外温度________℃<br>湿　　度________%<br>室内温度________℃<br>湿　　度________% |

| 日操作安排 | | |
|---|---|---|
| | 5：00 | 喂料：种母兔喂颗粒饲料 100 克<br>种公兔喂颗粒饲料 80 克<br>饮水：添加 0.2%生态素 |
| | 6：15 | 洗漱，吃早饭 |
| | 8：00 | 清理舍内卫生<br>摸胎 |
| | 9：00 | 每只喂青绿饲料 50 克 |
| | 11：00 | 休息 |
| | 13：00 | 每只喂青绿饲料 50 克 |
| | 16：00 | 清理排粪沟<br>填写饲养记录 |
| | 18：00 | 喂料：种母兔喂颗粒饲料 100 克<br>种公兔喂颗粒饲料 100 克<br>饮水：添加 0.2%生态素 |
| | 20：00 | 巡视兔群<br>每只喂青绿饲料 50 克 |
| | 21：00 | 休息 |

第7天

妊娠期

| | |
|---|---|
| 特别提示 | ● 在妊娠7天后摸胎；<br>● 摸胎要求技术高，所以发生误判多。但为了提高母兔的利用效率，必须提早判定出母兔是否妊娠，以便进行补配。 |
| 重点提示 | ◆ **正确的摸胎方法**<br>将兔子固定在平台上，头端朝向术者，左手抓住母兔的耳朵和颈部皮肤，右手作八字形伸向兔腹部后上方，五指轻轻靠拢触摸母兔腹部内容物。若柔软如棉花，则没有妊娠；若摸到子宫角粗肿膨胀，内有花生米大小、能滑动的球状物，则已经妊娠。<br>注意：7天胚胞如粪球大小，但粪球多为椭圆形，没有弹性，表面不光滑。 |
| 备注 | |

**妊娠期** 第**8**天

| | |
|---|---|
| 时间记录 | ____年____月____日 |
| 天气记录 | 室外温度________℃<br>湿　　度________%<br>室内温度________℃<br>湿　　度________% |

| 日操作安排 | | |
|---|---|---|
| | 5：00 | 喂料：种母兔喂颗粒饲料 105 克<br>种公兔喂颗粒饲料 80 克<br>饮水：添加 0.2%生态素 |
| | 6：15 | 洗漱，吃早饭 |
| | 8：00 | 清理舍内卫生<br>巡视观察兔群 |
| | 9：00 | 每只喂青绿饲料 50 克 |
| | 11：00 | 休息 |
| | 13：00 | 每只喂青绿饲料 50 克 |
| | 16：00 | 清理排粪沟<br>填写饲养记录 |
| | 18：00 | 喂料：种母兔喂颗粒饲料 105 克<br>种公兔喂颗粒饲料 100 克<br>饮水：添加 0.2%生态素 |
| | 20：00 | 巡视兔群<br>每只喂青绿饲料 50 克 |
| | 21：00 | 休息 |

第8天

妊娠期

| | |
|---|---|
| 特别提示 | 对摸胎检查出的妊娠母兔进行集中饲养，单独照顾。 |
| 友情提示 | ◆ **加强营养**<br>此阶段除了维持自身的生命活动外，子宫的增长、胎儿的生长和乳腺的发育等都要消耗大量的营养物质。所以，要提供营养全面的饲料。<br>此阶段以蛋白质、维生素、矿物质最为重要。 |
| 备注 | |

妊娠期

第9天

| ⏲ 时间记录 | ____年____月____日 |
| --- | --- |
| ☼ 天气记录 | 室外温度________℃<br>湿　　度________%<br>室内温度________℃<br>湿　　度________% |

| 日操作安排 | 时间 | 内容 |
| --- | --- | --- |
| | 5：00 | 喂料：种母兔喂颗粒饲料 110 克<br>种公兔喂颗粒饲料 80 克<br>饮水：添加 0.2%生态素 |
| | 6：15 | 洗漱，吃早饭 |
| | 8：00 | 清理舍内卫生<br>巡视观察兔群 |
| | 9：00 | 每只喂青绿饲料 50 克 |
| | 11：00 | 休息 |
| | 13：00 | 每只喂青绿饲料 50 克 |
| | 16：00 | 清理排粪沟<br>填写饲养记录 |
| | 18：00 | 喂料：种母兔喂颗粒饲料 110 克<br>种公兔喂颗粒饲料 100 克<br>饮水：添加 0.2%生态素 |
| | 20：00 | 巡视兔群<br>每只喂青绿饲料 50 克 |
| | 21：00 | 休息 |

第9天

| | |
|---|---|
| 友情提示 | 妊娠母兔增加饲料喂量，下午下班时将第二天所需的饲料准备好。 |
| 知识窗 | **◆ 妊娠母兔为什么要获得充足的营养?**<br>本阶段母兔对营养物质的需要量相当于空怀时期的1.5倍。<br>实践证明，妊娠母兔获得的营养充分，母体健康、泌乳力强，最终仔兔发育好，可提高断奶成活率和断奶体重。 |
| 备注 | |

妊娠期 第10天

| 🕒 时间记录 | ____年____月____日 |
|---|---|
| ☼ 天气记录 | 室外温度________℃<br>湿　　度________%<br>室内温度________℃<br>湿　　度________% |

日操作安排

|  |  |
|---|---|
| 5：00 | 喂料：种母兔喂颗粒饲料 115 克<br>　　　种公兔喂颗粒饲料 80 克<br>饮水：添加 0.2%生态素 |
| 6：15 | 洗漱，吃早饭 |
| 8：00 | 清理舍内卫生<br>巡视观察兔群 |
| 9：00 | 每只喂青绿饲料 50 克 |
| 11：00 | 休息 |
| 13：00 | 每只喂青绿饲料 50 克 |
| 16：00 | 清理排粪沟<br>填写饲养记录 |
| 18：00 | 喂料：种母兔喂颗粒饲料 115 克<br>　　　种公兔喂颗粒饲料 100 克<br>饮水：添加 0.2%生态素 |
| 20：00 | 巡视兔群<br>每只喂青绿饲料 50 克 |
| 21：00 | 休息 |

第10天 妊娠期

友情提示

● 检查饲料原料的霉变情况；

● 注意摸胎后对没有妊娠的母兔进行重新配种时，要仔细检查是否妊娠。

知识窗

◆ **霉菌毒素对母兔妊娠期有哪些影响？**

胎儿对霉菌毒素非常敏感，在母兔吃进轻微霉变的饲料后，往往不会马上表现出异常，但对胎儿则会产生严重的毒害，出现畸形胎、死胎和流产。

备注

妊娠期 第11天

| ◷ 时间记录 | ____年____月____日 |
| --- | --- |
| ☼ 天气记录 | 室外温度________℃<br>湿　　度________%<br>室内温度________℃<br>湿　　度________% |

日操作安排

|  |  |
| --- | --- |
| 5：00 | 喂料：种母兔喂颗粒饲料120克<br>　　　种公兔喂颗粒饲料80克<br>饮水：添加0.2%生态素 |
| 6：15 | 洗漱，吃早饭 |
| 8：00 | 清理舍内卫生<br>摸胎 |
| 9：00 | 用1∶500倍的灭菌可灵带兔消毒<br>每只喂青绿饲料50克 |
| 11：00 | 休息 |
| 13：00 | 每只喂青绿饲料50克 |
| 16：00 | 清理排粪沟<br>填写饲养记录 |
| 18：00 | 喂料：种母兔喂颗粒饲料120克<br>　　　种公兔喂颗粒饲料100克<br>饮水：添加0.2%生态素 |
| 20：00 | 巡视兔群<br>每只喂青绿饲料50克 |
| 21：00 | 休息 |

第11天 妊娠期

**特别提示**

● 为了保证母兔的利用效率，在妊娠10～12天进行重复摸胎；

● 摸胎后，及时将没有妊娠的母兔标记好，及早配种。

**知识窗**

◆ **胚胎发育经历哪几个阶段？**

胚胎发育大体可以分为3个阶段，即胚期（约12天）、胚前期（约6天）和胎儿期（约12天）。其生长速度以胎儿期为最大，此期胎儿增长的重量约占整个胚胎期的90%。

**备注**

妊娠期 第12天

| ◷ 时间记录 | _____年____月____日 |
| --- | --- |
| ☼ 天气记录 | 室外温度________℃<br>湿　　度________%<br>室内温度________℃<br>湿　　度________% |

日操作安排

|  |  |
| --- | --- |
| 5：00 | 喂料：种母兔喂颗粒饲料 125 克<br>　　　种公兔喂颗粒饲料 80 克<br>饮水：添加 0.2%生态素 |
| 6：15 | 洗漱，吃早饭 |
| 8：00 | 清理舍内卫生<br>妊娠母兔健康检查 |
| 9：00 | 用 1：700 倍的“顶点”带兔消毒<br>每只喂青绿饲料 50 克 |
| 11：00 | 休息 |
| 13：00 | 每只喂青绿饲料 50 克 |
| 16：00 | 清理排粪沟<br>填写饲养记录 |
| 18：00 | 喂料：种母兔喂颗粒饲料 125 克<br>　　　种公兔喂颗粒饲料 100 克<br>饮水：添加 0.2%生态素 |
| 20：00 | 巡视兔群<br>每只喂青绿饲料 50 克 |
| 21：00 | 休息 |

第12天

妊娠期

特别提示

● 检查一次兔群健康状况；

● 这项工作可以与摸胎同时进行，做好记录，进行个体治疗。

知识窗

**◆ 妊娠中前期的母兔为什么要进行健康检查？需要检查哪些主要项目？**

母兔的健康水平，将直接影响产仔后的泌乳能力和护理能力。有些母兔在配种时健康水平一般，在怀孕到中期可能加重。如果不及时治疗，将导致母兔产后护理不当而体质虚弱，最终影响成活率和育成质量。

检查的项目主要有脚皮炎、乳房炎、真菌和脓包等。

注意：要记录耳号或笼号，及时治疗，并保证治疗效果。同时，还要避免引起流产。

备注

**妊娠期**

## 第13天

| ⏲ 时间记录 | ____年____月____日 |
|---|---|
| ☼ 天气记录 | 室外温度________℃<br>湿　　度________%<br>室内温度________℃<br>湿　　度________% |

| 日操作安排 | | |
|---|---|---|
| | 5：00 | 喂料：种母兔喂颗粒饲料 125 克<br>种公兔喂颗粒饲料 80 克<br>饮水：添加 0.2%生态素 |
| | 6：15 | 洗漱，吃早饭 |
| | 8：00 | 清理舍内卫生<br>妊娠母兔个体治疗和检查 |
| | 9：00 | 用 1∶600 倍的百毒杀带兔消毒<br>每只喂青绿饲料 50 克 |
| | 11：00 | 休息 |
| | 13：00 | 每只喂青绿饲料 50 克 |
| | 16：00 | 清理排粪沟<br>填写饲养记录 |
| | 18：00 | 喂料：种母兔喂颗粒饲料 125 克<br>种公兔喂颗粒饲料 100 克<br>饮水：添加 0.2%生态素 |
| | 20：00 | 巡视兔群<br>每只喂青绿饲料 50 克 |
| | 21：00 | 休息 |

第13天

妊娠期

| 特别提示 | 要准备好个体治疗的药物和器械。 |
| --- | --- |
| 知识窗 | ◆ **妊娠母兔的个体治疗方法**<br>● 脚皮炎<br>清洗干净坏死组织，用土霉素软膏或红霉素软膏涂抹；再用棉布做成套筒套在兔子爪子上，用针线缝合固定；每天通过棉布滴适量碘酊，3～7天痊愈。同时，改善笼子底板质量和卫生。有条件的兔场，将患兔放在暴晒消毒的沙土上饲养10天即可。<br>● 乳房炎<br>尽量在早期发现，局部热敷，每天2～3次；或涂抹5%鱼石脂软膏。用青霉素普鲁卡因混合（青霉素10万单位、0.25%普鲁卡因溶液30～50毫升）在患部周围分成4～6点，皮下封闭，隔1～2天封闭1次，连续2～3次。 |
| 备注 | |

# 妊娠期 第14天

| 时间记录 | ____年____月____日 |
|---|---|
| 天气记录 | 室外温度________℃<br>湿　　度________%<br>室内温度________℃<br>湿　　度________% |

日操作安排

|  |  |
|---|---|
| 5：00 | 喂料：种母兔喂颗粒饲料 125 克<br>　　　种公兔喂颗粒饲料 80 克<br>饮水：添加 0.2%生态素 |
| 6：15 | 洗漱，吃早饭 |
| 8：00 | 清理舍内卫生<br>妊娠母兔个体治疗和检查 |
| 9：00 | 每只喂青绿饲料 50 克 |
| 11：00 | 休息 |
| 13：00 | 每只喂青绿饲料 50 克 |
| 16：00 | 清理排粪沟<br>填写饲养记录 |
| 18：00 | 喂料：种母兔喂颗粒饲料 125 克<br>　　　种公兔喂颗粒饲料 100 克<br>饮水：添加 0.2%生态素 |
| 20：00 | 巡视兔群<br>每只喂青绿饲料 50 克 |
| 21：00 | 休息 |

第14天

妊娠期

**友情提示**

从今日起，母兔进入流产高发阶段，重点防止母兔的流产。

**知识窗**

◆ **防止流产的几个重点护理工作内容**

- 不要粗暴捕捉母兔，要轻拿轻放；
- 保持环境的安静；
- 保持环境的卫生清洁，加强消毒；
- 严禁饲喂发霉变质的饲料；
- 确定已经受胎，就不要再触动腹部；
- 禁止进行所有惊动母兔的操作；
- 尽量不投喂任何抗生素和化学药物；
- 此期非迫不得已不注射任何疫苗。

**备注**

## 妊娠期 第15天

| ⏲ 时间记录 | ______年____月____日 |
|---|---|
| ☼ 天气记录 | 室外温度________℃<br>湿　　度________%<br>室内温度________℃<br>湿　　度________% |

**日操作安排**

|  |  |
|---|---|
| 5：00 | 喂料：种母兔喂颗粒饲料 125 克<br>　　　种公兔喂颗粒饲料 80 克<br>饮水：添加 0.2%生态素 |
| 6：15 | 洗漱，吃早饭 |
| 8：00 | 清理舍内卫生<br>妊娠母兔个体治疗和检查 |
| 9：00 | 每只喂青绿饲料 50 克 |
| 11：00 | 休息 |
| 13：00 | 每只喂青绿饲料 50 克 |
| 16：00 | 清理排粪沟<br>填写饲养记录 |
| 18：00 | 喂料：种母兔喂颗粒饲料 125 克<br>　　　种公兔喂颗粒饲料 100 克<br>饮水：添加 0.2%生态素 |
| 20：00 | 巡视兔群<br>每只喂青绿饲料 50 克 |
| 21：00 | 休息 |

第15天 妊娠期

**友情提示**

如果是夏天，针对怀孕中后期母兔采取综合防暑措施，即通风、遮光、添加维生素C等。

**知识窗**

◆ **胚胎发育状态如何?**

15天以后的怀孕母兔腹围增大，外部观察也比较明显。胎胞约有鸡蛋黄大小，有弹性。

**备注**

# 妊娠期 第16天

| ⏲ 时间记录 | ____年____月____日 |
|---|---|
| ☼ 天气记录 | 室外温度________℃<br>湿　　度________%<br>室内温度________℃<br>湿　　度________% |

| 日操作安排 | 时间 | 内容 |
|---|---|---|
| | 5：00 | 喂料：种母兔喂颗粒饲料 125 克<br>种公兔喂颗粒饲料 80 克<br>饮水：添加 0.2%生态素 |
| | 6：15 | 洗漱，吃早饭 |
| | 8：00 | 清理舍内卫生<br>妊娠母兔个体治疗和检查 |
| | 9：00 | 每只喂青绿饲料 50 克 |
| | 11：00 | 休息 |
| | 13：00 | 每只喂青绿饲料 50 克 |
| | 16：00 | 清理排粪沟<br>填写饲养记录 |
| | 18：00 | 喂料：种母兔喂颗粒饲料 125 克<br>种公兔喂颗粒饲料 100 克<br>饮水：添加 0.2%生态素 |
| | 20：00 | 巡视兔群<br>每只喂青绿饲料 50 克 |
| | 21：00 | 休息 |

第16天

妊娠期

| | |
|---|---|
| 特别提示 | 如果在冬季，水要在饮用前进行预温。必要时，每天用开水稀释，保证在10℃以上。 |
| 难点提示 | ◆ **假孕或神经性妊娠有哪些征状？**<br>● 经过摸胎确认后表现为空怀，但有妊娠母兔特有的行为，如拉毛、建窝等妊娠反应；<br>● 一般假孕在16天后结束。 |
| 备注 | |

# 妊娠期 第17天

| ◷ 时间记录 | ______年____月____日 |
| --- | --- |
| ☼ 天气记录 | 室外温度________℃<br>湿　　度________%<br>室内温度________℃<br>湿　　度________% |

| 日操作安排 | 时间 | 内容 |
| --- | --- | --- |
| | 5：00 | 喂料：种母兔喂颗粒饲料125克<br>　　　种公兔喂颗粒饲料80克<br>饮水：添加0.2%生态素 |
| | 6：15 | 洗漱，吃早饭 |
| | 8：00 | 清理舍内卫生<br>妊娠母兔个体治疗和检查 |
| | 9：00 | 观察母兔行为<br>每只喂青绿饲料50克 |
| | 11：00 | 休息 |
| | 13：00 | 每只喂青绿饲料50克 |
| | 16：00 | 清理排粪沟<br>填写饲养记录 |
| | 18：00 | 喂料：种母兔喂颗粒饲料125克<br>　　　种公兔喂颗粒饲料100克<br>饮水：添加0.2%生态素 |
| | 20：00 | 巡视兔群<br>每只喂青绿饲料50克 |
| | 21：00 | 休息 |

第17天 妊娠期

友情提示

观察母兔的行为，及时做好辅助工作。

知识窗

◆ 母兔有哪些行为？

洞养的母兔，妊娠半月后有打洞和拉毛的行为，到产前数日再进行整理。

此时，饲养人员要为其准备好铺草，让母兔叼去铺窝。

备注

**妊娠期** 第**18**天

| ◷ 时间记录 | ____年____月____日 |
| --- | --- |
| ☼ 天气记录 | 室外温度________℃<br>湿　　度________%<br>室内温度________℃<br>湿　　度________% |

| 日操作安排 | | |
| --- | --- | --- |
| | 5：00 | 喂料：种母兔喂颗粒饲料 125 克<br>　　　种公兔喂颗粒饲料 80 克<br>饮水：添加 0.2%生态素 |
| | 6：15 | 洗漱，吃早饭 |
| | 8：00 | 清理舍内卫生<br>妊娠母兔个体治疗和检查 |
| | 9：00 | 观察母兔行为<br>每只喂青绿饲料 50 克 |
| | 11：00 | 休息 |
| | 13：00 | 每只喂青绿饲料 50 克 |
| | 16：00 | 清理排粪沟<br>填写饲养记录 |
| | 18：00 | 喂料：种母兔喂颗粒饲料 125 克<br>　　　种公兔喂颗粒饲料 100 克<br>饮水：添加 0.2%生态素 |
| | 20：00 | 巡视兔群<br>每只喂青绿饲料 50 克 |
| | 21：00 | 休息 |

第18天 妊娠期

| | |
|---|---|
| 友情提示 | 对配种后经过摸胎确定为空怀的母兔，重新配种时要仔细检查是否妊娠。 |
| 重点提示 | **◆ 妊娠判定要特别注意**<br>用公兔进行交配来证明母兔是否妊娠的工作比较危险。一般妊娠的母兔非常好斗，而没有受胎的比较温顺，接受再次的交配。但往往验证出妊娠后，同时也造成了流产。所以，饲养人员要有过硬的摸胎技术。 |
| 备注 | |

妊娠期 第19天

| ⏲ 时间记录 | ____年____月____日 |
| --- | --- |
| ☼ 天气记录 | 室外温度________℃<br>湿　　度________%<br>室内温度________℃<br>湿　　度________% |

日操作安排

|  |  |
| --- | --- |
| 5：00 | 喂料：种母兔喂颗粒饲料 125 克<br>种公兔喂颗粒饲料 80 克<br>饮水：添加 0.2%生态素 |
| 6：15 | 洗漱，吃早饭 |
| 8：00 | 清理舍内卫生<br>妊娠母兔个体治疗和检查 |
| 9：00 | 观察母兔行为<br>每只喂青绿饲料 50 克 |
| 11：00 | 休息 |
| 13：00 | 每只喂青绿饲料 50 克 |
| 16：00 | 清理排粪沟<br>填写饲养记录 |
| 18：00 | 喂料：种母兔喂颗粒饲料 125 克<br>种公兔喂颗粒饲料 100 克<br>饮水：添加 0.2%生态素 |
| 20：00 | 巡视兔群<br>每只喂青绿饲料 50 克 |
| 21：00 | 休息 |

## 第19天

| | |
|---|---|
| 友情提示 | 开始重点关注母兔的营养水平，保证妊娠后期胎儿的正常发育。 |
| 重点提示 | ◆ **注意事项**<br>● 从今天开始，触摸母兔可摸到长形的胎儿，并会有胎动的感觉；<br>● 从19天到产仔期间为怀孕后期。期间胎儿的生长发育非常迅速，增加体重占整个成熟胎儿体重的90%，应提供优良的环境条件和营养水平。 |
| 备注 | |

妊娠期 第20天

| 🕓 时间记录 | _____年____月____日 |
|---|---|
| ☼ 天气记录 | 室外温度________℃<br>湿　　度________%<br>室内温度________℃<br>湿　　度________% |

| 日操作安排 | 时间 | 内容 |
|---|---|---|
| | 5：00 | 喂料：种母兔喂颗粒饲料 125 克<br>种公兔喂颗粒饲料 80 克<br>饮水：添加 0.2%生态素 |
| | 6：15 | 洗漱，吃早饭 |
| | 8：00 | 清理舍内卫生<br>妊娠母兔个体治疗和检查 |
| | 9：00 | 观察母兔行为<br>每只喂青绿饲料 50 克 |
| | 11：00 | 休息 |
| | 13：00 | 每只喂青绿饲料 50 克 |
| | 16：00 | 清理排粪沟<br>填写饲养记录 |
| | 18：00 | 喂料：种母兔喂颗粒饲料 125 克<br>种公兔喂颗粒饲料 100 克<br>饮水：添加 0.2%生态素 |
| | 20：00 | 巡视兔群<br>每只喂青绿饲料 50 克 |
| | 21：00 | 休息 |

| | |
|---|---|
| 特别提示 | 随着饲料量的增加，每天检查料盒，防止粉末霉变被母兔吃掉。 |
| 难点提示 | ◆ **防止颗粒饲料出现霉变的关键点**<br>● 包装已打开但当天没喂完的饲料，要放在离开地面、墙壁的干燥地方；<br>● 添加饲料的工具要整洁干燥；<br>● 每周2～3次清理料盒内斜面：这地方容易沾料粉尘，阻挡小的饲料残渣，形成附着层，吸潮霉变，随着新加入的饲料颗粒进入料盒底部被兔子吃掉；<br>● 饲料添加过程中不要撒在料盒外面，否则容易吸潮霉变，被跑出笼子的兔子吃掉或直接被兔子伸出舌头舔食；<br>● 饲料盒底部的粉尘至少每周彻底清理2次，如果湿度超过80%的夏季，每天都要清理，防止霉变饲料被兔子吃掉。 |
| 备注 | |

# 妊娠期 第21天

| ⏱ 时间记录 | ____年____月____日 |
| --- | --- |
| ☼ 天气记录 | 室外温度______℃<br>湿　　度______%<br>室内温度______℃<br>湿　　度______% |

**日操作安排**

|  |  |
| --- | --- |
| 5：00 | 喂料：种母兔喂颗粒饲料 130～140 克<br>种公兔喂颗粒饲料 80 克<br>饮水：添加 0.2%生态素 |
| 6：15 | 洗漱，吃早饭 |
| 8：00 | 清理舍内卫生<br>妊娠母兔个体治疗和检查 |
| 9：00 | 用 1：700 倍的“顶点”带兔消毒<br>观察母兔行为<br>每只喂青绿饲料 50 克 |
| 11：00 | 休息 |
| 13：00 | 每只喂青绿饲料 50 克 |
| 16：00 | 清理排粪沟<br>填写饲养记录 |
| 18：00 | 喂料：种母兔喂颗粒饲料 130～140 克<br>种公兔喂颗粒饲料 100 克<br>饮水：添加 0.2%生态素 |
| 20：00 | 巡视兔群<br>每只喂青绿饲料 50 克 |
| 21：00 | 休息 |

第21天

妊娠期

特别提示

初次繁殖的母兔，如果一直饲喂生长期饲料，从今天开始应该用 3 天时间从饲喂生长料过渡到繁殖料。

知识窗

◆ **怀孕期饲料饲喂参考标准**

单位：克

| 空怀期 | 怀孕前期<br>1～10 天 | 怀孕中期<br>11～20 天 | 怀孕后期<br>21～30 天 | 产仔当天和产前产后 2 天 |
|---|---|---|---|---|
| 150～190 | 200 | 250 | 自由采食 | 150 |

备注

妊娠期 第22天

| ⏱ 时间记录 | _____年____月____日 |
| --- | --- |
| ☼ 天气记录 | 室外温度________℃<br>湿　　度________%<br>室内温度________℃<br>湿　　度________% |

日操作安排

|  |  |
| --- | --- |
| 5：00 | 喂料：种母兔喂颗粒饲料 140～150 克<br>种公兔喂颗粒饲料 80 克<br>饮水：添加 0.2%生态素 |
| 6：15 | 洗漱，吃早饭 |
| 8：00 | 清理舍内卫生<br>妊娠母兔个体治疗和检查 |
| 9：00 | 用 1∶600 倍的百毒杀带兔消毒<br>观察母兔行为<br>每只喂青绿饲料 50 克 |
| 11：00 | 休息 |
| 13：00 | 每只喂青绿饲料 50 克 |
| 16：00 | 清理排粪沟<br>填写饲养记录 |
| 18：00 | 喂料：种母兔喂颗粒饲料 140～150 克<br>种公兔喂颗粒饲料 100 克<br>饮水：添加 0.2%生态素 |
| 20：00 | 巡视兔群<br>每只喂青绿饲料 50 克 |
| 21：00 | 休息 |

第22天

妊娠期

| | |
|---|---|
| 友情提示 | 初繁母兔更换饲料。 |
| 重点提示 | ◆ **更换饲料容易出现的问题**<br>● 在更换饲料的初期，有些母兔消化道不能适应新的饲料，容易出现拉软粪和拉稀现象；<br>● 要仔细观察，挑出异常的用多酶片和大蒜酊灌服；<br>● 如果口服微生态制剂（如河北农业大学研发的生态素），每次每只 5～10 毫升，一般 2 次即可。一般情况下不要使用抗生素，尤其是不可大剂量使用抗生素。 |
| 备注 | |

妊娠期

# 第23天

| 🕓 时间记录 | ____年____月____日 |
|---|---|
| ☼ 天气记录 | 室外温度________℃<br>湿　　度________%<br>室内温度________℃<br>湿　　度________% |

| 日操作安排 | 时间 | 内容 |
|---|---|---|
| | 5：00 | 喂料：种母兔喂颗粒饲料 155～160 克<br>　　　种公兔喂颗粒饲料 80 克<br>饮水：添加 0.2%生态素 |
| | 6：15 | 洗漱，吃早饭 |
| | 8：00 | 清理舍内卫生<br>妊娠母兔个体治疗和检查 |
| | 9：00 | 用 1∶500 倍的灭菌可灵带兔消毒<br>观察母兔行为<br>每只喂青绿饲料 50 克 |
| | 11：00 | 休息 |
| | 13：00 | 每只喂青绿饲料 50 克 |
| | 16：00 | 清理排粪沟<br>填写饲养记录 |
| | 18：00 | 喂料：种母兔喂颗粒饲料 155～160 克<br>　　　种公兔喂颗粒饲料 100 克<br>饮水：添加 0.2%生态素 |
| | 20：00 | 巡视兔群<br>每只喂青绿饲料 50 克 |
| | 21：00 | 休息 |

第23天

妊娠期

| | |
|---|---|
| 友情提示 | 初繁母兔更换饲料。 |
| 特别提示 | ◆ **母兔集中护理和产仔**<br>● 采用同期繁殖的饲养场，因有些兔子怀孕前23天同时承担上一批的哺乳任务，所以分布在不同的笼位或兔舍，今天应该全部进行断奶。<br>● 应该将本批次怀孕母兔集中在一排笼子或一栋舍内，可以实现专业护理和批次生产。 |
| 备注 | |

妊娠期

第24天

| ⏲ 时间记录 | ____年____月____日 |
|---|---|
| ☼ 天气记录 | 室外温度________℃<br>湿　　度________%<br>室内温度________℃<br>湿　　度________% |

日操作安排

|  |  |
|---|---|
| 5：00 | 喂料：种母兔喂颗粒饲料165～175克<br>种公兔喂颗粒饲料80克<br>饮水：添加0.2%生态素 |
| 6：15 | 洗漱，吃早饭 |
| 8：00 | 清理舍内卫生<br>妊娠母兔个体治疗和检查 |
| 9：00 | 观察母兔行为<br>每只喂青绿饲料50克 |
| 11：00 | 休息 |
| 13：00 | 每只喂青绿饲料50克 |
| 16：00 | 清理排粪沟<br>填写饲养记录 |
| 18：00 | 喂料：种母兔喂颗粒饲料165～170克<br>种公兔喂颗粒饲料100克<br>饮水：添加0.2%生态素 |
| 20：00 | 巡视兔群<br>每只喂青绿饲料50克 |
| 21：00 | 休息 |

## 第24天

| | |
|---|---|
| 特别提示 | 从现在到产前2天让母兔自由采食，标准料量不够时及时添加。 |
| 知识窗 | ◆ **妊娠后期的营养需要特点**<br>妊娠后期平均每天沉积蛋白质5.4克，脂肪2.4克，能量213.38千焦。可见，妊娠后期胎儿发育迅速，营养需要量急剧上升。<br>饲料的供应量已经不能满足胎儿的需要，母体动用营养储备以满足胎儿的生长。所以，尽可能让母兔自由采食。 |
| 备注 | |

妊娠期 第25天

| ⏲ 时间记录 | ____年____月____日 |
|---|---|
| ☼ 天气记录 | 室外温度________℃<br>湿　　度________%<br>室内温度________℃<br>湿　　度________% |

日操作安排

|  |  |
|---|---|
| 5：00 | 喂料：种母兔喂颗粒饲料 170～175 克<br>　　　种公兔喂颗粒饲料 80 克<br>饮水：添加 0.2%生态素 |
| 6：15 | 洗漱，吃早饭 |
| 8：00 | 清理舍内卫生<br>妊娠母兔个体治疗和检查 |
| 9：00 | 观察母兔行为<br>每只喂青绿饲料 50 克 |
| 11：00 | 休息 |
| 13：00 | 每只喂青绿饲料 50 克 |
| 16：00 | 清理排粪沟<br>填写饲养记录 |
| 18：00 | 喂料：种母兔喂颗粒饲料 170～175 克<br>　　　种公兔喂颗粒饲料 100 克<br>饮水：添加 0.2%生态素 |
| 20：00 | 巡视兔群<br>每只喂青绿饲料 50 克 |
| 21：00 | 休息 |

第25天

妊娠期

**特别提示**

产前2天让母兔自由采食，标准料量不够时及时添加。

**重点提示**

◆ **卫生对母兔的重要性**

母兔在产后体质非常虚弱，抵抗力差，刚出生的仔兔更容易受到病原微生物的侵害。所以，产后环境卫生非常重要。

● 在对母兔干扰最小的情况下，可更换干净的笼底板；

● 清洗消毒饮食器具，提前暴晒垫草等；

● 一直保持理想的卫生水平，可以明显降低产后乳房炎、脚皮炎、鼻炎的发病比例，可以杜绝仔兔黄尿病的发生。

**备注**

# 妊娠期 第26天

| ⏲ 时间记录 | ____年____月____日 |
|---|---|
| ☼ 天气记录 | 室外温度________℃<br>湿　　度________%<br>室内温度________℃<br>湿　　度________% |

**日操作安排**

|  |  |
|---|---|
| 5：00 | 喂料：种母兔喂颗粒饲料 175～180 克<br>　　　种公兔喂颗粒饲料 80 克<br>饮水：添加 0.2%生态素 |
| 6：15 | 洗漱，吃早饭 |
| 8：00 | 清理舍内卫生<br>妊娠母兔个体治疗和检查 |
| 9：00 | 观察母兔行为<br>每只喂青绿饲料 50 克 |
| 11：00 | 休息 |
| 13：00 | 每只喂青绿饲料 50 克 |
| 16：00 | 清理排粪沟<br>填写饲养记录 |
| 18：00 | 喂料：种母兔喂颗粒饲料 175～180 克<br>　　　种公兔喂颗粒饲料 100 克<br>饮水：添加 0.2%生态素 |
| 20：00 | 巡视兔群<br>每只喂青绿饲料 50 克 |
| 21：00 | 休息 |

第26天

妊娠期

友情提示

- 产箱消毒、干燥、冬天放在舍内预热备用；
- 垫草晾晒，装袋备用。

知识窗

**◆ 临产前应注意的问题**

● 母兔自己不拔毛的，人工可以适当拔毛，但不宜太多，否则容易刺激过度导致乳房炎；

● 这个阶段特别注意保持周围安静；

● 夏季特别注意防暑，采取综合措施，降低兔子热应激的影响。

备注

**妊娠期** 第**27**天

| ◷ 时间记录 | ____年____月____日 |
| --- | --- |
| ☼ 天气记录 | 室外温度______℃<br>湿　　度______%<br>室内温度______℃<br>湿　　度______% |

**日操作安排**

|  |  |
| --- | --- |
| 5：00 | 喂料：种母兔喂颗粒饲料 180～185 克<br>　　　种公兔喂颗粒饲料 80 克<br>饮水：添加 0.1%多维素和 0.2%生态素 |
| 6：15 | 洗漱，吃早饭 |
| 8：00 | 清理舍内卫生<br>妊娠母兔个体治疗和检查 |
| 9：00 | 观察母兔行为<br>每只喂青绿饲料 50 克 |
| 11：00 | 休息 |
| 13：00 | 每只喂青绿饲料 50 克 |
| 16：00 | 清理排粪沟<br>填写饲养记录 |
| 18：00 | 喂料：种母兔喂颗粒饲料 180～185 克<br>　　　种公兔喂颗粒饲料 100 克<br>饮水：添加 0.2%生态素 |
| 20：00 | 巡视兔群<br>每只喂青绿饲料 50 克 |
| 21：00 | 休息 |

第27天

妊娠期

| | |
|---|---|
| 友情提示 | 准备好催产素。 |
| 知识窗 | ◆ **母兔拉毛筑窝**<br>母兔开始出现叼草营巢，并用嘴拉下胸部和腹部的毛衔入箱内铺好。<br>对于初产母兔可能出现不拉毛现象，可以适度人工辅助拉毛做窝。在每个产箱中加入500克刨花等柔软的垫料或草，混合兔毛做成鸟巢状。 |
| 备注 | |

妊娠期 第28天

| ⏲ 时间记录 | ____年____月____日 |
| --- | --- |
| ☼ 天气记录 | 室外温度________℃<br>湿　　度________%<br>室内温度________℃<br>湿　　度________% |

**日操作安排**

|  |  |
| --- | --- |
| 5：00 | 喂料：种母兔喂颗粒饲料 180 克<br>　　　种公兔喂颗粒饲料 80 克<br>饮水：添加 0.1%多维素和 0.2%生态素 |
| 6：15 | 洗漱，吃早饭 |
| 8：00 | 清理舍内卫生<br>妊娠母兔个体治疗和检查 |
| 9：00 | 观察母兔行为<br>每只喂青绿饲料 50 克 |
| 11：00 | 休息 |
| 13：00 | 每只喂青绿饲料 50 克 |
| 16：00 | 清理排粪沟<br>填写饲养记录 |
| 18：00 | 喂料：种母兔喂颗粒饲料 180 克<br>　　　种公兔喂颗粒饲料 100 克<br>饮水：添加 0.2%生态素 |
| 20：00 | 巡视兔群<br>每只喂青绿饲料 50 克 |
| 21：00 | 休息 |

第28天 妊娠期

**特别提示**

产箱全部安装完毕，并且全部加入500～800克的垫料，便于尽早与兔毛混合做窝。

**知识窗**

◆ **垫草管理要点**

● 产箱垫料一般采用柔软除尘过的刨花，也可以使用柔软干净的青干草或压扁的麦秸、稻草；

● 所有的垫料必须干净，绝对没有霉变超标现象；

● 柔软吸潮，与兔毛容易混合；

● 在使用前太阳暴晒3～5小时更好。

**备注**

**妊娠期**

# 第29天

| ◷ 时间记录 | ____年____月____日 |
|---|---|
| ☼ 天气记录 | 室外温度______℃<br>湿　　度______%<br>室内温度______℃<br>湿　　度______% |

| 日操作安排 | 时间 | 内容 |
|---|---|---|
| | 5：00 | 喂料：种母兔喂颗粒饲料 100 克<br>种公兔喂颗粒饲料 80 克<br>饮水：添加 0.1% 多维素、0.2% 生态素、3%红糖水 |
| | 6：15 | 洗漱，吃早饭 |
| | 8：00 | 清理舍内卫生<br>接产（全天） |
| | 9：00 | 观察母兔行为<br>每只喂青绿饲料 50 克 |
| | 11：00 | 休息 |
| | 13：00 | 每只喂青绿饲料 50 克 |
| | 16：00 | 清理排粪沟<br>填写饲养记录 |
| | 18：00 | 喂料：种母兔喂颗粒饲料 100 克<br>种公兔喂颗粒饲料 100 克<br>饮水：添加 0.2%生态素 |
| | 20：00 | 巡视兔群<br>每只喂青绿饲料 50 克 |
| | 21：00 | 休息 |

第29天

妊娠期

**特别提示**

- 准备好红糖、盐；
- 安排好产仔期间夜间值班。

**知识窗**

● 产仔护理

接产初产母兔容易将小兔产在产仔箱的外面，如果处理不及时会引起小兔的死亡；产后会造成产箱的脏乱，及时人工辅助去除血迹，更换脏的垫草和死胎等，保持产箱的洁净；产完的母兔会疲劳口渴，要准备好淡盐水、糖水等，如果供水不及时或不足会导致母兔回产箱吃掉小兔。

一般产一窝小兔需要20～30 分钟。

● 产仔记录

仔细记录每只母兔生产的数量、初生重等数据。

● 仔兔寄养

对当天出生的小兔进行寄养，夏季每窝留 6～7 只，其他季节留 7～9 只，多出的匀到产仔少的母兔寄养，果断淘汰弱小的。

**备注**

妊娠期 第30天

| ⏲ 时间记录 | ____年____月____日 |
| --- | --- |
| ☼ 天气记录 | 室外温度________℃<br>湿　　度________%<br>室内温度________℃<br>湿　　度________% |

**日操作安排**

|  |  |
| --- | --- |
| 5：00 | 喂料：种母兔喂颗粒饲料 100 克<br>种公兔喂颗粒饲料 80 克<br>饮水：添加 0.1%多维素、0.2%生态素、3%红糖水 |
| 6：15 | 洗漱，吃早饭 |
| 8：00 | 清理舍内卫生<br>接产（全天） |
| 9：00 | 观察母兔行为<br>每只喂青绿饲料 50 克 |
| 11：00 | 休息 |
| 13：00 | 每只喂青绿饲料 50 克 |
| 16：00 | 清理排粪沟<br>填写饲养记录 |
| 18：00 | 喂料：种母兔喂颗粒饲料 100 克<br>种公兔喂颗粒饲料 100 克<br>饮水：添加 0.2%生态素 |
| 20：00 | 巡视兔群<br>每只喂青绿饲料 50 克 |
| 21：00 | 休息 |

第30天 妊娠期

| | |
|---|---|
| 特别提示 | ● 今天是生产的高峰，保质保量供给垫草、水、料、药物等，安排好护理人员；<br>● 帮助小兔吃到初乳。 |
| 重点提示 | ◆ **注意**<br>一般母兔在怀孕 28 天以后，出现食欲减退，甚至拒绝采食，这是正常的现象。但是，这也是非常危险的，应想办法使其采食一定的饲料，以防“妊娠毒血症”的发生。 |
| 备注 | |

妊娠期

# 第31天

| | |
|---|---|
| 时间记录 | ____年____月____日 |
| 天气记录 | 室外温度________℃<br>湿　　度________%<br>室内温度________℃<br>湿　　度________% |

| 日操作安排 | 时间 | 内容 |
|---|---|---|
| | 5：00 | 喂料：种母兔喂颗粒饲料100克<br>种公兔喂颗粒饲料80克<br>饮水：添加0.1%多维素、0.2%生态素、3%红糖水 |
| | 6：15 | 洗漱，吃早饭 |
| | 8：00 | 清理舍内卫生<br>接产（全天） |
| | 9：00 | 观察母兔行为<br>每只喂青绿饲料50克 |
| | 11：00 | 休息 |
| | 12：00 | 每只喂青绿饲料50克 |
| | 16：00 | 清理排粪沟<br>填写饲养记录 |
| | 18：00 | 喂料：种母兔喂颗粒饲料100克<br>种公兔喂颗粒饲料80克<br>饮水：添加0.2%生态素 |
| | 20：00 | 巡视兔群<br>每只喂青绿饲料50克 |
| | 21：00 | 休息 |

第31天 妊娠期

**友情提示**

准备好催产素和注射器械等。

**知识窗**

◆ **催产**

兔子的妊娠期一般是29～31天，因品种、年龄、个体营养状况、健康水平以及胎儿的数量、发育情况等不同而略有差异。对于以下几种情况，应注射0.5毫升缩宫素催产：

● 产出部分，但触诊腹中还有仔兔，超过3小时没有产出的；

● 妊娠期已经满31天，腹部胎儿较少，没有分娩迹象的；

● 母兔体力不支，靠本身的力量难以顺利分娩的。

**备注**

妊娠期 第32天

| ⏲ 时间记录 | ____年____月____日 |
| --- | --- |
| ☼ 天气记录 | 室外温度________℃<br>湿　　度________%<br>室内温度________℃<br>湿　　度________% |

| 日操作安排 | 时间 | 内容 |
| --- | --- | --- |
| | 5：00 | 喂料：种母兔喂颗粒饲料100克<br>种公兔喂颗粒饲料80克<br>饮水：添加0.1%多维素、0.2%生态素、3%红糖水 |
| | 6：15 | 洗漱，吃早饭 |
| | 8：00 | 清理舍内卫生<br>接产（全天），晚上8点以后对于超过预产期的所有母兔实行人工催产，每只皮下、肌肉或静脉注射催产素0.5毫升 |
| | 9：00 | 观察母兔行为<br>每只喂青绿饲料50克 |
| | 11：00 | 休息 |
| | 12：00 | 每只喂青绿饲料50克 |
| | 16：00 | 清理排粪沟<br>填写饲养记录 |
| | 18：00 | 喂料：种母兔喂颗粒饲料100克<br>种公兔喂颗粒饲料80克<br>饮水：添加0.2%生态素 |
| | 20：00 | 巡视兔群<br>每只喂青绿饲料50克 |
| | 21：00 | 休息 |

第32天

| 友情提示 | 今天是产仔最后一天，准备好催产素和注射器械等。 |
| --- | --- |
| 知识窗 | ◆ **人工催产注意的问题**<br>人工催产是母兔自然分娩的补充，在万不得已的情况下采用。因为人工催产的过程对母兔是一种较强烈的应激，或多或少产生不利影响。因此，在人工催产的时候应注意以下问题：<br>● 将母兔轻轻固定，在其安静的情况下注射催产素；<br>● 密切观察母兔行为，一般情况下 5～15 分钟便可产仔；<br>● 由于使用催产素，母兔的产仔过程很快，时间很短；<br>● 如果在寒冷季节，应采取人工辅助护仔。用干净的毛巾将仔兔身上的黏液擦干，及时整理产箱，将产箱放到温暖而安全的地方等。 |
| 备注 | |

## 四、泌乳母兔（及仔兔）日程管理

日程管理篇

母兔泌乳期一般为 35 天。

在母兔泌乳阶段，要做好母兔泌乳和仔兔护理工作。掌握正确的方法做好母兔催乳、防治乳房炎工作。对于仔兔，要做好寄养、人工哺乳、开眼、诱食、补料、断奶和防病工作。

泌乳期

第1天

| ◷ 时间记录 | ____年____月____日 |
| --- | --- |
| ☼ 天气记录 | 室外温度________℃<br>湿　　度________%<br>室内温度________℃<br>湿　　度________% |

日操作安排

|  |  |
| --- | --- |
| 5：00 | 喂料：种母兔喂颗粒饲料 125 克<br>种公兔喂颗粒饲料 80 克<br>饮水：添加 0.1%多维素、0.2%生态素 |
| 6：15 | 吃早饭 |
| 8：00 | 护理仔兔，称出生重；打开产箱哺乳 15～20 分钟，并逐只检查吃奶情况；没有吃饱的做好记录并进行补奶<br>注意检查母兔乳房，预防乳房炎<br>清理舍内卫生 |
| 9：00 | 巡视兔群：对仔兔逐窝更换垫料，把湿的部分拿出，换上干燥的<br>用 1∶700 倍的“顶点”带兔消毒，个体治疗<br>每只喂青绿饲料 50 克 |
| 11：00 | 休息 |
| 13：00 | 加水，检查产箱，保证仔兔不在产箱外<br>每只喂青绿饲料 50 克 |
| 16：00 | 备料：准备第二天的饲料<br>补奶：对上午没有吃好的仔兔进行补奶，可以用其他的保姆兔 |
| 18：00 | 加料：种母兔喂颗粒饲料 125 克<br>种公兔喂颗粒饲料 100 克<br>检查产箱：保证仔兔不在产箱外 |
| 20：00 | 巡视兔群，加水<br>每只喂青绿饲料 50 克 |
| 21：00 | 休息 |

**特别提示**

● 确保每一只小兔在出生6～8小时内都能及时吃到初乳，否则需进行强制哺乳；

● 如果实行血配，应在母兔产后12小时左右配种。

**知识窗**

◆ **仔兔护理要点**

● 初乳内有大量的免疫球蛋白、微量元素和维生素等营养物质，能提高小兔的抵抗能力，帮助适应外界的环境。

● 出生重：大型品种69～65克；小型品种45～50克。

● 1～11日龄是仔兔的睡眠期，本阶段眼睛没有睁开，体温调节能力差。

● 强制哺乳：在母兔母性不好时，将母兔强制放到产箱内哺乳，连续3天。

**备注**

**泌乳期**

# 第2天

| ◷ 时间记录 | ____年____月____日 |
|---|---|
| ☼ 天气记录 | 室外温度________℃<br>湿　　度________%<br>室内温度________℃<br>湿　　度________% |

**日操作安排**

|  |  |
|---|---|
| 5：00 | 喂料：种母兔喂颗粒饲料 140 克<br>种公兔喂颗粒饲料 80 克<br>饮水：添加 0.1%多维素、0.2%生态素 |
| 6：15 | 吃早饭 |
| 8：00 | 护理仔兔：打开产箱哺乳 15～20 分钟，并逐只检查吃奶情况和母兔乳房状况，没有吃饱的做好记录并进行补奶<br>清理舍内卫生 |
| 9：00 | 巡视兔群：对仔兔逐窝更换垫料，把湿的部分拿出，换上干燥的<br>用 1∶600 倍的百毒杀带兔消毒，个体治疗<br>每只喂青绿饲料 50 克 |
| 11：00 | 休息 |
| 13：00 | 加水，检查产箱，保证仔兔不在产箱外<br>每只喂青绿饲料 50 克 |
| 16：00 | 备料：准备第二天的饲料<br>补奶：对上午没有吃好的仔兔进行补奶，可以用其他的保姆兔 |
| 18：00 | 加料：种母兔喂颗粒饲料 140 克<br>种公兔喂颗粒饲料 100 克<br>检查产箱：保证仔兔不在产箱外 |
| 20：00 | 巡视兔群，加水<br>每只喂青绿饲料 50 克 |
| 21：00 | 休息 |

第2天

泌乳期

**特别提示**

● 每天早上8点定时打开产仔箱，让母兔进去喂奶15～20分钟；

● 检查完吃奶情况后关闭产箱门，每天1次。

**知识窗**

◆ **哺乳情况检查**

● 检查小兔是否吃到奶的方法

将仔兔握在手中观察腹部，饱满并能隔着皮肤看到乳白色的乳汁。仔兔皮肤红润、安静的是获得到了充足的奶；皮肤灰暗、不安静、尖叫的为没有适时吃到充足的奶。

● 寄养

如果母兔乳汁不够，根据情况将部分仔兔放到同日龄的其他数量少的窝内饲养。如果母兔不接受，在仔兔的身上涂抹少量的原母兔的尿液即可。

**备注**

泌乳期

第3天

| ⏲ 时间记录 | ____年____月____日 |
|---|---|
| ☼ 天气记录 | 室外温度________℃<br>湿　　度________%<br>室内温度________℃<br>湿　　度________% |

| 日操作安排 | | |
|---|---|---|
| | 5：00 | 喂料：种母兔喂颗粒饲料 150 克<br>种公兔喂颗粒饲料 80 克<br>饮水：添加 0.1%多维素、0.2%生态素 |
| | 6：15 | 吃早饭 |
| | 8：00 | 护理仔兔：打开产箱哺乳 15～20 分钟，并逐只检查吃奶情况<br>注意检查母兔乳房，预防乳房炎，没有吃饱的做好记录进行补奶<br>清理舍内卫生 |
| | 9：00 | 巡视兔群：对仔兔逐窝更换垫料，把湿的部分拿出，换上干燥的<br>用 1∶500 倍的灭菌可灵带兔消毒，个体治疗<br>每只喂青绿饲料 50 克 |
| | 11：00 | 休息 |
| | 13：00 | 加水，检查产箱，保证仔兔不在产箱外<br>每只喂青绿饲料 50 克 |
| | 16：00 | 备料：准备第二天的饲料<br>补奶：对上午没有吃好的仔兔进行补奶，可以用其他的保姆兔 |
| | 18：00 | 加料：种母兔喂颗粒饲料 150 克<br>种公兔喂颗粒饲料 100 克<br>检查产箱：保证仔兔不在产箱外 |
| | 20：00 | 巡视兔群，加水<br>每只喂青绿饲料 50 克 |
| | 21：00 | 休息 |

第3天

| | |
|---|---|
| 友情提示 | 今天每窝仔兔检查，寄养工作结束。 |
| 知识窗 | ◆ **淘汰和寄养方法**<br>一般的母兔只有8～9个乳头，为了保证仔兔有良好的成活率和生长速度，只能留8～9只仔兔。但是，如果产仔数多于9个，这种情况下要进行寄养。即把健康、体重相对大的寄养给产仔数少于8个的母兔。做好寄养记录，寄养完毕后把多余的淘汰。 |
| 备注 | |

泌乳期

# 第4天

| ◷ 时间记录 | ______年____月____日 |
|---|---|
| ☼ 天气记录 | 室外温度________℃<br>湿　　度________%<br>室内温度________℃<br>湿　　度________% |

**日操作安排**

|  |  |
|---|---|
| 5：00 | 喂料：种母兔喂颗粒饲料170克<br>种公兔喂颗粒饲料80克<br>饮水：添加0.1%多维素、0.2%生态素 |
| 6：15 | 吃早饭 |
| 8：00 | 护理仔兔：打开产箱哺乳15～20分钟，并逐只检查吃奶情况<br>注意检查母兔乳房，预防乳房炎，没有吃饱的做好记录进行补奶<br>清理舍内卫生 |
| 9：00 | 巡视兔群：对仔兔逐窝更换垫料，把湿的部分拿出，换上干燥的<br>用1∶400倍的百毒杀带兔消毒，个体治疗<br>每只喂青绿饲料50克 |
| 11：00 | 休息 |
| 13：00 | 加水，检查产箱，保证仔兔不在产箱外<br>每只喂青绿饲料50克 |
| 16：00 | 备料：准备第二天的饲料<br>补奶：对上午没有吃好的仔兔进行补奶，可以用其他的保姆兔 |
| 18：00 | 加料：种母兔喂颗粒饲料170克<br>种公兔喂颗粒饲料100克<br>检查产箱：保证仔兔不在产箱外 |
| 20：00 | 巡视兔群，加水<br>每只喂青绿饲料50克 |
| 21：00 | 休息 |

第4天

| | |
|---|---|
| 友情提示 | 仔细观察哺乳情况。如果有仔兔质量较好，但没有母兔寄养，可以考虑进行人工哺乳。 |
| 知识窗 | ◆ **人工哺乳**<br>● 将1倍稀释的牛奶煮沸、消毒，冷却到37～38℃时，用注射器套上软管，缓缓滴喂；<br>● 20日龄后，可以喂全奶；<br>● 注意速度要适度，喂饱为止。 |
| 备注 | |

泌乳期 第5天

| ⏲ 时间记录 | ____年____月____日 |
|---|---|
| ☼ 天气记录 | 室外温度________℃<br>湿　　度________%<br>室内温度________℃<br>湿　　度________% |

日操作安排

|  |  |
|---|---|
| 5：00 | 喂料：种母兔喂颗粒饲料 180 克<br>种公兔喂颗粒饲料 80 克 |
| 6：15 | 吃早饭 |
| 8：00 | 护理仔兔：打开产箱哺乳 15～20 分钟，并逐只检查吃奶情况，没有吃饱的做好记录进行补奶<br>注意检查母兔乳房，预防乳房炎<br>清理舍内卫生 |
| 9：00 | 巡视兔群：对仔兔逐窝更换垫料，把湿的部分拿出，换上干燥的<br>每只喂青绿饲料 50 克 |
| 11：00 | 休息 |
| 13：00 | 加水，检查产箱，保证仔兔不在产箱外<br>每只喂青绿饲料 50 克 |
| 16：00 | 备料：准备第二天的饲料<br>补奶：对上午没有吃好的仔兔进行补奶，可以用其他的保姆兔 |
| 18：00 | 加料：种母兔喂颗粒饲料 180 克<br>种公兔喂颗粒饲料 100 克<br>检查产箱，保证仔兔不在产箱外 |
| 20：00 | 巡视兔群，加水<br>每只喂青绿饲料 50 克 |
| 21：00 | 休息 |

**特别提示**

停止饮用多维素和生态素，以后每周用3天，免疫和其他应激时饮用。

**知识窗**

◆ 吊乳

母兔将哺乳时的仔兔带出产箱叫"吊乳"。

● 原因

一是因为母兔泌乳不足，仔兔吸住乳头不放造成；二是因为哺乳时突然母兔受到惊吓跳出产箱，将正在哺乳的仔兔带出来。

● 预防、处理措施

及时增加饲料喂量，提高营养水平，添加适量的青绿多汁饲料，促进母乳的分泌。哺乳时关掉产箱，禁止动物闯入，防止一切应激因素的产生。

**备注**

泌乳期 第6天

| ◷ 时间记录 | _____年____月____日 |
|---|---|
| ☼ 天气记录 | 室外温度________℃<br>湿　　度________%<br>室内温度________℃<br>湿　　度________% |

日操作安排

|  |  |
|---|---|
| 5：00 | 喂料：种母兔喂颗粒饲料 190 克<br>种公兔喂颗粒饲料 80 克 |
| 6：15 | 吃早饭 |
| 8：00 | 护理仔兔：打开产箱哺乳 15～20 分钟，并逐只检查吃奶情况，没有吃饱的做好记录进行补奶<br>注意检查母兔乳房，预防乳房炎<br>清理舍内卫生 |
| 9：00 | 巡视兔群：对仔兔逐窝更换垫料，把湿的部分拿出，换上干燥的<br>每只喂青绿饲料 50 克 |
| 11：00 | 休息 |
| 13：00 | 加水，检查产箱，保证仔兔不在产箱外<br>每只喂青绿饲料 50 克 |
| 16：00 | 备料：准备第二天的饲料<br>补奶：对上午没有吃好的仔兔进行补奶，可以用其他的保姆兔 |
| 18：00 | 加料：种母兔喂颗粒饲料 190 克<br>种公兔喂颗粒饲料 100 克<br>检查产箱，保证仔兔不在产箱外 |
| 20：00 | 巡视兔群，加水<br>每只喂青绿饲料 50 克 |
| 21：00 | 休息 |

第6天

泌乳期

| | |
|---|---|
| 友情提示 | 准备好电子秤等工具，明天称重。 |
| 知识窗 | ◆ **哺乳母兔携带球虫对仔兔的影响**<br>● 携带有球虫或患有球虫病的母兔，会将球虫毒素经血液转移到乳汁中，仔兔食后会引起消化不良等疾病。<br>● 球虫损伤母兔肠道黏膜组织，影响营养的吸收，会降低乳汁的分泌，造成仔兔营养不良。 |
| 备注 | |

泌乳期

# 第7天

| ◷ 时间记录 | ____年____月____日 |
| --- | --- |
| ☼ 天气记录 | 室外温度________℃<br>湿　　度________%<br>室内温度________℃<br>湿　　度________% |

| 日操作安排 | | |
| --- | --- | --- |
| | 5：00 | 喂料：种母兔喂颗粒饲料 200 克<br>种公兔喂颗粒饲料 80 克 |
| | 6：15 | 吃早饭 |
| | 8：00 | 护理仔兔：打开产箱哺乳 15～20 分钟，并逐只检查吃奶情况，没有吃饱的做好记录进行补奶<br>注意检查母兔乳房，预防乳房炎<br>清理舍内卫生 |
| | 9：00 | 巡视兔群：对仔兔逐窝更换垫料，把湿的部分的拿出，换上干燥的<br>每只喂青绿饲料 50 克 |
| | 11：00 | 休息 |
| | 13：00 | 加水，检查产箱，保证仔兔不在产箱外<br>每只喂青绿饲料 50 克 |
| | 16：00 | 备料：准备第二天的饲料<br>补奶：对上午没有吃好的仔兔进行补奶，可以用其他的保姆兔 |
| | 18：00 | 加料：种母兔喂颗粒饲料 200 克；种公兔喂颗粒饲料 100 克<br>检查产箱，保证仔兔不在产箱外 |
| | 20：00 | 巡视兔群，加水<br>每只喂青绿饲料 50 克 |
| | 21：00 | 休息 |

第7天 泌乳期

| | |
|---|---|
| 特别提示 | ● 抽测第一周仔兔体重，一般周末仔兔体重应达到135克；<br>● 检查每窝的哺乳质量。 |
| 知识窗 | **◆ 7日龄仔兔标准**<br>● 体重<br>大型品种：130～140克；<br>中型品种：100～110克。<br>● 外观<br>皮肤光滑，被毛发育良好，握在手里挣扎有力，肛门周围干净。 |
| 备注 | |

泌乳期 第8天

| ⏲ 时间记录 | ____年____月____日 |
| --- | --- |
| ☼ 天气记录 | 室外温度________℃<br>湿　　度________%<br>室内温度________℃<br>湿　　度________% |

| 日操作安排 | | |
| --- | --- | --- |
| | 5：00 | 喂料：种母兔喂颗粒饲料210克<br>种公兔喂颗粒饲料80克 |
| | 6：15 | 吃早饭 |
| | 8：00 | 护理仔兔：打开产箱哺乳15～20分钟，并逐只检查吃奶情况，没有吃饱的做好记录进行补奶<br>注意检查母兔乳房，预防乳房炎<br>清理舍内卫生 |
| | 9：00 | 巡视兔群：对仔兔逐窝更换垫料，把湿的部分拿出，换上干燥的<br>每只喂青绿饲料50克 |
| | 11：00 | 休息 |
| | 13：00 | 加水，检查产箱，保证仔兔不在产箱外<br>每只喂青绿饲料50克 |
| | 16：00 | 备料：准备第二天的饲料<br>补奶：对上午没有吃好的仔兔进行补奶，可以用其他的保姆兔 |
| | 18：00 | 加料：种母兔喂颗粒饲料210克；种公兔喂颗粒饲料100克<br>检查产箱，保证仔兔不在产箱外 |
| | 20：00 | 巡视兔群，加水<br>每只喂青绿饲料50克 |
| | 21：00 | 休息 |

第8天

泌乳期

| | |
|---|---|
| 特别提示 | 逐只检查母兔乳房炎和脚皮炎，及时对病兔进行治疗。 |
| 知识窗 | ◆ **发生乳房炎的原因**<br>● 尖锐物品导致外伤；<br>● 因乳汁不足，仔兔咬伤乳房后感染；<br>● 泌乳过多或带的仔兔太少乳汁利用不彻底，剩余的没有吸收干净形成硬块继发感染；<br>● 环境卫生水平差是促进因素。 |
| 备注 | |

## 泌乳期 第9天

| ◷ 时间记录 | ______年____月____日 |
| --- | --- |
| ☼ 天气记录 | 室外温度________℃<br>湿　　度________%<br>室内温度________℃<br>湿　　度________% |

**日操作安排**

|  |  |
| --- | --- |
| 5：00 | 喂料：种母兔喂颗粒饲料 220 克<br>种公兔喂颗粒饲料 80 克 |
| 6：15 | 吃早饭 |
| 8：00 | 护理仔兔：打开产箱哺乳 15～20 分钟，并逐只检查吃奶情况，没有吃饱的做好记录进行补奶<br>注意检查母兔乳房，预防乳房炎<br>清理舍内卫生 |
| 9：00 | 巡视兔群：对仔兔逐窝更换垫料，把湿的部分的拿出，换上干燥的<br>每只喂青绿饲料 50 克 |
| 11：00 | 休息 |
| 13：00 | 加水，检查产箱，保证仔兔不在产箱外<br>每只喂青绿饲料 50 克 |
| 16：00 | 备料：准备第二天的饲料<br>补奶：对上午没有吃好的仔兔进行补奶，可以用其他的保姆兔 |
| 18：00 | 加料：种母兔喂颗粒饲料 220 克<br>种公兔喂颗粒饲料 100 克<br>检查产箱，保证仔兔不在产箱外 |
| 20：00 | 巡视兔群，加水<br>每只喂青绿饲料 50 克 |
| 21：00 | 休息 |

第9天

泌乳期

**特别提示**

垫料用前要进行日光的暴晒消毒，预防仔兔的黄尿病。

**知识窗**

◆ **仔兔黄尿病**

仔兔黄尿病是由葡萄球菌及其毒素引起的仔兔的急性肠炎。

患兔肛门四周以及后躯被毛潮湿、发黄、腥臭，因为常排黄色的稀粪，群众称之为黄尿病。一般通过垫料和母兔感染。病程一般2～5天，易传染。一般整窝发病，死亡率高。如果治疗不及时，死亡率高达90%～100%。治疗康复后，容易成为僵兔。

**备注**

泌乳期 第10天

| 🕓 时间记录 | ____年____月____日 |
| --- | --- |
| ☼ 天气记录 | 室外温度________℃<br>湿　　度________%<br>室内温度________℃<br>湿　　度________% |

| 日操作安排 | | |
| --- | --- | --- |
| | 5：00 | 喂料：种母兔喂颗粒饲料 220 克<br>种公兔喂颗粒饲料 80 克 |
| | 6：15 | 吃早饭 |
| | 8：00 | 护理仔兔：打开产箱哺乳 15～20 分钟，并逐只检查吃奶情况，没有吃饱的做好记录进行补奶<br>注意检查母兔乳房，预防乳房炎<br>清理舍内卫生 |
| | 9：00 | 巡视兔群：对仔兔逐窝更换垫料，把湿的部分拿出，换上干燥的<br>每只喂青绿饲料 50 克 |
| | 11：00 | 休息 |
| | 13：00 | 加水，检查产箱，保证仔兔不在产箱外<br>每只喂青绿饲料 50 克 |
| | 16：00 | 备料：准备第二天的饲料<br>补奶：对上午没有吃好的仔兔进行补奶，可以用其他的保姆兔 |
| | 18：00 | 加料：种母兔喂颗粒饲料 220 克<br>种公兔喂颗粒饲料 100 克<br>检查产箱，保证仔兔不在产箱外 |
| | 20：00 | 巡视兔群，加水<br>每只喂青绿饲料 50 克 |
| | 21：00 | 休息 |

第 10 天

泌乳期

**友情提示**

注意观察兔群，仔兔从今天开始睁眼。

**知识窗**

◆ **开眼**

仔兔的开眼时间一般在 10～12 日龄，开眼的迟早与其发育状况有关。

发育良好的仔兔，一般在 12 日龄前就能开眼；延期开眼的仔兔体质往往较差，且易患病，需要加强护理。

**备注**

**泌乳期** 第 11 天

| ⊙ 时间记录 | ____年____月____日 |
|---|---|
| ☼ 天气记录 | 室外温度________℃<br>湿　　度________%<br>室内温度________℃<br>湿　　度________% |

| 日操作安排 | 时间 | 内容 |
|---|---|---|
| | 5：00 | 喂料：种母兔喂颗粒饲料 230 克<br>种公兔喂颗粒饲料 80 克 |
| | 6：15 | 吃早饭 |
| | 8：00 | 护理仔兔：打开产箱哺乳 15～20 分钟，并逐只检查吃奶情况，没有吃饱的做好记录进行补奶<br>注意检查母兔乳房，预防乳房炎<br>清理舍内卫生 |
| | 9：00 | 巡视兔群：对仔兔逐窝更换垫料，把湿的部分拿出，换上干燥的<br>用 1∶700 倍的“顶点”带兔消毒，个体治疗<br>每只喂青绿饲料 50 克 |
| | 11：00 | 休息 |
| | 13：00 | 加水，检查产箱，保证仔兔不在产箱外<br>每只喂青绿饲料 50 克 |
| | 16：00 | 备料：准备第二天的饲料<br>补奶：对上午没有吃好的仔兔进行补奶，可以用其他的保姆兔 |
| | 18：00 | 加料：种母兔喂颗粒饲料 230 克<br>种公兔喂颗粒饲料 100 克<br>检查产箱，保证仔兔不在产箱外 |
| | 20：00 | 巡视兔群，加水<br>每只喂青绿饲料 50 克 |
| | 21：00 | 休息 |

**特别提示**

准备好黄豆、胡萝卜等，仔细观察母兔是否泌乳充足，不充足的要立即进行催奶。

**知识窗**

◆ **催奶方法**

● 药物催奶，如人用“催乳片”，每次 2～3 片，连续 3 天；

● 增加蛋白饲料，如黄豆，每只每天可以添加 15～30 粒；

● 添加胡萝卜等青绿饲料，每天每只 100～200 克。

**备注**

## 第12天

| ⏲ 时间记录 | _____年____月____日 |
|---|---|
| ☼ 天气记录 | 室外温度_______℃<br>湿　　度_______%<br>室内温度_______℃<br>湿　　度_______% |

| 日操作安排 | 时间 | 内容 |
|---|---|---|
| | 5：00 | 喂料：种母兔喂颗粒饲料 240 克<br>种公兔喂颗粒饲料 80 克<br>饮水：添加 0.1%多维素和 0.2%生态素 |
| | 6：15 | 吃早饭 |
| | 8：00 | 护理仔兔：打开产箱哺乳 15～20 分钟，并逐只检查吃奶情况，没有吃饱的做好记录进行补奶<br>注意检查母兔乳房，预防乳房炎<br>清理舍内卫生 |
| | 9：00 | 巡视兔群：对仔兔逐窝更换垫料，把湿的部分拿出，换上干燥的<br>用 1：600 倍的百毒杀带兔消毒，个体治疗<br>每只喂青绿饲料 50 克 |
| | 11：00 | 休息 |
| | 13：00 | 加水，检查产箱，保证仔兔不在产箱外<br>每只喂青绿饲料 50 克 |
| | 16：00 | 备料：准备第二天的饲料<br>补奶：对上午没有吃好的仔兔进行补奶，可以用其他的保姆兔 |
| | 18：00 | 加料：种母兔喂颗粒饲料 240 克<br>种公兔喂颗粒饲料 100 克<br>检查产箱，保证仔兔不在产箱外 |
| | 20：00 | 巡视兔群，加水<br>每只喂青绿饲料 50 克 |
| | 21：00 | 休息 |

第12天 泌乳期

| | |
|---|---|
| 特别提示 | ● 今天全部仔兔应该睁开眼睛；<br>● 从今天开始，每天由哺乳一次变成两次，间隔12小时。 |
| 知识窗 | ◆ **开眼期**<br>开眼期是12日龄以后的仔兔。<br>本阶段饲养管理重点是维护好产箱的卫生，随季节调整合适的垫草厚度，夏季不需要太多的毛。 |
| 备注 | |

**泌乳期** 第**13**天

| ⏲ 时间记录 | ____年____月____日 |
|---|---|
| ☼ 天气记录 | 室外温度________℃<br>湿　　度________%<br>室内温度________℃<br>湿　　度________% |

| 日操作安排 | 时间 | 内容 |
|---|---|---|
| | 5：00 | 喂料：种母兔喂颗粒饲料 250 克<br>种公兔喂颗粒饲料 80 克<br>饮水：添加 0.1%多维素和 0.2%生态素 |
| | 6：15 | 吃早饭 |
| | 8：00 | 护理仔兔：打开产箱哺乳 15～20 分钟，并逐只检查吃奶情况，没有吃饱的做好记录进行补奶<br>注意检查母兔乳房，预防乳房炎<br>清理舍内卫生 |
| | 9：00 | 巡视兔群：对仔兔逐窝更换垫料，把湿的部分拿出，换上干燥的<br>用 1∶500 倍的灭菌可灵带兔消毒,个体治疗<br>每只喂青绿饲料 50 克 |
| | 11：00 | 休息 |
| | 13：00 | 加水，检查产箱，保证仔兔不在产箱外<br>每只喂青绿饲料 50 克 |
| | 16：00 | 备料：准备第二天的饲料<br>补奶：对上午没有吃好的仔兔进行补奶，可以用其他的保姆兔 |
| | 18：00 | 加料：种母兔喂颗粒饲料 250 克<br>种公兔喂颗粒饲料 100 克<br>检查产箱，保证仔兔不在产箱外 |
| | 20：00 | 巡视兔群，加水<br>每只喂青绿饲料 50 克 |
| | 21：00 | 休息 |

第13天

泌乳期

| | |
|---|---|
| 重点提示 | ● 今天检查开眼情况，必要时人工辅助开眼；<br>● 要保证所有仔兔的眼睛都开了，否则以后会成为瞎眼。 |
| 难点提示 | ◆ **辅助开眼方法**<br>在开眼过程中，要注意观察仔兔的表现。有的因分泌物的影响，应该睁开而没有睁，需要用2%～3%的硼酸清理干净，轻轻擦掉即可。 |
| 备注 | |

泌乳期 第14天

| ⏲ 时间记录 | ____年____月____日 |
| --- | --- |
| ☼ 天气记录 | 室外温度________℃<br>湿　　度________%<br>室内温度________℃<br>湿　　度________% |

日操作安排

| | |
| --- | --- |
| 5：00 | 喂料：种母兔喂颗粒饲料 270 克<br>种公兔喂颗粒饲料 80 克<br>饮水：添加 0.1%多维素和 0.2%生态素 |
| 6：15 | 吃早饭 |
| 8：00 | 护理仔兔：打开产箱后不再关闭，在撤产箱前保持开启状态<br>检查母兔乳房，预防乳房炎<br>清理舍内卫生 |
| 9：00 | 巡视兔群：对仔兔逐窝更换垫料，把湿的部分拿出，换上干燥的<br>用 1∶400 倍的百毒带兔消毒<br>每只喂青绿饲料 50 克 |
| 11：00 | 休息 |
| 13：00 | 加水，检查产箱，保证仔兔不在产箱外<br>每只喂青绿饲料 50 克 |
| 16：00 | 备料：准备第二天的饲料<br>补奶：对上午没有吃好的仔兔进行补奶，可以用其他的保姆兔 |
| 18：00 | 加料：种母兔喂颗粒饲料 270 克<br>种公兔喂颗粒饲料 100 克<br>检查产箱，保证仔兔不在产箱外 |
| 20：00 | 巡视兔群，加水<br>每只喂青绿饲料 50 克 |
| 21：00 | 休息 |

第14天 泌乳期

| | |
|---|---|
| 重点提示 | ● 仔兔开始接触饲料和饮水，开始诱食；<br>● 2周末仔兔体重应达到242克；<br>● 实行半频密繁殖，母兔夜间配种。 |
| 知识窗 | ◆ **诱食方法**<br>可以将小浅盘粉料放在产箱内诱食；也可以将粉料捏成小颗粒，从仔兔的口角处塞进口腔。几次后，仔兔便会主动采食了。<br>如果饲养规模比较大，也可以让仔兔和母兔呆在一起，几天就可学会采食。 |
| 备注 | |

## 泌乳期 第15天

| | |
|---|---|
| 时间记录 | ____年____月____日 |
| 天气记录 | 室外温度________℃<br>湿　　度________%<br>室内温度________℃<br>湿　　度________% |

**日操作安排**

|  |  |
|---|---|
| 5：00 | 喂料：种母兔喂颗粒饲料 280 克<br>种公兔喂颗粒饲料 80 克 |
| 6：15 | 吃早饭 |
| 8：00 | 护理仔兔<br>注意检查母兔乳房，预防乳房炎<br>清理舍内卫生 |
| 9：00 | 巡视兔群：对仔兔逐窝更换垫料，把湿的部分拿出，换上干燥的<br>每只喂青绿饲料 50 克 |
| 11：00 | 休息 |
| 13：00 | 巡视兔群，加水<br>每只喂青绿饲料 50 克 |
| 16：00 | 备料：准备第二天的饲料<br>清理卫生 |
| 18：00 | 加料：种母兔喂颗粒饲料 280 克<br>种公兔喂颗粒饲料 100 克<br>给仔兔诱食 |
| 20：00 | 巡视兔群，加水<br>每只喂青绿饲料 50 克 |
| 21：00 | 休息 |

第15天 泌乳期

**重点提示**

- 原则上自由采食；
- 检查母兔体质，差的应多添加饲料20～30克。

**知识窗**

◆ **母兔本阶段营养水平的重要性**

母兔本阶段的营养水平非常重要。

一旦此时发生蛋白、能量的不足，会导致母兔的瘦弱，严重影响今后的生产性能；同时，也影响本窝仔兔的生长发育。

**备注**

泌乳期 第16天

| ⏲ 时间记录 | ____年____月____日 |
|---|---|
| ☼ 天气记录 | 室外温度____℃<br>湿　　度____%<br>室内温度____℃<br>湿　　度____% |

| 日操作安排 | | |
|---|---|---|
| | 5：00 | 喂料：种母兔喂颗粒饲料 290 克<br>种公兔喂颗粒饲料 80 克 |
| | 6：15 | 吃早饭 |
| | 8：00 | 观察仔兔吃料、饮水情况<br>注意检查母兔乳房，预防乳房炎<br>清理舍内外卫生 |
| | 9：00 | 巡视兔群，对仔兔逐窝更换垫料，把湿的部分拿出，把干燥的换上<br>对个别兔进行单独治疗 |
| | 11：00 | 休息 |
| | 13：00 | 巡视兔群，加水 |
| | 16：00 | 备料，清理卫生 |
| | 18：00 | 加料：种母兔喂颗粒饲料 290 克<br>种公兔喂颗粒饲料 100 克<br>给仔兔诱食 |
| | 20：00 | 加水，巡视兔群<br>每只喂青绿饲料 200 克，黄豆 15 粒 |
| | 21：00 | 休息 |

特别提示

观察母兔的骨架情况，防止出现佝偻病。

知识窗

◆ **佝偻病**

● 病因

饲料中钙和磷缺乏，造成体内钙磷不平衡，并存在维生素D不足时，容易引起本病。

● 症状

腹部膨胀，肌肉无力，肋软骨接合处与四肢骨骼肿大，因而造成胸骨和四肢骨的畸形，有弯曲现象，形成突起，食欲不振，脱毛甚至食毛。

● 防治

按需要量添加维生素D；给予足够的光照；保证钙磷平衡；在日粮中添加骨粉、鱼粉等含矿物质丰富的饲料。

肌肉注射维生素A、维生素D，成年兔每次0.5～1毫升，内服鱼肝油1～2毫升，配合口服磷酸钙1克，乳酸钙0.5～1克，骨粉2～3克。

备注

泌乳期 第17天

| ⏲ 时间记录 | ____年____月____日 |
| --- | --- |
| ☼ 天气记录 | 室外温度________℃<br>湿　　度________%<br>室内温度________℃<br>湿　　度________% |

| 日操作安排 | | |
| --- | --- | --- |
| | 5：00 | 喂料：种母兔喂颗粒饲料 300 克<br>种公兔喂颗粒饲料 80 克 |
| | 6：15 | 吃早饭 |
| | 8：00 | 观察仔兔吃料、饮水情况<br>清理舍内外卫生 |
| | 9：00 | 巡视兔群，对仔兔逐窝更换垫料，把湿的部分拿出，把干燥的换上<br>对个别兔进行单独治疗 |
| | 11：00 | 休息 |
| | 13：00 | 巡视兔群，加水 |
| | 16：00 | 备料，清理卫生 |
| | 18：00 | 加料：种母兔喂颗粒饲料 300 克<br>种公兔喂颗粒饲料 100 克<br>给仔兔诱食 |
| | 20：00 | 加水，巡视兔群<br>每只喂青绿饲料 200 克，黄豆 15 粒 |
| | 21：00 | 休息 |

第17天 泌乳期

| | |
|---|---|
| 特别提示 | 及时发现和处理母兔的产后瘫痪。 |
| 知识窗 | ◆ **产后瘫痪**<br>● 病因<br>缺乏阳光的照射和足够的运动、舍内长期潮湿、繁殖密度过大、体内营养消耗过大、饲料中毒等都会引起产后的瘫痪。<br>● 症状<br>食欲减退，小便不通，产后四肢或后肢突然麻痹，有时子宫脱落，流血过多而死亡。<br>● 治疗<br>静脉注射10%葡萄糖酸钙，每次3～5毫升。 |
| 备注 | |

泌乳期 第18天

| ⏲ 时间记录 | ____年____月____日 |
|---|---|
| ☼ 天气记录 | 室外温度________℃<br>湿　　度________%<br>室内温度________℃<br>湿　　度________% |

日操作安排

|  |  |
|---|---|
| 5：00 | 巡视兔群，做好相关记录<br>喂料：种母兔喂颗粒饲料 310 克<br>　　　种公兔喂颗粒饲料 80 克 |
| 6：15 | 吃早饭 |
| 8：00 | 观察仔兔吃料、饮水情况<br>清理舍内外卫生 |
| 9：00 | 巡视兔群，对仔兔逐窝更换垫料，把湿的部分拿出，把干燥的换上<br>对个别兔进行单独治疗 |
| 11：00 | 休息 |
| 13：00 | 巡视兔群，加水 |
| 16：00 | 备料，清理卫生 |
| 18：00 | 加料：种母兔喂颗粒饲料 310 克<br>　　　种公兔喂颗粒饲料 100 克<br>给仔兔补料 |
| 20：00 | 加水，巡视兔群<br>每只喂青绿饲料 200 克，黄豆 20 粒 |
| 21：00 | 休息 |

第18天 泌乳期

| | |
|---|---|
| 特别提示 | 开始给仔兔补料。 |
| 知识窗 | ◆ **两种补料方法**<br>● 提高饲料质量，增加料槽数量，进行母仔同食；<br>● 单独为仔兔补充优质的饲料，要求容易消化、富有营养、适口性好，添加大蒜等健胃消炎的药物。 |
| 备注 | |

泌乳期

# 第19天

| ⏲ 时间记录 | ____年____月____日 |
| --- | --- |
| ☼ 天气记录 | 室外温度________℃<br>湿　　度________%<br>室内温度________℃<br>湿　　度________% |

| 日操作安排 | | |
| --- | --- | --- |
| | 5：00 | 巡视兔群，做好相关记录<br>喂料：种母兔喂颗粒饲料 320 克<br>　　　种公兔喂颗粒饲料 80 克<br>饮水：添加 0.1%多维素、0.2%生态素 |
| | 6：15 | 吃早饭 |
| | 8：00 | 观察仔兔吃料、饮水情况<br>清理舍内外卫生 |
| | 9：00 | 巡视兔群，对仔兔逐窝更换垫料，把湿的部分的拿出，把干燥的换上<br>对个别兔进行单独治疗 |
| | 11：00 | 休息 |
| | 13：00 | 巡视兔群，加水 |
| | 16：00 | 备料，清理卫生 |
| | 18：00 | 加料：种母兔喂颗粒饲料 320 克<br>　　　种公兔喂颗粒饲料 100 克<br>给仔兔补料 |
| | 20：00 | 加水，巡视兔群<br>每只喂青绿饲料 200 克，黄豆 20 粒 |
| | 21：00 | 休息 |

第19天 泌乳期

友情提示

准备需要添加的多维素、生态素。

知识窗

◆ **仔兔补料的要求**

● 饲料要求富含营养、易消化、新鲜卫生、适口性好、加工细致；

● 一般含粗蛋白质20%～22%，消化能11.72～12.56兆焦/千克，粗纤维低于8%；

● 逐渐减少哺乳次数，少喂多餐，供足温水。

备注

泌乳期

# 第20天

| | |
|---|---|
| 时间记录 | ____年____月____日 |
| 天气记录 | 室外温度________℃<br>湿　　度________%<br>室内温度________℃<br>湿　　度________% |

| 日操作安排 | | |
|---|---|---|
| | 5：00 | 巡视兔群，做好相关记录<br>喂料：种母兔喂颗粒饲料 330 克<br>　　　种公兔喂颗粒饲料 80 克<br>饮水：添加 0.1%多维素、0.2%生态素 |
| | 6：15 | 吃早饭 |
| | 8：00 | 观察仔兔吃料、饮水情况<br>清理舍内外卫生 |
| | 9：00 | 巡视兔群，对仔兔逐窝更换垫料，把湿的部分的拿出，把干燥的换上<br>对个别兔进行单独治疗 |
| | 11：00 | 休息 |
| | 13：00 | 巡视兔群，加水 |
| | 16：00 | 备料，清理卫生 |
| | 18：00 | 加料：种母兔喂颗粒饲料 330 克<br>　　　种公兔喂颗粒饲料 100 克<br>给仔兔补料 |
| | 20：00 | 加水，巡视兔群<br>每只喂青绿饲料 200 克，黄豆 20 粒 |
| | 21：00 | 休息 |

第20天

友情提示

少喂多餐，确保顺利过“离奶关”。

知识窗

◆ **开食与饲料过渡**

● 开食后，不宜喂含水量高的饲料，否则会引起拉稀、胀肚、死亡率高；

● 从开始吃料到断奶，应当逐渐改变、逐渐适应，顺利过渡。

备注

泌乳期 第21天

| ⏲ 时间记录 | ____年____月____日 |
| --- | --- |
| ☼ 天气记录 | 室外温度________℃<br>湿　　度________%<br>室内温度________℃<br>湿　　度________% |

| 日操作安排 | 时间 | 内容 |
| --- | --- | --- |
| | 5：00 | 巡视兔群，做好相关记录<br>喂料：种母兔喂颗粒饲料 340 克<br>　　　种公兔喂颗粒饲料 80 克<br>饮水：添加 0.1%多维素、0.2%生态素 |
| | 6：15 | 吃早饭 |
| | 8：00 | 观察仔兔吃料、饮水情况<br>清理舍内外卫生<br>测仔兔体重 |
| | 9：00 | 巡视兔群，撤产箱<br>用 1∶700 倍的“顶点”带兔消毒<br>对个别兔进行单独治疗 |
| | 11：00 | 休息 |
| | 13：00 | 巡视兔群，加水 |
| | 16：00 | 备料，清理卫生 |
| | 18：00 | 加料：种母兔喂颗粒饲料 340 克<br>　　　种公兔喂颗粒饲料 100 克<br>给仔兔补料 |
| | 20：00 | 加水，巡视兔群<br>每只喂青绿饲料 200 克，黄豆 20 粒 |
| | 21：00 | 休息 |

第21天

泌乳期

**特别提示**

- 撤离产仔箱；
- 给仔兔补充料盒。

**知识窗**

**◆ 21 日龄体重标准**

大型兔：300～400 克；

中型兔：250～300 克。

**备注**

泌乳期

第22天

| ◷ 时间记录 | ____年____月____日 |
| --- | --- |
| ☼ 天气记录 | 室外温度______℃<br>湿　　度______%<br>室内温度______℃<br>湿　　度______% |

日操作安排

| 时间 | 操作 |
| --- | --- |
| 5：00 | 巡视兔群，做好相关记录<br>喂料：种母兔喂颗粒饲料 350 克<br>　　　种公兔喂颗粒饲料 80 克 |
| 6：15 | 吃早饭 |
| 8：00 | 观察仔兔吃料、饮水情况<br>清理舍内外卫生 |
| 9：00 | 巡视兔群<br>用 1∶600 倍的百毒杀带兔消毒<br>对个别兔进行单独治疗 |
| 11：00 | 休息 |
| 13：00 | 巡视兔群，加水 |
| 16：00 | 备料，清理卫生 |
| 18：00 | 加料：种母兔喂颗粒饲料 350 克<br>　　　种公兔喂颗粒饲料 100 克<br>给仔兔补料 |
| 20：00 | 加水，巡视兔群<br>每只喂青绿饲料 200 克，黄豆 20 粒 |
| 21：00 | 休息 |

第22天 泌乳期

| | |
|---|---|
| 特别提示 | 及时发现“追乳”仔兔，给予补料，检查母兔乳头。 |
| 难点提示 | ◆ **仔兔采食转变注意事项**<br>从21日龄后母乳呈现下降趋势，逐渐不能适应仔兔快速生长的需要。<br>本阶段是由依靠母兔乳汁提供营养向饲料提供营养转变，因为仔兔的消化系统发育还不健全，转变过快、饲料品质不高都会引起仔兔的死亡，所以要特别注意。 |
| 备注 | |

泌乳期 第23天

| ⏲ 时间记录 | ____年____月____日 |
| --- | --- |
| ☼ 天气记录 | 室外温度________℃<br>湿　　度________%<br>室内温度________℃<br>湿　　度________% |

**日操作安排**

| 时间 | 内容 |
| --- | --- |
| 5：00 | 巡视兔群，做好相关记录<br>喂料：种母兔喂颗粒饲料 360 克<br>　　　种公兔喂颗粒饲料 80 克 |
| 6：15 | 吃早饭 |
| 8：00 | 观察仔兔吃料、饮水情况<br>清理舍内外卫生 |
| 9：00 | 巡视兔群<br>用 1∶500 倍的灭菌可灵带兔消毒<br>对个别兔进行单独治疗 |
| 11：00 | 休息 |
| 13：00 | 巡视兔群，加水 |
| 16：00 | 备料，清理卫生 |
| 18：00 | 加料：种母兔喂颗粒饲料 360 克<br>　　　种公兔喂颗粒饲料 100 克<br>给仔兔补料 |
| 20：00 | 加水，巡视兔群<br>每只喂青绿饲料 200 克，黄豆 20 粒 |
| 21：00 | 休息 |

第23天

泌乳期

| | |
|---|---|
| 特别提示 | 添加抗球虫药物，防止仔兔感染球虫病（安球珠利，连用3～5天）。 |
| 知识窗 | ◆ **生物安全管理**<br>● 为了防止感染球虫，喂料器具的设计要保证小兔不能进入污染饲料；<br>● 搞好环境卫生；<br>● 怀疑是该病例的兔子立即隔离，对尸体进行彻底焚烧处理。 |
| 备注 | |

泌乳期 第24天

| ◷ 时间记录 | ____年____月____日 |
|---|---|
| ☼ 天气记录 | 室外温度______℃<br>湿　　度______%<br>室内温度______℃<br>湿　　度______% |

日操作安排

| 时间 | 内容 |
|---|---|
| 5：00 | 巡视兔群，做好相关记录<br>喂料：种母兔喂颗粒饲料370克<br>　　　种公兔喂颗粒饲料80克 |
| 6：15 | 吃早饭 |
| 8：00 | 观察仔兔吃料、饮水情况<br>清理舍内外卫生 |
| 9：00 | 巡视兔群<br>用1∶400倍的百毒消带兔消毒<br>对个别兔进行单独治疗 |
| 11：00 | 休息 |
| 13：00 | 巡视兔群，加水 |
| 16：00 | 备料，清理卫生 |
| 18：00 | 加料：种母兔喂颗粒饲料370克<br>　　　种公兔喂颗粒饲料100克<br>给仔兔补料 |
| 20：00 | 加水，巡视兔群<br>每只喂青绿饲料200克，黄豆20粒 |
| 21：00 | 休息 |

第24天 泌乳期

| | |
|---|---|
| 友情提示 | 对母兔泌乳能力进行测定。 |
| 重点提示 | ◆ **注意**<br>● 如果母兔的泌乳量不足，立即对产出的仔兔进行代养；<br>● 经过两胎母体没有好转，立即淘汰。 |
| 备注 | |

**泌乳期** 第**25**天

| ⏲ 时间记录 | _____年____月____日 |
| --- | --- |
| ☼ 天气记录 | 室外温度________℃<br>湿　　度________%<br>室内温度________℃<br>湿　　度________% |

| 日操作安排 | | |
| --- | --- | --- |
| | 5：00 | 巡视兔群，做好相关记录<br>喂料：种母兔喂颗粒饲料 380 克<br>　　　种公兔喂颗粒饲料 80 克 |
| | 6：15 | 吃早饭 |
| | 8：00 | 观察仔兔吃料、饮水情况<br>清理舍内外卫生 |
| | 9：00 | 巡视兔群<br>对个别兔进行单独治疗 |
| | 11：00 | 休息 |
| | 13：00 | 巡视兔群，加水 |
| | 16：00 | 备料，清理卫生 |
| | 18：00 | 加料：种母兔喂颗粒饲料 380 克<br>　　　种公兔喂颗粒饲料 100 克<br>给仔兔补料 |
| | 20：00 | 加水，巡视兔群<br>每只喂青绿饲料 200 克，黄豆 20 粒 |
| | 21：00 | 休息 |

第25天

泌乳期

| | |
|---|---|
| 特别提示 | 可随时对生长表现好的健康仔兔进行标记，便于继续跟踪观察，准备留种。 |
| 知识窗 | ◆ **性别鉴定方法**<br>可观察其阴部孔洞形状和距离肛门的远近来判定。<br>● 孔洞扁形，大小与肛门相同，距离肛门较近为雌兔；<br>● 孔洞圆形而小于肛门，距离肛门较远为雄兔。 |
| 备注 | |

泌乳期 第26天

| ⏲ 时间记录 | ____年____月____日 |
| --- | --- |
| ☼ 天气记录 | 室外温度________℃<br>湿　　度________%<br>室内温度________℃<br>湿　　度________% |

| 日操作安排 | | |
| --- | --- | --- |
| | 5：00 | 巡视兔群，做好相关记录<br>喂料：种母兔喂颗粒饲料 390 克<br>　　　种公兔喂颗粒饲料 80 克<br>饮水：添加 0.1%多维素和 0.2%生态素 |
| | 6：15 | 吃早饭 |
| | 8：00 | 观察仔兔吃料、饮水情况<br>清理舍内外卫生 |
| | 9：00 | 巡视兔群<br>对个别兔进行单独治疗 |
| | 11：00 | 休息 |
| | 13：00 | 巡视兔群，加水 |
| | 16：00 | 备料，清理卫生 |
| | 18：00 | 加料：种母兔喂颗粒饲料 390 克<br>　　　种公兔喂颗粒饲料 100 克<br>给仔兔补料 |
| | 20：00 | 加水，巡视兔群<br>每只喂青绿饲料 200 克，黄豆 20 粒 |
| | 21：00 | 休息 |

| | |
|---|---|
| 特别提示 | 准备多维素和生态素。 |
| 知识窗 | ◆ **年龄鉴别**<br>家兔年龄可以从趾爪的颜色、长相、牙齿生长情况、皮板的厚度等方面来识别。<br>● 青年兔子趾爪的红色区域多于或等于白色区域；<br>● 青年兔子的趾爪直而平，并隐藏在毛内，随年龄的增长，白色区域逐渐增多，逐渐增长和弯曲。 |
| 备注 | |

## 泌乳期 第27天

| 时间记录 | ____年____月____日 |
| --- | --- |
| 天气记录 | 室外温度________℃<br>湿　　度________%<br>室内温度________℃<br>湿　　度________% |

**日操作安排**

| 时间 | 内容 |
| --- | --- |
| 5：00 | 巡视兔群，做好相关记录<br>喂料：种母兔喂颗粒饲料 400 克<br>　　　种公兔喂颗粒饲料 80 克<br>饮水：添加 0.1%多维素和 0.2%生态素 |
| 6：15 | 吃早饭 |
| 8：00 | 观察仔兔吃料、饮水情况<br>清理舍内外卫生 |
| 9：00 | 巡视兔群<br>对个别兔进行单独治疗<br>免疫 |
| 11：00 | 休息 |
| 13：00 | 巡视兔群，加水 |
| 16：00 | 备料，清理卫生 |
| 18：00 | 加料：种母兔喂颗粒饲料 400 克<br>　　　种公兔喂颗粒饲料 100 克<br>给仔兔补料 |
| 20：00 | 加水，巡视兔群<br>每只喂青绿饲料 200 克，黄豆 20 粒 |
| 21：00 | 休息 |

第27天

泌乳期

**特别提示**

准备大肠杆菌疫苗。

**知识窗**

◆ **大肠杆菌免疫**

● 在大肠杆菌多发的兔场，在27～28日龄，每只颈部皮下注射2毫升大肠杆菌疫苗。

● 疫苗最好是利用本场分离到的抗原制作的自家疫苗。

**备注**

泌乳期 第28天

| ⏲ 时间记录 | ____年____月____日 |
| --- | --- |
| ☼ 天气记录 | 室外温度________℃<br>湿　　度________%<br>室内温度________℃<br>湿　　度________% |

| 日操作安排 | | |
| --- | --- | --- |
| | 5：00 | 巡视兔群，做好相关记录<br>喂料：种母兔喂颗粒饲料410克<br>　　　种公兔喂颗粒饲料80克<br>饮水：添加0.1%多维素和0.2%生态素 |
| | 6：15 | 吃早饭 |
| | 8：00 | 观察仔兔吃料、饮水情况<br>清理舍内外卫生 |
| | 9：00 | 巡视兔群<br>对个别兔进行单独治疗<br>称重 |
| | 11：00 | 休息 |
| | 13：00 | 巡视兔群，加水 |
| | 16：00 | 备料，清理卫生 |
| | 18：00 | 加料：种母兔喂颗粒饲料410克<br>　　　种公兔喂颗粒饲料100克<br>给仔兔补料 |
| | 20：00 | 加水，巡视兔群<br>每只喂青绿饲料200克，黄豆20粒 |
| | 21：00 | 休息 |

第28天 泌乳期

| | |
|---|---|
| 特别提示 | ● 抽测当天的均重和窝重；<br>● 如果实行频密繁殖，仔兔应在28日龄断乳。 |
| 知识窗 | ◆ **选留种兔和体重标准**<br>仔兔如果留作种用，必须要整理兔群，将明显虚弱的淘汰，保证其他仔兔的健康生长。<br>● 28天体重<br>一般水平：中小品种500克，大型品种600克；<br>较高水平：中小品种560克，大型品种650克。 |
| 备注 | |

**泌乳期** 第**29**天

| ⏲ 时间记录 | ____年____月____日 |
|---|---|
| ☼ 天气记录 | 室外温度________℃<br>湿　　度________%<br>室内温度________℃<br>湿　　度________% |

**日操作安排**

|  |  |
|---|---|
| 5：00 | 巡视兔群，做好相关记录<br>喂料：种母兔喂颗粒饲料 420 克<br>　　　种公兔喂颗粒饲料 80 克 |
| 6：15 | 吃早饭 |
| 8：00 | 观察仔兔吃料、饮水情况<br>清理舍内外卫生 |
| 9：00 | 巡视兔群<br>对个别兔进行单独治疗 |
| 11：00 | 休息 |
| 13：00 | 巡视兔群，加水 |
| 16：00 | 备料，清理卫生 |
| 18：00 | 加料：种母兔喂颗粒饲料 420 克<br>　　　种公兔喂颗粒饲料 100 克<br>给仔兔补料 |
| 20：00 | 加水，巡视兔群<br>每只喂青绿饲料 200 克，黄豆 20 粒 |
| 21：00 | 休息 |

第29天 泌乳期

| | |
|---|---|
| 重点提示 | 观察兔群，如果有打喷嚏或鼻腔有分泌物的，立即隔离治疗。 |
| 知识窗 | ◆ **打喷嚏原因**<br>● 如果鼻腔有分泌物，呼吸急促，死亡剖检肺脏大多出血、化脓、坏死，基本可以诊断为巴氏杆菌和波氏杆菌的混合感染。<br>治疗：鱼腥草注射液，每次 2 毫升，每天 2 次，连用 5 天；青霉素，肌肉注射，每次每千克体重 1 万～2 万单位，每日 2 次，连续 3～4 天。<br>● 如果鼻腔没有分泌物，一般是鼻腔因吃料和其他原因受到了刺激，同样要注意鼻炎的预防。 |
| 备注 | |

泌乳期 第30天

| ⏲ 时间记录 | ____年____月____日 |
| --- | --- |
| ☼ 天气记录 | 室外温度________℃<br>湿　　度________%<br>室内温度________℃<br>湿　　度________% |

| 日操作安排 | | |
| --- | --- | --- |
| | 5：00 | 巡视兔群，做好相关记录<br>喂料：种母兔喂颗粒饲料 430 克<br>　　　种公兔喂颗粒饲料 100 克 |
| | 6：15 | 吃早饭 |
| | 8：00 | 观察仔兔吃料、饮水情况<br>清理舍内外卫生 |
| | 9：00 | 巡视兔群<br>对个别兔进行单独治疗 |
| | 11：00 | 休息 |
| | 13：00 | 巡视兔群，加水 |
| | 16：00 | 备料，清理卫生 |
| | 18：00 | 加料：种母兔喂颗粒饲料 430 克<br>　　　种公兔喂颗粒饲料 100 克<br>给仔兔补料 |
| | 20：00 | 加水，巡视兔群<br>每只喂青绿饲料 200 克，黄豆 20 粒 |
| | 21：00 | 休息 |

第30天 泌乳期

| | |
|---|---|
| 备忘录 | ● 每天检查饮水的情况，保证每只仔兔都能饮上清洁的水；<br>● 有条件时，每月可以进行一次水质的化验。 |
| 知识窗 | ◆ **补水的重要性**<br>当仔兔开食后，由于采食干物质增加，单纯依靠乳中的水分已满足不了需要。所以，必须补充饮水。<br>饮水的多少对采食量影响很大，到25～30日龄如果不补充饮水，会减少一倍的采食量。 |
| 备注 | |

**泌乳期** 第**31**天

| ⏱ 时间记录 | ____年____月____日 |
|---|---|
| ☼ 天气记录 | 室外温度________℃<br>湿　　度________%<br>室内温度________℃<br>湿　　度________% |

| 日操作安排 | | |
|---|---|---|
| | 5：00 | 巡视兔群，做好相关记录<br>喂料：种母兔喂颗粒饲料 440 克<br>　　　种公兔喂颗粒饲料 80 克 |
| | 6：15 | 吃早饭 |
| | 8：00 | 观察仔兔吃料、饮水情况<br>清理舍内外卫生 |
| | 9：00 | 巡视兔群<br>对个别兔进行单独治疗 |
| | 11：00 | 休息 |
| | 13：00 | 巡视兔群，加水 |
| | 16：00 | 备料，清理卫生 |
| | 18：00 | 加料：种母兔喂颗粒饲料 440 克<br>　　　种公兔喂颗粒饲料 100 克<br>给仔兔补料 |
| | 20：00 | 加水，巡视兔群<br>每只喂青绿饲料 200 克，黄豆 20 粒 |
| | 21：00 | 休息 |

第31天 泌乳期

| | |
|---|---|
| 特别提示 | ● 断奶前育肥舍的清理消毒，饲料等物资的准备工作；<br>● 添加抗球虫药物、抗生素药物、抗应激药物和增强体质的药物。 |
| 知识窗 | ◆ **兔群的周转方式**<br>● 断奶后将仔兔转走，留下种母兔<br>这种方式可能对仔兔增加应激程度，需要仔细操作，尽量减少环境水平的差别。<br>● 断奶后将母兔转走，将仔兔留下<br>这样对仔兔的应激程度要小，安全性强。 |
| 备注 | |

泌乳期

# 第32天

| ⏱ 时间记录 | ______年______月______日 |
| --- | --- |
| ☼ 天气记录 | 室外温度______℃<br>湿　　度______%<br>室内温度______℃<br>湿　　度______% |

| 日操作安排 | | |
| --- | --- | --- |
| | 5：00 | 巡视兔群，做好相关记录<br>喂料：种母兔喂颗粒饲料 450 克<br>　　　种公兔喂颗粒饲料 80 克 |
| | 6：15 | 吃早饭 |
| | 8：00 | 观察仔兔吃料、饮水情况<br>清理舍内外卫生 |
| | 9：00 | 巡视兔群<br>用 1∶700 倍的“顶点”带兔消毒<br>对个别兔进行单独治疗 |
| | 11：00 | 休息 |
| | 13：00 | 巡视兔群，加水 |
| | 16：00 | 备料，清理卫生 |
| | 18：00 | 加料：种母兔喂颗粒饲料 450 克<br>　　　种公兔喂颗粒饲料 100 克<br>给仔兔补料 |
| | 20：00 | 加水，巡视兔群<br>每只喂青绿饲料 200 克，黄豆 20 粒 |
| | 21：00 | 休息 |

第32天 泌乳期

| | |
|---|---|
| 特别提示 | 评价种兔体质。如果母兔体质太差但又有使用价值，应立即断奶。 |
| 知识窗 | ◆ **维持种兔的体质**<br>为了提高种母兔的利用率，最好在分娩后的10～11天进行配种。<br>此时正处在上一批次的哺乳后期，母兔的负担较重，如管理不到位，容易造成母兔过瘦，降低其利用效率，导致两窝仔兔品质都受影响。<br>需要重点加强母兔的营养，维持其好的膘情。 |
| 备注 | |

泌乳期 第33天

| ⏲ 时间记录 | ____年____月____日 |
| --- | --- |
| ☼ 天气记录 | 室外温度________℃<br>湿　　度________%<br>室内温度________℃<br>湿　　度________% |

| 日操作安排 | | |
| --- | --- | --- |
| | 5：00 | 巡视兔群，做好相关记录<br>喂料：种母兔喂颗粒饲料 460 克<br>　　　种公兔喂颗粒饲料 80 克<br>饮水：添加 0.1%多维素和 0.2%生态素 |
| | 6：15 | 吃早饭 |
| | 8：00 | 观察仔兔吃料、饮水情况<br>清理舍内外卫生 |
| | 9：00 | 巡视兔群<br>用 1∶600 倍的百毒杀带兔消毒<br>对个别兔进行单独治疗 |
| | 11：00 | 休息 |
| | 13：00 | 巡视兔群，加水 |
| | 16：00 | 备料，清理卫生 |
| | 18：00 | 加料：种母兔喂颗粒饲料 460 克<br>　　　种公兔喂颗粒饲料 100 克<br>给仔兔补料 |
| | 20：00 | 加水，巡视兔群<br>每只喂青绿饲料 200 克 |
| | 21：00 | 休息 |

第33天

| | |
|---|---|
| 特别提示 | 准备好断奶后仔兔饲养设施的空间、面积的计算，保证提供理想的生长、活动空间。 |
| 知识窗 | ◆ **准备笼位数量**<br>● 仔兔断乳后宜小群饲养，一般每平方米饲养仔兔 14 只，以 4～6 只仔兔一个笼子为佳；<br>● 每窝尽量在一起或隔壁笼子饲养。 |
| 备注 | |

# 泌乳期 第34天

| ◷ 时间记录 | ____年____月____日 |
|---|---|
| ☼ 天气记录 | 室外温度______℃<br>湿　　度______%<br>室内温度______℃<br>湿　　度______% |

| 日操作安排 | 时间 | 内容 |
|---|---|---|
| | 5：00 | 巡视兔群，做好相关记录<br>喂料：种母兔喂颗粒饲料 480 克<br>　　　种公兔喂颗粒饲料 80 克<br>饮水：添加 0.1%多维素和 0.2%生态素 |
| | 6：15 | 吃早饭 |
| | 8：00 | 观察仔兔吃料、饮水情况<br>清理舍内外卫生 |
| | 9：00 | 巡视兔群<br>用 1∶500 倍的灭菌可灵带兔消毒<br>对个别兔进行单独治疗 |
| | 11：00 | 休息 |
| | 13：00 | 巡视兔群，加水 |
| | 16：00 | 备料，清理卫生 |
| | 18：00 | 加料：种母兔喂颗粒饲料 480 克<br>　　　种公兔喂颗粒饲料 100 克<br>给仔兔补料 |
| | 20：00 | 加水，巡视兔群<br>每只喂青绿饲料 200 克 |
| | 21：00 | 休息 |

第 34 天 泌乳期

| 特别提示 | 准备耳号钳等打耳号的工具和药物、燃料。 |
| --- | --- |
| 知识窗 | ◆ **断奶时间对成活率的影响**<br>仔兔的消化系统还没有发育成熟，对饲料的消化能力差。一般断奶越早，死亡率越高。<br>据统计，30 日龄断奶，仔兔成活率 70%；40 日龄断奶，仔兔成活率 80%。 |
| 备注 | |

泌乳期 第35天

| ⏲ 时间记录 | ____年____月____日 |
| --- | --- |
| ☼ 天气记录 | 室外温度________℃<br>湿　　度________%<br>室内温度________℃<br>湿　　度________% |

| 日操作安排 | | |
| --- | --- | --- |
| | 5：00 | 巡视兔群，做好相关记录<br>喂料：种母兔喂颗粒饲料 250 克<br>　　　种公兔喂颗粒饲料 80 克<br>饮水：添加 0.1%多维素和 0.2%生态素 |
| | 6：15 | 吃早饭 |
| | 8：00 | 观察仔兔吃料、饮水情况<br>清理舍内外卫生 |
| | 9：00 | 巡视兔群<br>用 1∶400 倍的百毒消带兔消毒<br>对个别兔进行单独治疗<br>测断奶体重和断奶窝重<br>留种的仔兔要进行打耳号,同时做系谱登记 |
| | 11：00 | 休息 |
| | 13：00 | 巡视兔群，加水 |
| | 16：00 | 备料，清理卫生 |
| | 18：00 | 加料：种母兔喂颗粒饲料 250 克<br>　　　种公兔喂颗粒饲料 100 克<br>给仔兔补料 |
| | 20：00 | 加水，巡视兔群<br>每只喂青绿饲料 200 克 |
| | 21：00 | 休息 |

第35天

泌乳期

## 友情提示

- 仔兔断奶；
- 测断奶体重和断奶窝重；
- 留种的仔兔要打耳号，同时做系谱登记；
- 做批次断奶成活率和合格率分析。

## 知识窗

◆ **断奶注意事项**

● 中小型品种体重 800～860 克，大型品种 1 000～1 020克；

● 断奶是仔兔从依靠乳汁到饲料的完全转变，所以容易感染疾病；

● 断奶后母兔只喂青粗饲料 2～3 天，促进停奶；

● 断奶后移走母兔，防止仔兔的环境应激；

● 断奶后 3 天注射兔瘟疫苗 1 毫升；

● 适时补充饮水。

## 备注

# 五、幼兔和育肥兔日程管理



育肥期一般为 35 天。

在此期间，要做好分笼、留种、免疫、消毒和防病等工作。同时，要根据兔子的生长阶段，了解兔子的营养需要特点。

育肥期

第 1 天

| | |
|---|---|
| 时间记录 | ____年____月____日 |
| 天气记录 | 室外温度____℃<br>湿　度____%<br>室内温度____℃<br>湿　度____% |

日操作安排

| | |
|---|---|
| 5：00 | 巡视兔群，做好相关记录<br>喂料：每只饲喂 30 克<br>饮水：添加 0.1%多维素和 0.2%生态素 |
| 6：15 | 吃早饭 |
| 8：00 | 调整兔群密度：每笼放 3～4 只<br>清理舍内卫生 |
| 9：00 | 巡视兔群<br>用 1：700 倍的“顶点”带兔消毒<br>对个别兔进行隔离并单独治疗 |
| 11：00 | 休息 |
| 13：00 | 巡视兔群，加水 |
| 16：00 | 准备第二天饲料<br>清理舍内卫生 |
| 18：00 | 加料：每只饲喂 30 克 |
| 20：00 | 加水，巡视兔群<br>每只喂青绿饲料 30 克 |
| 21：00 | 休息 |

第1天

育肥期

特别提示

从今天开始使用过渡饲料。

知识窗

◆ **分笼的要求**

断奶时，每窝尽量放在附近。应根据性别、体重、体质强弱、日龄大小进行分群饲养。

按笼舍大小确定饲养密度，幼兔每笼（面积0.36米$^2$）以3～4只为宜，群养时8～9只组成小群。

饲养密度过大，群体过大会造成拥挤，采食不均而影响生长发育；环境也容易脏污，使幼兔抵抗力下降。

备注

育肥期

第2天

| | |
|---|---|
| 时间记录 | ____年____月____日 |
| 天气记录 | 室外温度________℃<br>湿　　度________%<br>室内温度________℃<br>湿　　度________% |

| 日操作安排 | 时间 | 内容 |
|---|---|---|
| | 5：00 | 巡视兔群，做好相关记录<br>喂料：每只饲喂30克（50%原来的饲料+50%生长料）<br>饮水：添加0.1%多维素和0.2%生态素 |
| | 6：15 | 吃早饭 |
| | 8：00 | 适当调整兔群，每笼放3～4只<br>清理舍内卫生 |
| | 9：00 | 巡视兔群<br>用1∶600倍的百毒杀带兔消毒<br>对个别兔进行隔离并单独治疗 |
| | 11：00 | 吃午饭 |
| | 13：00 | 巡视兔群，加水 |
| | 16：00 | 备料，清理舍内卫生 |
| | 18：00 | 加料：每只饲喂30克（50%原来的饲料+50%生长料） |
| | 20：00 | 加水，巡视兔群<br>每只喂青绿饲料30克 |
| | 21：00 | 休息 |

第2天

育肥期

| | |
|---|---|
| 特别提示 | 密切关注兔群状况，防止料量过大引发幼兔腹泻。 |
| 难点提示 | **◆ 引起断奶死亡的主要原因**<br>● 消化道内正常菌群没有建立，突然进食饲料引起消化紊乱和腹泻而死亡；<br>● 消化能力弱，造成营养物质消化吸收不良引起大肠过度负荷；<br>● 球虫不预防或预防失败而突然死亡；<br>● 饲料、饮水、环境卫生太差，引起拉稀等疾病。 |
| 备注 | |

育肥期

第3天

| ◷ 时间记录 | ______年____月____日 |
| --- | --- |
| ☼ 天气记录 | 室外温度________℃<br>湿　　度________%<br>室内温度________℃<br>湿　　度________% |

| | 时间 | 内容 |
| --- | --- | --- |
| 日操作安排 | 5：00 | 巡视兔群，做好相关记录<br>喂料：每只饲喂 30 克（1/3 原来的饲料＋2/3 生长料）<br>饮水：添加 0.1%多维素和 0.2%生态素 |
| | 6：15 | 吃早饭 |
| | 8：00 | 清理舍内外卫生 |
| | 9：00 | 巡视兔群<br>用 1∶500 倍的灭菌可灵带兔消毒<br>对个别兔进行隔离并单独治疗 |
| | 11：00 | 吃午饭 |
| | 13：00 | 巡视兔群，加水 |
| | 16：00 | 备料，清理舍内卫生 |
| | 18：00 | 加料：每只饲喂 30 克（1/3 原来的饲料＋2/3 生长料） |
| | 20：00 | 加水，巡视兔群<br>每只喂青绿饲料 30 克 |
| | 21：00 | 休息 |

第3天

育肥期

| 友情提示 | ● 发现幼兔腹泻立即治疗和调整饲料；<br>● 兔瘟疫苗注射准备工作。 |
| --- | --- |
| 知识窗 | ◆ **防止饲料的污染**<br>仔兔味觉较差，往往因为食槽设计不合理混入母兔或仔兔的粪便。仔兔采食时分辨不出来，粪便中又存在大量的微生物和寄生虫，极易引起仔兔的发病。<br>在饲养管理过程中，每时每刻都要防止饲料的污染，确保饮食的安全。<br>注：这点对于计划断奶的仔兔特别重要。 |
| 备注 | |

育肥期

第4天

| ⏱ 时间记录 | ______年____月____日 |
| --- | --- |
| ☼ 天气记录 | 室外温度________℃<br>湿　　度________%<br>室内温度________℃<br>湿　　度________% |

| 日操作安排 | | |
| --- | --- | --- |
| | 5：00 | 巡视兔群，做好相关记录<br>喂料：每只饲喂35克<br>饮水 |
| | 6：15 | 吃早饭 |
| | 8：00 | 清理舍内外卫生 |
| | 9：00 | 巡视兔群<br>进行兔瘟免疫1～2毫升/只<br>对个别兔进行隔离并单独治疗 |
| | 11：00 | 吃午饭 |
| | 13：00 | 巡视兔群，加水 |
| | 16：00 | 备料，清理舍内卫生 |
| | 18：00 | 加料：每只饲喂35克 |
| | 20：00 | 加水，巡视兔群<br>每只喂青绿饲料30克 |
| | 21：00 | 休息 |

第4天　育肥期

| 特别提示 | ● 喂料量增加平稳；<br>● 进行兔瘟免疫 1～2 毫升/只； |
|---|---|
| 难点提示 | ◆ **免疫注意事项**<br>● 选择有权威的疫苗生产厂家和合格的疫苗；<br>● 按照要求保存疫苗；<br>● 使用前，将疫苗温度升到 20℃左右；<br>● 在颈部皮下按 45°角缓慢注入；<br>● 使用的针头事先进行煮沸消毒，注射部位用碘酒消毒；<br>● 疫苗包装物焚烧；<br>● 做好记录。 |
| 备注 | |

育肥期 第5天

| ◷ 时间记录 | ____年____月____日 |
|---|---|
| ☼ 天气记录 | 室外温度______℃<br>湿　　度______%<br>室内温度______℃<br>湿　　度______% |

日操作安排

| 时间 | 内容 |
|---|---|
| 5：00 | 巡视兔群，做好相关记录<br>喂料：每只饲喂35克<br>饮水 |
| 6：15 | 吃早饭 |
| 8：00 | 清理舍内外卫生 |
| 9：00 | 巡视兔群<br>对个别兔进行隔主并单独治疗 |
| 11：00 | 吃午饭 |
| 13：00 | 巡视兔群，加水 |
| 16：00 | 备料，清理舍内卫生 |
| 18：00 | 加料：每只饲喂35克 |
| 20：00 | 加水，巡视兔群<br>每只喂青绿饲料30克 |
| 21：00 | 休息 |

重点提示

● 调整饲料密度，每个笼内（0.36米$^2$）饲养3～4只为宜；

● 饲料中继续添加抗球虫药物；

● 注意环境卫生和通风换气，对饲养成功非常重要。每千克活体重每小时需要不低于0.8米$^2$的新鲜空气。

知识窗

◆ **胴体重的计算方法**

胴体重有全净膛重和半净膛重两种形式。

全净膛重是指家兔屠宰后放血，除去头、皮、尾、前脚（腕关节以下）、后脚（跗关节以下）、内脏和腹脂后的胴体重量；半净膛重是在全净膛重的基础上保留心脏、肝脏、肾脏和腹脂的胴体重量。

由于不同国家的习惯不同，胴体重的统计方法也有所不同。法国的胴体包括头、蹄，所以屠宰率较高；而美国的胴体不包括头、蹄、肝，仅留肾脏及其附近的脂肪，所以屠宰率较低；中国通常采用全净膛形式的胴体重，如以半净膛形式的胴体重计算，必须注明。

注意：胴体的称重应在屠体尚未完全冷却之前进行。

育肥期

第6天

| 🕓 时间记录 | ____年____月____日 |
| --- | --- |
| ☼ 天气记录 | 室外温度________℃<br>湿　　度________%<br>室内温度________℃<br>湿　　度________% |

| 日操作安排 | | |
| --- | --- | --- |
| | 5：00 | 巡视兔群，做好相关记录<br>喂料：每只饲喂35克<br>饮水 |
| | 6：15 | 吃早饭 |
| | 8：00 | 清理舍内外卫生 |
| | 9：00 | 巡视兔群<br>对个别兔进行隔离并单独治疗 |
| | 11：00 | 吃午饭 |
| | 13：00 | 巡视兔群，加水 |
| | 16：00 | 备料，清理舍内卫生 |
| | 18：00 | 加料：每只饲喂35克 |
| | 20：00 | 加水，巡视兔群<br>每只喂青绿饲料30克 |
| | 21：00 | 休息 |

第6天 育肥期

| | |
|---|---|
| 特别提示 | 提早观察仔兔的健康状况，对有螨虫或真菌的及时淘汰。 |
| 知识窗 | ◆ **蛹虫病**<br>● 病原分类<br>一类是痒螨，另一类是疥螨。<br>● 流行特点<br>感染主要方式是接触感染。在秋冬季，特别是阴雨天气，非常容易蔓延感染。冬季是高度发展的时期，尤其是在潮湿、狭窄的兔舍中密集饲养时感染严重。<br>● 预防<br>仔细观察兔群，发现病例立即隔离，笼具要用10%～20%的石灰水消毒。<br>● 治疗<br>用5%肥皂水或2%来苏儿清洗掉病兔身上的污物和痂皮。注射阿维菌素或伊维菌素，7～10天重复治疗。 |
| 备注 | |

**育肥期** 第7天

| ⏲ 时间记录 | ____年____月____日 |
| --- | --- |
| ☼ 天气记录 | 室外温度________℃<br>湿　　度________%<br>室内温度________℃<br>湿　　度________% |

| 日操作安排 | 时间 | 内容 |
| --- | --- | --- |
| | 5：00 | 巡视兔群，做好相关记录<br>喂料：每只饲喂40克<br>饮水：添加0.2%生态素 |
| | 6：15 | 吃早饭 |
| | 8：00 | 清理舍内外卫生 |
| | 9：00 | 巡视兔群<br>对个别兔进行隔离并单独治疗 |
| | 11：00 | 吃午饭 |
| | 13：00 | 巡视兔群，加水 |
| | 16：00 | 备料，测体重，清理舍内卫生 |
| | 18：00 | 加料：每只饲喂40克 |
| | 20：00 | 加水，巡视兔群<br>每只喂青绿饲料30克 |
| | 21：00 | 休息 |

第7天 育肥期

**特别提示**

● 测体重；

● 如果留种，进行个体评价，不合格的调到商品兔笼内育肥屠宰。

**知识窗**

◆ **留种的基本条件**

● 健康，无疾病；

● 外观特征符合品种的特点；

● 体重达标，在同批兔子中处于前列；

● 父母生产性能优良。

**备注**

育肥期 第8天

| ⏲ 时间记录 | ____年____月____日 |
| --- | --- |
| ☼ 天气记录 | 室外温度________℃<br>湿　　度________%<br>室内温度________℃<br>湿　　度________% |

日操作安排

| 时间 | 内容 |
| --- | --- |
| 5：00 | 巡视兔群，做好相关记录<br>喂料：每只饲喂40克<br>饮水：添加0.2%生态素 |
| 6：15 | 吃早饭 |
| 8：00 | 清理舍内外卫生 |
| 9：00 | 巡视兔群<br>对个别兔进行隔离并单独治疗 |
| 11：00 | 吃午饭 |
| 13：00 | 巡视兔群，加水 |
| 16：00 | 备料，清理舍内卫生 |
| 18：00 | 加料：每只饲喂40克 |
| 20：00 | 加水，巡视兔群<br>每只喂青绿饲料30克 |
| 21：00 | 休息 |

第8天

育肥期

| 特别提示 | ● 注意幼兔的换毛；<br>● 及时增加料量，每天每只增加3克。 |
| --- | --- |
| 知识窗 | ◆ **换毛期饲养**<br>仔兔断奶后立即进行换毛，新陈代谢比较旺盛，要适当增加喂料量。一般中型品种35天喂料每只每天60克，每天增加3克，到45天达到90克。<br>因饲料质量和品种会有差异，在增加过程中注意观察粪便的变化。如果出现拉稀等病变，立即下调饲喂量。 |
| 备注 | |

**育肥期** 第9天

| ◷ 时间记录 | ____年____月____日 |
| --- | --- |
| ☼ 天气记录 | 室外温度________℃<br>湿　　度________%<br>室内温度________℃<br>湿　　度________% |

**日操作安排**

|  |  |
| --- | --- |
| 5：00 | 巡视兔群，做好相关记录<br>喂料：每只饲喂40克<br>饮水：添加0.2%生态素 |
| 6：15 | 吃早饭 |
| 8：00 | 清理舍内卫生 |
| 9：00 | 巡视兔群<br>对个别兔进行隔离并单独治疗 |
| 11：00 | 吃午饭 |
| 13：00 | 巡视兔群，加水 |
| 16：00 | 备料，清理舍内卫生 |
| 18：00 | 加料：每只饲喂40克 |
| 20：00 | 加水，巡视兔群<br>每只喂青绿饲料30克 |
| 21：00 | 休息 |

第9天 育肥期

**友情提示**

根据天气条件可以进行适当的户外活动。

**知识窗**

◆ **屠宰率的计算**

屠宰率是指胴体重占屠宰前活重的百分率。宰前活重是指宰前停食12小时以上的活重。屠宰率越高，经济效益越大。良好的肉用兔屠宰率在55%以上，胴体净肉率在82%以上，脂肪含量低于3%，后腿比例约占胴体的1/3。

据估计，屠宰率和达到屠宰体重的年龄具有较高的遗传力，遗传力为0.6，因而个体选择效果很好。

**备注**

育肥期 第10天

| ◷ 时间记录 | ____年____月____日 |
| --- | --- |
| ☼ 天气记录 | 室外温度________℃<br>湿　　度________%<br>室内温度________℃<br>湿　　度________% |

日操作安排

|  |  |
| --- | --- |
| 5：00 | 巡视兔群，做好相关记录<br>喂料：每只饲喂45克<br>饮水 |
| 6：15 | 吃早饭 |
| 8：00 | 清理舍内外卫生 |
| 9：00 | 巡视兔群<br>对个别兔进行隔离并单独治疗 |
| 11：00 | 吃午饭 |
| 13：00 | 巡视兔群，加水 |
| 16：00 | 备料，清理舍内卫生 |
| 18：00 | 加料：每只饲喂45克 |
| 20：00 | 加水，巡视兔群<br>每只喂青绿饲料30克 |
| 21：00 | 休息 |

第10天 育肥期

| | |
|---|---|
| 友情提示 | ● 加强舍内消毒；<br>● 逐渐加料，可视情况每天递增3～5克，到45日龄应该增加到每只每天90克左右。 |
| 知识窗 | ◆ **消毒方法**<br>● 每次清理粪沟后，随即用规定的无刺激性的消毒剂对地面、墙壁、粪沟、设备设施、兔群进行喷雾消毒，每周至少2次；<br>● 对于有疫情的兔场，每周至少一次用1%的敌百虫溶液喷洒地面，预防螨虫；<br>● 空笼子利用前必须用火焰进行消毒；<br>● 每次接触兔子和饲料前，用酒精对手消毒；<br>● 每次进兔舍前更换工作服、鞋，同时用紫外线照射全身消毒1分钟。 |
| 备注 | |

育肥期 第11天

| ◷ 时间记录 | ______年____月____日 |
|---|---|
| ☼ 天气记录 | 室外温度________℃<br>湿　　度________%<br>室内温度________℃<br>湿　　度________% |

| 日操作安排 | | |
|---|---|---|
| | 5：00 | 巡视兔群，做好相关记录<br>喂料：每只饲喂 45 克<br>饮水 |
| | 6：15 | 吃早饭 |
| | 8：00 | 清理舍内外卫生 |
| | 9：00 | 巡视兔群<br>巴氏杆菌免疫，1 毫升/只<br>用 1∶700 倍的“顶点”带兔消毒<br>对个别兔进行隔离，并单独治疗 |
| | 11：00 | 吃午饭 |
| | 13：00 | 巡视兔群，加水 |
| | 16：00 | 备料，清理舍内卫生 |
| | 18：00 | 加料：每只饲喂 45 克 |
| | 20：00 | 加水，巡视兔群<br>每只喂青绿饲料 30 克 |
| | 21：00 | 休息 |

第11天 育肥期

| | |
|---|---|
| 特别提示 | ● 球虫是本阶段最容易发生的疾病；<br>● 注意观察兔群，及时发现球虫的存在，并对大群进行预防。 |
| 知识窗 | **◆ 防治球虫病的综合措施**<br>● 搞好饮食卫生和环境卫生，对粪便实行集中发酵处理，以降低感染机会；<br>● 小兔获得球虫卵囊多数来自母兔，因而，减少母仔接触机会或严格控制通过母兔对仔兔的感染是降低本病的有效措施；<br>● 目前没有家兔球虫疫苗生产，药物预防是最有效的手段。 |
| 备注 | |

育肥期

第12天

| ◷ 时间记录 | ____年____月____日 |
| --- | --- |
| ☼ 天气记录 | 室外温度________℃<br>湿　　度________%<br>室内温度________℃<br>湿　　度________% |

| 日操作安排 | | |
| --- | --- | --- |
| | 5：00 | 巡视兔群，做好相关记录<br>喂料：每只饲喂 45 克<br>饮水 |
| | 6：15 | 吃早饭 |
| | 8：00 | 清理舍内外卫生 |
| | 9：00 | 巡视兔群<br>用 1：600 倍的百毒杀带兔消毒<br>对个别兔进行隔离并单独治疗 |
| | 11：00 | 吃午饭 |
| | 13：00 | 巡视兔群，加水 |
| | 16：00 | 备料，清理舍内卫生 |
| | 18：00 | 加料：每只饲喂 45 克 |
| | 20：00 | 加水，巡视兔群<br>每只喂青绿饲料 30 克 |
| | 21：00 | 休息 |

**特别提示**

注意观察兔群，对腹泻的兔子要尽快单独治疗。

**知识窗**

◆ **腹泻**

● 病因

饲料原料突然变化；饲喂的数量突然增加；寒冷潮湿；饲料和饮用水卫生不合格；饲料变质；吃了带露水或冰冻的饲料；病原微生物感染，如大肠杆菌等疾病。

● 症状

食欲不振，粪便变稀，形成稀糊或水样，有臭味，有时带有黏液，消瘦。

● 防治

保证兔舍的干燥卫生，保证饲料、饮水的清洁，饲料无霉变；发病后尽量少喂或暂时不喂。

庆大霉素注射，每次5万～10万单位，每天2次；注射链霉素；料中添加鞣酸蛋白、小苏打；内服大蒜汁；

生态素口服，每次每只5毫升，每天2次，连续2～3天。

**育肥期** 第13天

| | |
|---|---|
| 时间记录 | ____年____月____日 |
| 天气记录 | 室外温度________℃<br>湿　　度________%<br>室内温度________℃<br>湿　　度________% |

日操作安排

|  |  |
|---|---|
| 5：00 | 巡视兔群，做好相关记录<br>喂料：每只饲喂50克<br>饮水 |
| 6：15 | 吃早饭 |
| 8：00 | 清理舍内外卫生 |
| 9：00 | 巡视兔群<br>用1：500倍的灭菌可灵带兔消毒<br>对个别兔进行隔离并单独治疗 |
| 11：00 | 吃午饭 |
| 13：00 | 巡视兔群，加水 |
| 16：00 | 备料，清理舍内卫生 |
| 18：00 | 加料：每只饲喂30克 |
| 20：00 | 加水，巡视兔群<br>每只喂青绿饲料30克 |
| 21：00 | 休息 |

第13天

育肥期

特别提示

加强舍内消毒，防止发生螨虫病和真菌病。

知识窗

◆ **育肥兔饲料营养水平**

粗蛋白质：16.7%～17.0%；

赖氨酸：0.8%～0.9%；

蛋氨酸＋胱氨酸：0.62%～0.65%；

粗纤维：14%（不能消化的大于12%）；

可消化能：10.46～10.67兆焦/千克。

备注

育肥期 第14天

| ◷ 时间记录 | _____年____月____日 |
| --- | --- |
| ☼ 天气记录 | 室外温度________℃<br>湿　　度________%<br>室内温度________℃<br>湿　　度________% |

| 日操作安排 | 时间 | 内容 |
| --- | --- | --- |
| | 5：00 | 巡视兔群，做好相关记录<br>喂料：每只饲喂 50 克<br>饮水 |
| | 6：15 | 吃早饭 |
| | 8：00 | 清理舍内外卫生 |
| | 9：00 | 巡视兔群<br>对个别兔进行隔离并单独治疗 |
| | 11：00 | 吃午饭 |
| | 13：00 | 巡视兔群，加水 |
| | 16：00 | 备料，清理舍内卫生 |
| | 18：00 | 加料：每只饲喂 50 克 |
| | 20：00 | 加水，巡视兔群<br>每只喂青绿饲料 30 克 |
| | 21：00 | 休息 |

第14天

育肥期

| | |
|---|---|
| 特别提示 | 观察兔群，及时调出打喷嚏的兔子进行治疗。 |
| 知识窗 | ◆ **呼吸道炎症**<br>● 病因<br>气温变化较大、受冻、通风不良、被雨淋等因素都会引起兔子呼吸器官的病变。<br>● 主要症状<br>轻度咳嗽，鼻黏膜潮红，分泌黏液性或浆液性的鼻涕；严重的会出现体温升高、呼吸急促、流出大量的鼻液，这是发展成肺炎的表现。<br>● 防治<br>兔舍保暖、干燥、通风良好。粪沟内喷洒生态素，每周一次。<br>用2%～3%硼酸溶液冲洗鼻腔，然后滴入青霉素15 000～20 000单位，每天2次；或用大蒜酊滴鼻3～4滴，每天2次；同时，注射抗生素（青霉素和链霉素各10万单位），每天2次；或注射鱼腥草注射液，每次2毫升，每天2次。 |
| 备注 | |

**育肥期** 第**15**天

| ⏲ 时间记录 | ____年____月____日 |
|---|---|
| ☼ 天气记录 | 室外温度______℃<br>湿　　度______%<br>室内温度______℃<br>湿　　度______% |

| 日操作安排 | | |
|---|---|---|
| | 5：00 | 巡视兔群，做好相关记录<br>喂料：每只饲喂 50 克<br>饮水：添加 0.2%生态素 |
| | 6：15 | 吃早饭 |
| | 8：00 | 清理舍内外卫生 |
| | 9：00 | 巡视兔群<br>对个别兔进行隔离并单独治疗 |
| | 11：00 | 吃午饭 |
| | 13：00 | 巡视兔群，加水 |
| | 16：00 | 备料，清理舍内卫生 |
| | 18：00 | 加料：每只饲喂 50 克 |
| | 20：00 | 加水，巡视兔群<br>每只喂青绿饲料 30 克 |
| | 21：00 | 休息 |

第15天 育肥期

特别提示

● 本日饲料应加到每只每天100克，以后继续每天每只增加3克；

● 增加饲料过程中，应仔细观察兔群的表现。有拉软粪便的或拉稀的，立即减缓增加速度。

知识窗

◆ **杂种优势**

杂种优势是指不同组群、不同品种间的个体交配所产生的后代，在一般情况下，生产性能都超过双亲的平均值的现象。

杂种优势在数量性状方面，表现为杂种的生产水平超过双亲平均生产水平，饲料利用能力增强，生长速度快。越是遗传力低的性状，杂种优势越明显。

在质量性状方面，表现为杂种生活力强，畸形、缺损和致死现象减少。杂种优势产生的遗传基础是优良显性基因的互补和群体中杂合子的频率增多，从而抑制或减弱了更多的不良基因的作用，提高了整个群体的显性效应和上位效应。

备注

育肥期 第16天

| ◷ 时间记录 | _____年____月____日 |
|---|---|
| ☼ 天气记录 | 室外温度________℃<br>湿　　度________%<br>室内温度________℃<br>湿　　度________% |

日操作安排

|  |  |
|---|---|
| 5：00 | 巡视兔群，做好相关记录<br>喂料：每只饲喂 55 克<br>饮水：添加 0.2%生态素 |
| 6：15 | 吃早饭 |
| 8：00 | 清理舍内外卫生 |
| 9：00 | 巡视兔群<br>对个别兔进行隔离并单独治疗 |
| 11：00 | 吃午饭 |
| 13：00 | 巡视兔群，加水 |
| 16：00 | 备料，清理舍内卫生 |
| 18：00 | 加料：每只饲喂 55 克 |
| 20：00 | 加水，巡视兔群<br>每只喂青绿饲料 30 克 |
| 21：00 | 休息 |

第16天

育肥期

| | |
|---|---|
| 特别提示 | 本阶段的兔子容易发生腹胀，早发现、早治疗。 |
| 知识窗 | ◆ **腹胀**<br>● 病因<br>采食了过多的容易发酵的饲料，如麸皮等或豆类容易发胀的饲料；霉变、冰冻也可以引发发病；突然采食过多也会引发腹胀。<br>● 症状<br>食欲不振，腹部膨胀，触诊有弹性。有腹痛表现，尖叫。呼吸困难，黏膜潮红。<br>● 防治<br>进行控料，喂料量降为平时的1/3～2/3，避免饲养过程中饲料原料的突变、霉变、冰冻。<br>大蒜6克、醋20毫升，内服；醋30～60毫升，内服。可注射抗生素配合治疗。 |
| 备注 | |

育肥期

# 第17天

| ◷ 时间记录 | ____年____月____日 |
| --- | --- |
| ☼ 天气记录 | 室外温度________℃<br>湿　　度________%<br>室内温度________℃<br>湿　　度________% |

| 日操作安排 | | |
| --- | --- | --- |
| | 5：00 | 巡视兔群，做好相关记录<br>喂料：每只饲喂 55 克<br>饮水：添加 0.2%生态素 |
| | 6：15 | 吃早饭 |
| | 8：00 | 清理舍内外卫生 |
| | 9：00 | 巡视兔群<br>对个别兔进行隔离并单独治疗 |
| | 11：00 | 吃午饭 |
| | 13：00 | 巡视兔群，加水 |
| | 16：00 | 备料，清理舍内卫生 |
| | 18：00 | 加料：每只饲喂 55 克 |
| | 20：00 | 加水：巡视兔群<br>每只喂青绿饲料 30 克 |
| | 21：00 | 休息 |

特别提示

● 注意随时检查饮水系统中是否有故障，导致兔群饮水不足；

● 如果饲喂颗粒饲料，在缺水的情况下，很容易因为吃进的饲料在突然得到恢复饮水后膨胀而死亡。

知识窗

◆ **专门化品系**

专门化品系一般分为父本品系和母本品系。

● 对于肉用兔品种来讲，父系的培育主要集中选育生长速度、饲料消耗比、产肉率和胴体品质等经济性状；母系则集中选育产仔数、泌乳力和哺育力等繁殖性能方面的性状；

● 对于皮用兔品种来讲，父系要求生长速度快，母系要求繁殖力高，同时，父系和母系都要求被毛品质好。

备注

育肥期 第18天

| ⏲ 时间记录 | _____年____月____日 |
|---|---|
| ☼ 天气记录 | 室外温度________℃<br>湿　　度________%<br>室内温度________℃<br>湿　　度________% |

| 日操作安排 | 时间 | 内容 |
|---|---|---|
| | 5：00 | 巡视兔群，做好相关记录<br>喂料：每只饲喂55克<br>饮水 |
| | 6：15 | 吃早饭 |
| | 8：00 | 清理舍内卫生 |
| | 9：00 | 巡视兔群<br>对个别兔进行隔离并单独治疗 |
| | 11：00 | 吃午饭 |
| | 13：00 | 巡视兔群，加水 |
| | 16：00 | 备料，清理舍内卫生 |
| | 18：00 | 加料：每只饲喂55克 |
| | 20：00 | 加水，巡视兔群<br>每只喂青绿饲料30克 |
| | 21：00 | 休息 |

第18天

特别提示

● 称测体重；

● 对于留种的进行个体评价，不合格的转入商品兔笼内，育肥屠宰。

知识窗

◆ **商品兔场的意义**

商品兔场的主要任务是以最经济的手段，获得大量优质、高产的兔产品。因而大多进行经济杂交，充分利用杂种优势，提高商品生产效率。

商品兔场内没有必要同时保持几个品种的纯种，可以直接购进杂种兔或从繁殖兔场获得母兔、从育种兔场获得公兔进行杂交，自繁自养商品兔，这是规模最大的一级生产组织。

备注

育肥期 第19天

| 时间记录 | ____年____月____日 |
| --- | --- |
| 天气记录 | 室外温度________℃<br>湿　　度________%<br>室内温度________℃<br>湿　　度________% |

日操作安排

|  |  |
| --- | --- |
| 5：00 | 巡视兔群，做好相关记录<br>喂料：每只饲喂60克<br>饮水 |
| 6：15 | 吃早饭 |
| 8：00 | 清理舍内外卫生 |
| 9：00 | 巡视兔群<br>对个别兔进行隔离并单独治疗 |
| 11：00 | 吃午饭 |
| 13：00 | 巡视兔群，加水 |
| 16：00 | 备料，清理舍内卫生 |
| 18：00 | 加料：每只饲喂60克 |
| 20：00 | 加水，巡视兔群<br>每只喂青绿饲料30克 |
| 21：00 | 休息 |

# 第19天 育肥期

| | |
|---|---|
| 特别提示 | ● 观察兔群，对出现的常规非病毒性疾病，要单独进行治疗；<br>● 一般不提倡全群投药。 |
| 知识窗 | ◆ **治疗疾病的方法**<br>● 注射法<br>有皮下注射、肌肉注射、静脉注射、腹腔注射和皮内注射等。<br>● 口服法<br>● 灌肠法<br>主要用于治疗便秘、毛球病等疾病。 |
| 备注 | |

育肥期

第20天

| ◷ 时间记录 | ____年____月____日 |
|---|---|
| ☼ 天气记录 | 室外温度________℃<br>湿　　度________%<br>室内温度________℃<br>湿　　度________% |

| 日操作安排 | | |
|---|---|---|
| | 5：00 | 巡视兔群，做好相关记录<br>喂料：每只饲喂 60 克<br>饮水 |
| | 6：15 | 吃早饭 |
| | 8：00 | 清理舍内外卫生 |
| | 9：00 | 巡视兔群<br>对个别兔进行隔离并单独治疗 |
| | 11：00 | 吃午饭 |
| | 13：00 | 巡视兔群，加水 |
| | 16：00 | 备料，清理舍内卫生 |
| | 18：00 | 加料：每只饲喂 60 克 |
| | 20：00 | 加水，巡视兔群<br>每只喂青绿饲料 30 克 |
| | 21：00 | 休息 |

第20天 育肥期

| | |
|---|---|
| 特别提示 | 合理准备和选用药物。 |
| 知识窗 | ◆ **蛋白质简介**<br>蛋白质是生命的重要物质基础，是兔体肌肉组织、毛组织、细胞膜、某些激素和全部生物活性酶的主要组成成分。<br>据分析，成年家兔体内约含18%的蛋白质。以脱脂干物质计，其粗蛋白质含量为80%。<br>蛋白质是一类含有碳、氢、氧、氮和硫的复杂有机化合物。这些物质在家兔体内有极其重要的生理功能，催化、调节体内各种代谢反应和过程，不能被饲料中的其他营养素所代替。家兔体组织蛋白质通过新陈代谢不断更新。据报道，家兔的体蛋白质大约经6～7个月就被更新。<br>蛋白质也是兔产品的原料，在兔肉中含量为22.3%，兔奶中含量为13～14%。 |
| 备注 | |

育肥期 第21天

| ⏲ 时间记录 | ____年____月____日 |
|---|---|
| ☼ 天气记录 | 室外温度________℃<br>湿　　度________%<br>室内温度________℃<br>湿　　度________% |

| 日操作安排 | | |
|---|---|---|
| | 5：00 | 巡视兔群，做好相关记录<br>喂料：每只饲喂60克<br>饮水：添加0.2%生态素 |
| | 6：15 | 吃早饭 |
| | 8：00 | 清理舍内外卫生 |
| | 9：00 | 巡视兔群<br>用1：700倍的“顶点”带兔消毒<br>对个别兔进行隔离并单独治疗 |
| | 11：00 | 吃午饭 |
| | 13：00 | 巡视兔群，加水 |
| | 16：00 | 备料，清理舍内卫生 |
| | 18：00 | 加料：每只饲喂60克 |
| | 20：00 | 加水，巡视兔群<br>每只喂青绿饲料30克 |
| | 21：00 | 休息 |

第21天 育肥期

| | |
|---|---|
| 友情提示 | 继续平稳增加饲料。 |
| 知识窗 | 国际营养科学协会及国际生理科学协会认为，热量的单位以焦耳（J）为单位更为准确。因此，将焦耳（J）作为热量的法定单位。焦耳与卡的换算关系为：<br>1卡（cal）＝4.184焦耳（J）<br>1千卡（kcal）＝4.184千焦（kJ）<br>1兆卡（Mcal）＝4.184兆焦（MJ） |
| 备注 | |

育肥期 第22天

| ⏲ 时间记录 | ____年____月____日 |
| --- | --- |
| ☼ 天气记录 | 室外温度______℃<br>湿　　度______%<br>室内温度______℃<br>湿　　度______% |

| 日操作安排 | | |
| --- | --- | --- |
| | 5：00 | 巡视兔群，做好相关记录<br>喂料：每只饲喂 65 克<br>饮水：添加 0.2%生态素 |
| | 6：15 | 吃早饭 |
| | 8：00 | 清理舍内外卫生 |
| | 9：00 | 巡视兔群<br>兔瘟二次免疫，1 毫升/只，颈部皮下注射<br>用 1∶600 倍的百毒杀带兔消毒<br>对个别兔进行隔离并单独治疗 |
| | 11：00 | 吃午饭 |
| | 13：00 | 巡视兔群，加水 |
| | 16：00 | 备料，清理舍内卫生 |
| | 18：00 | 加料：每只饲喂 65 克 |
| | 20：00 | 加水，巡视兔群<br>每只喂青绿饲料 30 克 |
| | 21：00 | 休息 |

第22天

育肥期

| | |
|---|---|
| 特别提示 | 如果是留种的兔子，要进行兔瘟第二次免疫，每只1毫升，颈部皮下注射。 |
| 知识窗 | ● 要充分根据本场的实际情况进行免疫程序的编制；<br>● 如果本场巴氏杆菌和波氏杆菌疾病严重，应在兔瘟疫苗注射后一周进行巴氏杆菌和波氏杆菌二联灭活苗的注射，每只1～2毫升。 |
| 备注 | |

育肥期 第23天

| ⏲ 时间记录 | ____年____月____日 |
|---|---|
| ☼ 天气记录 | 室外温度________℃<br>湿　　度________%<br>室内温度________℃<br>湿　　度________% |

日操作安排

|  |  |
|---|---|
| 5：00 | 巡视兔群，做好相关记录<br>喂料：每只饲喂65克<br>饮水：添加0.2%生态素 |
| 6：15 | 吃早饭 |
| 8：00 | 清理舍内外卫生 |
| 9：00 | 巡视兔群<br>用1∶500倍的灭菌可灵带兔消毒<br>对个别兔进行隔离并单独治疗 |
| 11：00 | 吃午饭 |
| 13：00 | 巡视兔群，加水 |
| 16：00 | 备料，清理舍内卫生 |
| 18：00 | 加料：每只饲喂65克 |
| 20：00 | 加水，巡视兔群<br>每只喂青绿饲料30克 |
| 21：00 | 休息 |

第23天 育肥期

重点提示

◆ **育肥兔子的管理**

● 考虑饲料的营养水平，保持环境的安静，以利于进行育肥；

● 可以在饲料中加入少量的大蒜素和木炭粉等，以利于促进食欲。

知识窗

◆ **矿物质简介**

矿物质是一类无机的营养物质，是兔体组织成分之一，约占体重的5%。

家兔体内矿物质种类很多，功能各异。其主要作用是作为机体结构的组成部分；调节渗透压；保持体内酸碱平衡；参与神经肌肉的兴奋性传导；是许多生物活性物质如酶、激素、维生素的组成成分。

实践证明，家兔虽然对矿物质的需要量很小，但矿物质营养缺乏却能给养兔生产带来很大损失。

按照家兔对矿物质生理需要量的大小，一般将矿物质分为常量元素（钙、磷、钾、钠、氯、镁和硫等）和微量元素（铁、锌、铜、锰、钴、碘、钼、硒等）。

备注

育肥期

# 第24天

| ⏲ 时间记录 | ____年____月____日 |
|---|---|
| ☼ 天气记录 | 室外温度________℃<br>湿　　度________%<br>室内温度________℃<br>湿　　度________% |

日操作安排

|  |  |
|---|---|
| 5：00 | 巡视兔群，做好相关记录<br>喂料：每只饲喂 65 克<br>饮水 |
| 6：15 | 吃早饭 |
| 8：00 | 清理舍内外卫生 |
| 9：00 | 巡视兔群<br>对个别兔进行隔离并单独治疗 |
| 11：00 | 吃午饭 |
| 13：00 | 巡视兔群，加水 |
| 16：00 | 备料，清理舍内卫生 |
| 18：00 | 加料：每只饲喂 65 克 |
| 20：00 | 加水，巡视兔群<br>每只喂青绿饲料 30 克 |
| 21：00 | 休息 |

第24天 育肥期

**特别提示**

● 加强舍内消毒；

● 供育肥的公兔，可考虑去势，以利于肌肉生长和脂肪积存，减少饲料的消耗。

**知识窗**

◆ **钠、钾和氯的简介**

钠和氯主要存在于细胞外液，而钾则存在于细胞内。三种元素协同作用保持体内的正常渗透压和酸碱平衡。钠和氯参与水的代谢，氯在胃内呈游离状态，和氢离子结合成盐酸，可激活胃蛋白酶，保持胃液呈酸性，具有杀菌作用。氯化钠还具有调味和刺激唾液分泌的作用。

植物性饲料中含钾多而钠和氯少，很少发生缺钾现象。当缺乏钠和氯时，幼兔生长受阻、食欲减退、出现异食癖等。

一般生产中，家兔日粮食盐水平以0.5%左右为宜，日粮中适宜的钾含量为0.6%～1.0%。

**备注**

育肥期 第25天

| ⏱ 时间记录 | ____年____月____日 |
|---|---|
| ☼ 天气记录 | 室外温度________℃<br>湿　　度________%<br>室内温度________℃<br>湿　　度________% |

| 日操作安排 | 时间 | 内容 |
|---|---|---|
| | 5：00 | 巡视兔群，做好相关记录<br>喂料：每只饲喂 70 克<br>饮水 |
| | 6：15 | 吃早饭 |
| | 8：00 | 清理舍内外卫生 |
| | 9：00 | 巡视兔群<br>对个别兔进行隔离并单独治疗 |
| | 11：00 | 吃午饭 |
| | 13：00 | 巡视兔群，加水 |
| | 16：00 | 备料，清理舍内卫生 |
| | 18：00 | 加料：每只饲喂 70 克 |
| | 20：00 | 加水，巡视兔群<br>每只喂青绿饲料 30 克 |
| | 21：00 | 休息 |

第25天

育肥期

**特别提示**

● 注意保证理想的育肥环境；

● 育肥环境尽可能安静、黑暗和温暖，饲养在小的笼子中，减少运动和光照。

**知识窗**

◆ **硫的简介**

硫在体内主要以有机形式存在，兔毛中含量最多。硫在蛋白质代谢中是含硫氨基酸的成分，在脂类代谢中是起重要作用的生物素的成分，也是碳水化合物代谢中起重要作用的硫胺素的成分，又是能量代谢中起重要作用的辅酶A的成分。

家兔能利用硫酸盐中的硫，并且植物性饲料也含有一定的硫。所以，家兔一般不会缺硫。但当家兔日粮中含硫氨基酸不足时，添加无机硫酸盐，可提高肉兔的生产性能和蛋白质的沉积。

**备注**

# 第26天

| ⏲ 时间记录 | ____年____月____日 |
|---|---|
| ☼ 天气记录 | 室外温度________℃<br>湿　　度________%<br>室内温度________℃<br>湿　　度________% |

| 日操作安排 | | |
|---|---|---|
| | 5：00 | 巡视兔群，做好相关记录<br>喂料：每只饲喂70克<br>饮水 |
| | 6：15 | 吃早饭 |
| | 8：00 | 清理舍内外卫生 |
| | 9：00 | 巡视兔群<br>对个别兔进行隔离并单独治疗 |
| | 11：00 | 吃午饭 |
| | 13：00 | 巡视兔群，加水 |
| | 16：00 | 备料，清理舍内卫生 |
| | 18：00 | 加料：每只饲喂70克 |
| | 20：00 | 加水，巡视兔群<br>每只喂青绿饲料30克 |
| | 21：00 | 休息 |

第26天 育肥期

**重点提示**

● 继续增加料量，促进生长速度，跟踪计算生长的料重比；

● 新西兰品种本阶段的料重比为3.0～3.3∶1。

**知识窗**

◆ **铜的简介**

铜作为酶的成分，在血红素和红细胞的形成过程中起催化作用。缺铜会发生与缺铁相同的贫血症。

家兔对铜的吸收仅为5%～10%，并且肠道微生物还将其转化成不溶性的硫化铜。过量的钼也会造成铜的缺乏症状，故在钼的污染区，应增加铜的补饲。

**备注**

育肥期 第27天

| ⏲ 时间记录 | ______年______月______日 |
|---|---|
| ☼ 天气记录 | 室外温度________℃<br>湿　　度________%<br>室内温度________℃<br>湿　　度________% |

| 日操作安排 | | |
|---|---|---|
| | 5：00 | 巡视兔群，做好相关记录<br>喂料：每只饲喂70克<br>饮水 |
| | 6：15 | 吃早饭 |
| | 8：00 | 清理舍内外卫生 |
| | 9：00 | 巡视兔群<br>对个别兔进行隔离并单独治疗 |
| | 11：00 | 吃午饭 |
| | 13：00 | 巡视兔群，加水 |
| | 16：00 | 备料，清理舍内卫生 |
| | 18：00 | 加料：每只饲喂70克 |
| | 20：00 | 加水，巡视兔群<br>每只喂青绿饲料30克 |
| | 21：00 | 休息 |

第27天

育肥期

**友情提示**

观察毛皮的长生情况，确定最佳的效益点屠宰。

**知识窗**

◆ **锌的简介**

锌作为兔体多种酶的成分而参与体内营养物质的代谢。缺锌时，家兔生长受阻，被毛粗乱，脱毛，皮炎，繁殖机能障碍。

据报道，母兔日粮锌的水平为2～3毫克时，会出现严重的生殖异常现象；仔兔吃这样的日粮，2周后生长停滞；当每克日粮含锌50毫克时，生长和繁殖恢复正常。

**备注**

# 育肥期 第28天

| 时间记录 | ____年____月____日 |
| --- | --- |
| 天气记录 | 室外温度________℃<br>湿　　度________%<br>室内温度________℃<br>湿　　度________% |

**日操作安排**

|  |  |
| --- | --- |
| 5：00 | 巡视兔群，做好相关记录<br>喂料：每只饲喂75克<br>饮水：添加0.2%生态素 |
| 6：15 | 吃早饭 |
| 8：00 | 清理舍内外卫生 |
| 9：00 | 巡视兔群<br>对个别兔进行隔离并单独治疗 |
| 11：00 | 吃午饭 |
| 13：00 | 巡视兔群，加水 |
| 16：00 | 备料，清理舍内卫生 |
| 18：00 | 加料：每只饲喂75克 |
| 20：00 | 加水，巡视兔群<br>每只喂青绿饲料50克 |
| 21：00 | 休息 |

第28天 育肥期

| 备忘录 | ● 继续增加饲料量；<br>● 育肥兔子停止所有的药物添加，净化准备屠宰。 |
| --- | --- |
| 知识窗 | ◆ **硒的简介**<br>硒是谷胱甘肽过氧化物酶的成分，和维生素E具有相似的抗氧化作用，能防止细胞线粒体的脂类氧化，保护细胞膜不受脂类代谢副产物的破坏。对生长也有刺激作用。<br>生产中硒的添加量目前尚未有可靠数据。家兔缺硒时，出现肝坏死、心肌炎、白肌病、肺出血等病症。 |
| 备注 | |

## 育肥期 第29天

| ⏲ 时间记录 | ____年____月____日 |
|---|---|
| ☼ 天气记录 | 室外温度________℃<br>湿　　度________%<br>室内温度________℃<br>湿　　度________% |

**日操作安排**

|  |  |
|---|---|
| 5：00 | 巡视兔群，做好相关记录<br>喂料：每只饲喂 75 克<br>饮水：添加 0.2%生态素 |
| 6：15 | 吃早饭 |
| 8：00 | 清理舍内外卫生 |
| 9：00 | 巡视兔群<br>对个别兔进行隔离并单独治疗 |
| 11：00 | 吃午饭 |
| 13：00 | 巡视兔群，加水 |
| 16：00 | 备料，清理舍内卫生 |
| 18：00 | 加料：每只饲喂 75 克 |
| 20：00 | 加水，巡视兔群<br>每只喂青绿饲料 30 克 |
| 21：00 | 休息 |

第29天

育肥期

特别提示

根据收购屠宰场的要求，进行停止喂药，净化药物残留。

知识窗

◆ **正确抓兔子的方法**

用一只手大把抓住颈后宽皮，轻轻提起，不要使兔群受到惊乱；另一只手托住兔的臀部。这样既不伤害兔子，也避免抓伤人。

备注

育肥期

第30天

| ⏲ 时间记录 | ____年____月____日 |
| --- | --- |
| ☼ 天气记录 | 室外温度________℃<br>湿　　度________%<br>室内温度________℃<br>湿　　度________% |

日操作安排

|  |  |
| --- | --- |
| 5：00 | 巡视兔群，做好相关记录<br>喂料：每只饲喂75克<br>饮水：添加0.2%生态素 |
| 6：15 | 吃早饭 |
| 8：00 | 清理舍内外卫生 |
| 9：00 | 巡视兔群<br>对个别兔进行隔离并单独治疗 |
| 11：00 | 吃午饭 |
| 13：00 | 巡视兔群，加水 |
| 16：00 | 备料，清理舍内卫生 |
| 18：00 | 加料：每只饲喂75克 |
| 20：00 | 加水，巡视兔群<br>每只喂青绿饲料50克 |
| 21：00 | 休息 |

第30天

育肥期

| 友情提示 | 达到要求的体重时，可以挑选屠宰。 |
| --- | --- |
| 知识窗 | ◆ **养兔场主要技术措施的“五化”**<br>● 兔子良种化；<br>● 饲料全价化；<br>● 设备标准化；<br>● 管理科学化；<br>● 防疫体系化。 |
| 备注 | |

育肥期

# 第31天

| ◷ 时间记录 | ____年____月____日 |
|---|---|
| ☼ 天气记录 | 室外温度________℃<br>湿　　度________%<br>室内温度________℃<br>湿　　度________% |

日操作安排

|  |  |
|---|---|
| 5：00 | 巡视兔群，做好相关记录<br>喂料：每只饲喂 75 克<br>饮水 |
| 6：15 | 吃早饭 |
| 8：00 | 清理舍内外卫生 |
| 9：00 | 巡视兔群<br>用 1∶700 倍的“顶点”带兔消毒<br>对个别兔进行隔离并单独治疗 |
| 11：00 | 吃午饭 |
| 13：00 | 巡视兔群，加水 |
| 16：00 | 备料，清理舍内卫生 |
| 18：00 | 加料：每只饲喂 75 克 |
| 20：00 | 加水，巡视兔群<br>每只喂青绿饲料 50 克 |
| 21：00 | 休息 |

第31天

育肥期

**特别提示**

不能屠宰的，继续在饮水中添加抗生素药物和抗球虫药物。

**知识窗**

◆ **饲养场的卫生防疫措施**

- 坚持自繁自养，加强检疫工作；
- 做好消毒工作；
- 做好隔离封锁工作；
- 灭鼠、杀虫、防狗猫；
- 尸体的焚烧处理。

**备注**

育肥期

第32天

| 时间记录 | ____年____月____日 |
| --- | --- |
| 天气记录 | 室外温度________℃<br>湿　　度________%<br>室内温度________℃<br>湿　　度________% |

日操作安排

|  |  |
| --- | --- |
| 5：00 | 巡视兔群，做好相关记录<br>喂料：每只饲喂 75 克<br>饮水 |
| 6：15 | 吃早饭 |
| 8：00 | 清理舍内外卫生 |
| 9：00 | 巡视兔群<br>用 1∶600 倍的百毒杀带兔消毒<br>对个别兔进行隔离并单独治疗 |
| 11：00 | 吃午饭 |
| 13：00 | 巡视兔群，加水 |
| 16：00 | 备料，清理舍内卫生 |
| 18：00 | 加料：每只饲喂 75 克 |
| 20：00 | 加水，巡视兔群<br>每只喂青绿饲料 50 克 |
| 21：00 | 休息 |

| | |
|---|---|
| 特别提示 | 注意仔兔的饮食卫生，采取有效的措施进行预防。 |
| 知识窗 | ◆ **碘的简介**<br>碘是甲状腺素的组成成分，是调节基础代谢和能量代谢、生长、繁殖不可缺少的物质。缺碘具有地方性。缺碘发生代偿性甲状腺增生和肿大。母兔缺碘时产下的仔兔体弱或者死胎。<br>家兔对碘的需要量尚无确切数据。一般每千克日粮中最少含0.2克。在缺碘地区，应注意添加碘或使用碘盐。 |
| 备注 | |

育肥期 第33天

| ⏱ 时间记录 | ____年____月____日 |
|---|---|
| ☼ 天气记录 | 室外温度______℃<br>湿　　度______%<br>室内温度______℃<br>湿　　度______% |

| 日操作安排 | 时间 | 内容 |
|---|---|---|
| | 5：00 | 巡视兔群，做好相关记录<br>喂料：每只饲喂 75 克<br>饮水 |
| | 6：15 | 吃早饭 |
| | 8：00 | 清理舍内外卫生 |
| | 9：00 | 巡视兔群<br>用 1∶500 倍的灭菌可灵带兔消毒<br>对个别兔进行隔离并单独治疗 |
| | 11：00 | 吃午饭 |
| | 13：00 | 巡视兔群，加水 |
| | 16：00 | 备料，清理舍内卫生 |
| | 18：00 | 加料：每只饲喂 75 克 |
| | 20：00 | 加水，巡视兔群<br>每只喂青绿饲料 50 克 |
| | 21：00 | 休息 |

第33天

育肥期

友情提示

加强出栏的准备工作。

知识窗

◆ **维生素E的简介**

维生素E，又称抗不育维生素，维持家兔正常的繁殖所必需。与微量元素硒协同作用，保护细胞膜的完整性，维持肌肉、睾丸及胎儿组织的正常机能，具有对黄曲霉毒素、亚硝基化合物的抗毒作用，并且维生素E的抗氧化作用可保护维生素A免受氧化。

家兔对维生素E缺乏非常敏感。当其不足时，导致肌肉营养性障碍，即骨骼肌和心肌变性、运动失调、瘫痪，还会造成脂肪肝及肝坏死，繁殖机能受损，母兔受胎率降低，不孕，死胎和流产，初生仔兔死亡率增高，公兔精液品质下降。

另据报道，肝球虫病与维生素E储备量低有关。当普遍感染肝球虫病时，应添加高水平维生素E，其最低推荐量为每千克体重0.32毫克。

备注

育肥期

# 第34天

| | |
|---|---|
| 时间记录 | ____年____月____日 |
| 天气记录 | 室外温度________℃<br>湿　　度________%<br>室内温度________℃<br>湿　　度________% |

日操作安排

|  |  |
|---|---|
| 5：00 | 巡视兔群，做好相关记录<br>喂料：每只饲喂75克<br>饮水 |
| 6：15 | 吃早饭 |
| 8：00 | 清理舍内外卫生 |
| 9：00 | 巡视兔群<br>对个别兔进行隔离并单独治疗 |
| 11：00 | 吃午饭 |
| 13：00 | 巡视兔群，加水 |
| 16：00 | 备料，清理舍内卫生 |
| 18：00 | 加料：每只饲喂75克 |
| 20：00 | 加水，巡视兔群<br>每只喂青绿饲料50克 |
| 21：00 | 休息 |

第34天



**特别提示**

出栏前调整兔群，对于不健康的和发育不良的育肥兔要进行隔离处理或延期出栏。

**知识窗**

◆ **通过耳朵来判断幼兔健康的方法**

● 耳朵颜色

通过耳朵的颜色可以判断出幼兔的健康状况。耳色桃红色，表明营养良好；耳色苍白或暗淡，则说明营养不良或有慢性疾病。

● 耳朵温度

耳朵的温度也可以说明健康状况。耳温过高或过低，均属病态。

**备注**

# 第35天

| ◷ 时间记录 | ____年____月____日 |
| --- | --- |
| ☼ 天气记录 | 室外温度________℃<br>湿　　度________%<br>室内温度________℃<br>湿　　度________% |

日操作安排

|  |  |
| --- | --- |
| 5：00 | 巡视兔群，做好相关记录<br>喂料：每只饲喂75克<br>饮水 |
| 6：15 | 吃早饭 |
| 8：00 | 清理舍内外卫生 |
| 9：00 | 巡视兔群，逐只进行称重，对留种的进行体尺、体长的测定<br>对个别兔进行隔离并单独治疗 |
| 11：00 | 吃午饭 |
| 13：00 | 巡视兔群，加水 |
| 16：00 | 备料，清理舍内卫生 |
| 18：00 | 加料：每只饲喂75克 |
| 20：00 | 加水，巡视兔群<br>每只喂青绿饲料50克 |
| 21：00 | 休息 |

第35天 育肥期

**备忘录**

- 70 日龄，育肥兔子出栏屠宰；
- 选出体重、外观性状、健康状况、上一代生产水平优秀的个体留作后备种兔；
- 对体重较轻但健康或有轻微疾病但可以治疗恢复的小兔，可以进行继续饲养育肥 7～14 天再屠宰。

**知识窗**

◆ **70 日龄体重标准**

- 中小型品种2 200～2 400克；
- 大型品种2 500～2 700克。

**备注**

# 应急技巧篇

ROUTU RICHENG GUANLI JI YINGJI JIQIAO


一、传染病发生前处理 …… 269
二、传染病发生时处理 …… 270
三、传染病发生后处理 …… 272
四、突然死亡处理 …… 274
五、流产死胎处理 …… 275
六、难产处理 …… 277
七、阴道脱处理 …… 278
八、子宫脱处理 …… 279
九、煤气中毒处理 …… 281
十、惊群处理 …… 282
十一、牙齿错位处理 …… 283
十二、食仔处理 …… 284
十三、冻僵处理 …… 285
十四、高温处理 …… 286
十五、高湿处理 …… 289
十六、降温处理 …… 291
十七、中暑处理 …… 292
十八、换料处理 …… 293
十九、饲料中毒处理 …… 295
二十、用药失误处理 …… 297
二十一、停电处理 …… 298

# 一、传染病发生前处理

当周围兔场已经发生某种传染性疾病且正在扩散，而本场尚未发生时，应采取应急措施：

**1. 封锁兔场** 全场饲养人员和管理人员不准出入兔场，外界人员不可进入兔场。特别是那些收购兔皮、兔肉或活兔的商贩，更不准进入兔场乃至靠近兔场。直到传染病的警报解除。

**2. 严格消毒** 对兔场的门口、兔舍、笼具等进行彻底消毒。针对流行性传疾病的性质，选用不同的消毒药物或几种药物交替使用，物理、化学和生物学方法联合使用。

**3. 加强生物性传播的防范** 有些病原菌是由苍蝇、蚊子、老鼠、鸟类等生物性传播。在此期间，加强防范，消灭蚊蝇和老鼠，驱除鸟类，防止狗、猫等家养动物的闯入等。

**4. 紧急免疫接种** 针对流行病的种类，对于接近免疫期的兔子或经过分析认为免疫不可靠的兔子，重点进行一次免疫接种，以确保兔群安全。

**5. 紧急药物预防** 有些流行的疾病没有疫苗预防的情况下，选用适当的药物进行紧急预防。如巴氏杆菌病，没有十分理想的疫苗进行预防，可选用适当的抗菌药物进行紧急预防，效果良好。

**6. 增强免疫** 在此期间，兔群饲料或饮水中添加一定的免疫增效剂，以提高群体的免疫力。如维生素类、中草药类和核酸类等。

## 二、传染病发生时处理

应急技巧篇

当兔场不可避免地发生了传染性疾病，为了减少损失，避免对外的传播，应采取相应的措施：

**1. 隔离封锁** 立即检查所有家兔，把兔群分成病兔、可疑兔和假定健康兔三部分。所谓病兔，即具有明显临床症状的家兔，对其进行单独或集中隔离观察，由专人饲养并进行有效治疗。若仅有少数病兔，不宜治疗，坚决予以处理掉——深埋或焚烧。

可疑兔，即临床症状不明显，但与病兔有接触或者环境受到污染，也可能在潜伏期的兔。有排毒（菌）的可能，应限制其活动，进行观察和预防性治疗。观察1～2周后，未见发病，可解除限制。

假定健康兔，即一切正常的家兔，因其周围已经有病兔出现，仍然应做好预防和消毒工作。

**2. 及时诊断** 迅速通过临床诊断、病理学诊断、微生物学检查、血清学试验等，尽快确诊疾病。

**3. 严格消毒** 在隔离的同时，对兔场的里里外外进行彻底消毒。尤其是被病兔污染的环境、与病兔接触的工具及饲养人员，也应作为消毒的重点。对死兔进行深埋或无害化处理。

**4. 紧急免疫接种** 为了尽快控制病情和扑灭疫病流行，对受到威胁的兔群进行紧急免疫接种。通过接种，可使未感染的兔获得抵抗力，降低发病兔群的死亡损失，防止疫病向周围蔓延。紧急预防接种时，兔场所有兔群普遍进行，使兔群获得一致的免疫力。为了提高免疫效果，疫苗剂量可加倍使用。在潜伏期的兔子紧急接种后会出现死亡，但经观察几天后死亡会很快下降，病情得到控制。

**5. 紧急药物治疗** 对病兔和疑似病兔进行对症药物治疗。可选用抗生素和化学药物，有条件的兔场可使用高免血清治疗。用于紧急治疗的剂量要充足，对个别病兔可选用注射或口服的方法，对大群可选用饮水或拌料的措施。

**6. 干扰素治疗** 对于病毒性疾病，在没有高免血清的情况下，可选用注射干扰素，以干扰病毒的复制，控制病情发展。等待病情控制后，再进行疫苗注射。

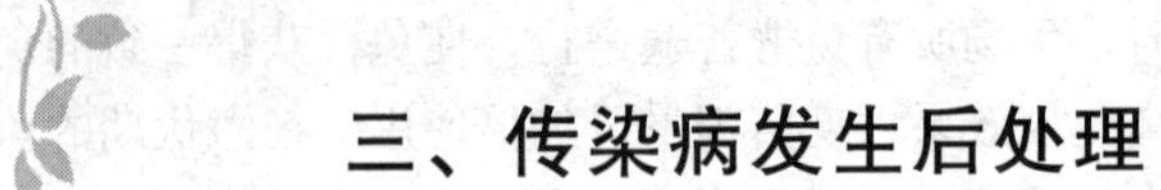

## 三、传染病发生后处理



一场传染性疾病发生以后，如果本场没有被传染，可解除封锁，开始正常工作。如果本场发生了传染性疾病，并被扑灭，需要做好以下工作：

**1. 总结经验教训** 传染性疾病尽管被扑灭，应认真总结经验教训。疫病发生是预防制度问题，还是疫苗问题，或免疫程序问题，或注射问题？如果是制度问题，主要漏洞在哪儿？应该如何弥补和完善？如果是疫苗有问题，那么是疫苗生产问题，还是保存问题？如果是免疫程序问题，应怎样进行改进？如果是注射问题，是注射剂量问题，还是注射时间问题或部位问题？或注射方法问题？是责任心问题，还是技术问题等。传染性疾病被扑灭，采取的主要措施是什么？这些措施是否得力？是否有改进和提高的余地？如果下次再发生类似事件，应该如何应对？等等。通过认真总结，为今后工作的完善和处理类似应急事件奠定基础。

**2. 整顿兔群** 经过一场传染性疾病，兔群受到一次锻炼和考验。有些种兔表现良好，有些表现一般，有些表现较差。这是抗病力选种的最好时机。将那些抗病力较强的种兔作为重点培育对象；有些种兔尽管没有死亡，但受到较大的损伤，种用价值不大或丧失，应进行清理淘汰；对核心群重新组合，以尽快提高群体品质。

**3. 加强消毒** 传染性疾病虽然被扑灭，但兔场不可避免地存留病原菌。消毒工作不可放松。应对整个兔场进行一次严格的大消毒，特别是对于病兔、死兔的兔笼、排泄物和污染物，以及其周围环境，更应彻底消毒，以防后患。

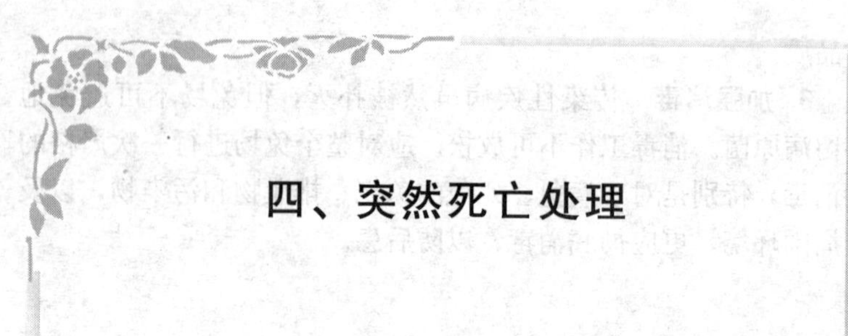

# 四、突然死亡处理



兔场中个别家兔突然死亡，应引起高度重视。

首先，进行认真诊断，弄清疾病种类和性质。如果是普通性疾病，可做一般处理。如果怀疑是传染性疾病，请有经验的兽医进一步确诊，或到权威机构进行实验室诊断。

其次，立即进入紧急预防状态。进行消毒、隔离和认真观察，注视病情发展。

第三，妥善处理病死兔。死兔严禁乱仍，应进行深埋或焚烧。

第四，对大群进行针对性预防。根据具体情况使用药物，或补注疫苗或使用免疫增强剂。

有些兔场随意处理突然死亡的兔子，认为兔场死兔是很正常的事情，无需大惊小怪。这样做是很危险的。尽管兔场死兔是经常发生的事情，应搞清病情，区别对待。尤其是对于疑似传染性疾病，务必引起高度重视。

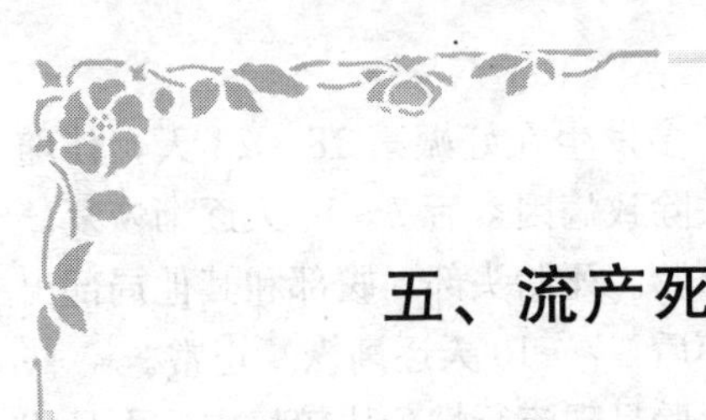

# 五、流产死胎处理



兔群中偶尔发生流产和死胎，可能不会引起人们的注意。如果发生的数量较多，必须引起高度重视。

**1. 病因调查** 从以下几个方面入手深入调查：流产发生的时间，即妊娠时间。是妊娠早期或是中期或后期流产；流程，即突然发生流产还是断续发生；流产发生时的营养水平、饲料配方和原料质量；流产发生时或之前的用药情况、疫苗注射情况；传染病流行情况；人员变动情况和外地人员的参观情况；发生流产和死胎母兔与与配公兔的血缘关系情况；天气情况、机械损伤和其他应激因素情况；母兔的笼位位置关系，是无规则分布还是相邻笼具发生的比例较多等。通过以上因素的分析，初步判断流产和死胎的主要原因。

**2. 病因排除** 病因确定之后，可酌情采取措施。生产中，发生大批流产和死胎的原因主要有：

第一，维生素 A 和维生素 E 缺乏性流产。多伴随受胎率低、产值数少和产死胎现象。流产时间不定，早晚都有。仔兔眼睛发育受阻，出现无眼球现象。补充相应的维生素后 1～2 周即可恢复正常。

第二，发霉饲料中毒性流产。伴随更多的死胎。妊娠期基本结束，产出的死胎腹部多为灰黑色，溃烂。更换新鲜饲料 10 天后恢复正常。

第三，棉酚中毒性流产。多发生在妊娠第18～23天，伴随受胎率低、死胎和畸形胎。去除致病因素后7～10天逐渐恢复。

第四，喹乙醇性流产和死胎。死胎头部、腹部和其他局部出现青紫色。饲料中去除喹乙醇后，7～10天逐渐恢复正常。

第五，传染病性流产和死胎呈现流行性，比较集中，而且相邻笼具内的妊娠母兔相继发生，具有明显的传染性特征。使用相应的抗菌药物后，很快控制病情。

第六，近亲性流产和死胎，配偶之间有较近的亲缘关系，除了流产和死胎以外，出现明显的畸形胎儿。重新选择无亲缘关系的配偶交配，这些现象立即改善。

第七，机械或惊吓性流产和死胎。发生的比较集中，有明显的应激史，多出现强烈应激的当天或次日。几日后自行消除。

**3. 兔群处理** 第一，对已经流产的母兔，立即注射脑垂体后叶素0.3毫升，促使排出全部胎儿，防止胎儿滞留体内造成母兔败血症。以0.1%的高锰酸钾冲洗阴道，肌肉注射或口服一定的抗菌药物，防止继发感染疾病。饲喂少量的营养价值较高而容易消化的饲料，并让母兔安静休息，以尽快恢复健康。

第二，对出现流产征兆但没有发生流产的母兔，尽力保胎。可肌肉注射黄体酮1毫升，复合维生素0.5毫升。如果有出血症状，加注仙鹤草及维生素K各1毫升。

第三，流产物和死胎的处理。清除流产的胎儿及其附属物，进行深埋。同时，对笼具及其污染环境彻底消毒。

第四，母兔处理之后，7～10天身体恢复健康，立即配种。如果屡配不孕，应予以淘汰。

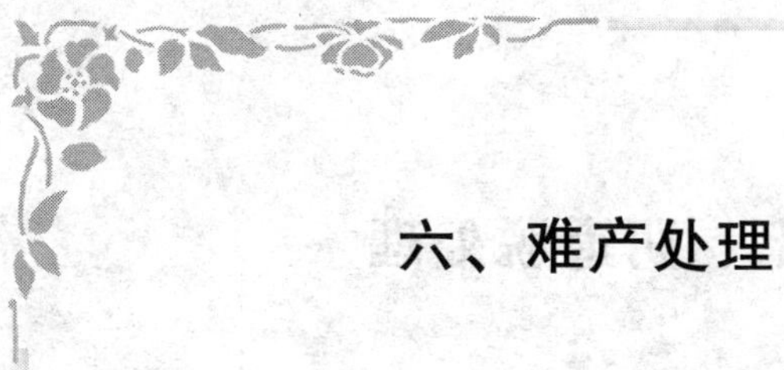

# 六、难产处理

母兔在分娩过程中，胎儿不能顺利地被娩出。如果不及时妥善处理，很可能导致胎儿或母子的死亡。

难产的原因主要有三：

一是产力不足。由于饲料营养不平衡，母兔过肥或过瘦，或由于频密繁殖、天气炎热、疲劳或分娩时外界因素的干扰等，造成母兔分娩时子宫收缩无力。

二是产道异常。如母兔年龄过小；骨盆狭窄或骨盆变形；产道发育不良等。

三是胎儿异常。如怀胎数少导致胎儿体重过大，胎儿活力不足、畸形，胎位不正等，均可导致难产。

难产的处理：产力不足，可肌肉注射催产素5～10单位；骨盆狭窄或胎儿过大以及胎位不正，可局部消毒，子宫内注入温肥皂水或润滑剂，用手指或助产器校正胎位，然后将胎儿拉出。拉出困难时，应剖腹取胎。剖腹产时，取侧卧保定，在耻骨前沿腹正中线或最后肋骨后肷部切开，术部应剃毛，用75%酒精或0.1%新洁尔灭消毒，0.5%盐酸普鲁卡因液局部浸润麻醉，切开腹壁，取出子宫，并用大纱布围绕与腹壁隔离，切开子宫取出胎儿及胎衣。清洗消毒，缝合，还纳子宫，按常规方法缝合腹膜及皮肤。术后用抗生素3～5天，加强管理，饲喂新鲜青草和少量容易消化的精饲料，经过一周即可拆线。

# 七、阴道脱处理



阴道壁的一部分或全部脱出于阴门之外称为阴道脱，多发生于产后的母兔。如不及时处理，很容易造成阴道破溃、感染，从而造成母兔失去繁殖能力，乃至死亡。

阴道脱出的原因是固定阴道的组织及阴道壁本身松弛，加之腹内压过高。母兔年龄大，营养不良、钙盐缺乏、运动不足、胎儿过大、胎水过多、剧烈腹泻、体质瘦弱、难产时助产不当等，均可导致阴道脱。应针对以上原因采取相应的预防措施。

发生阴道脱后，如果局部脱出，可用0.5%高锰酸钾水溶液或0.1%新洁尔灭液或3%明矾水清洗消毒，提起后肢，慢慢复位。若黏膜发生水肿，首先用针刺破水肿黏膜，挤压使其液体排出，再用1%明矾水冷敷，最后进行整复。在此过程中，将母兔后躯抬高，用消毒纱布将脱出的阴道托起，缓慢地由下至上向里送；如果阴道脱出，黏膜出现大面积坏死，可进行黏膜下切除术。重者可整复后在阴门周围做荷包缝合。手术后用抗生素3～5天，同时服用补中益气的中药，有良好效果。

# 八、子宫脱处理

母兔子宫角的一部分或全部翻转于阴道内（子宫内翻），或子宫翻转并脱垂于阴门之外（完全脱出），称为子宫脱。如果不及时处理，子宫被污染或摩擦而出血，进而水肿、干裂、糜烂、化脓或坏死，继发感染而引起败血症死亡。即便没有死亡，多失去繁殖能力而被淘汰。

母兔子宫脱常发生在分娩后 1 天之内，其病因主要有：母兔衰老，胎次过多，体质虚弱，运动不足，胎水过多，胎儿过大过多，致使子宫肌收缩力减退或子宫肌过度伸张而弛缓是导致本病的主要原因；分娩时，如阴道受到强烈刺激，产后努责强烈或难产和胎衣不下，造成腹压过高，容易发生子宫脱；难产时，产道干燥，子宫紧包胎儿，未注入润滑剂即强行拉出时，或拉出速度太快，造成腹腔负压，子宫随胎儿翻出阴门之外；胎衣不下、便秘、腹泻、疝痛引起腹压增大，强烈努责时也可引起子宫脱。

发现子宫脱，应立即手术处理。首先，用 0.1%高锰酸钾或雷佛奴尔溶液清洗脱出的子宫，并顺毛擦拭肛门和阴道周围的被毛。手指消毒后放在脱出子宫的四周和顶端，加适当压力，慢慢将腹水压回腹内，片刻子宫体变小，用食指顺着脱出子宫体上的脱出口，将子宫缓缓送入阴门，用食指或消毒的钢笔筒在阴道内上下左右微作摆动，使子宫完全复位。必要时可提起母兔两后肢，抖动两下，或让母兔挣扎几下。术后放入少量的青霉素粉，以消炎杀菌，并精心护理。对体温升高有全身反应者，可注射抗生素药物。对整复后仍然继续努责的病兔，可采取局部麻醉或缝合阴门加以固定等方法防止再次脱出。

术后立即肌肉注射青霉素 20 万单位和链霉素 25 万单位，每天 2 次，连用 3 天；同时，静脉注射 10％葡萄糖液 10 毫升、维生素 C250 毫克、复方氯化钠 20 毫升，每天 1 次，连用 3 天。

# 九、煤气中毒处理



煤气中毒即一氧化碳中毒，寒冷季节兔舍以煤火取暖不当所致。

一氧化碳（CO）为无色、无味、无刺激性气体。其与血红蛋白的亲和力要比氧与血红蛋白的亲和力大200～300倍，而碳氧血红蛋白的解离却比氧合血红蛋白慢3 600倍。所以，一氧化碳一经吸入，即与氧争夺同血红蛋白的结合，碳氧血红蛋白形成后不易分离，使机体急性缺氧。

轻度中毒，表现羞明流泪、呕吐、咳嗽，心动疾速，呼吸困难；重度中毒，出现昏迷，知觉障碍，反射消失，步行不稳，后躯麻痹，可视黏膜呈桃红色，也可呈苍白或发绀，体温升高，以后下降，呼吸急促，脉细弱，四肢瘫痪或出现阵发性肌肉强直及抽搐，瞳孔缩小或放大。伴随中枢神经系统的损害，患兔陷入极度昏迷状态，便秘、尿失禁，痉挛，呼吸麻痹。如不及时治疗，很快死亡。

生产中发现，出生仔兔对一氧化碳中毒最为敏感，而往往被人们忽视。人和成年家兔都没有任何反应，而刚刚生下的仔兔很快死亡。基本上是全窝死亡，一个不剩。

发生以上情况，应立即将患兔转移到安全地带，严重患兔静脉注射10%葡萄糖10毫升加维生素C 1毫升。成年兔可耳静脉放血。认真检查煤火供温系统，封堵漏洞，以防类似事件再次发生。

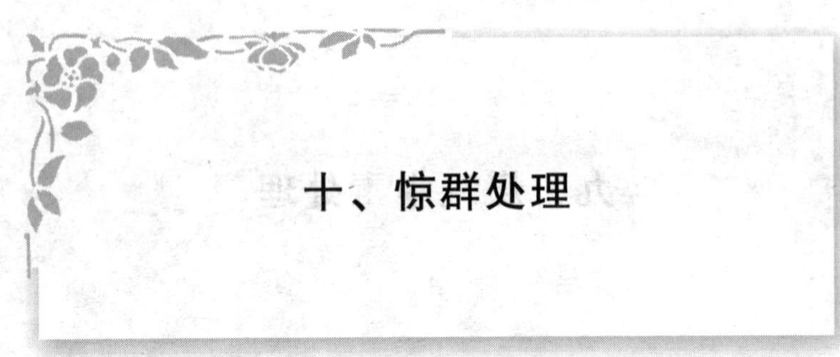

# 十、惊群处理



家兔胆小怕惊，是由其生物学特性决定的。任何年龄的家兔都容易受到外界应激因素的影响而受到惊吓，尤其是噪声、强光和动物的闯入。怀孕母兔受到惊吓，往往发生流产；泌乳母兔拒绝哺乳，仔兔和幼兔精神系统发育不健全，受到惊吓之后，轻者影响采食和生长，有“一次惊场，三天白养”之说，严重者容易继发其他疾病。如果兔场出现了应激因素导致家兔受到惊吓，可酌情采取措施。

对于受到惊吓的兔群，饮水中添加适量的电解多维，并添加适量的维生素 C，严重者可酌情添加一些镇静剂，如盐酸氯丙嗪、安定等；兔舍的窗户安装窗帘折光；禁止非饲养员进入兔舍，在饲喂之前，最好播放轻音乐，声音小而轻柔，以缓解紧张状态；对于有流产征兆的怀孕母兔，可注射黄体酮 1 毫升，复合维生素 0.5 毫升。如出现出血症状，加注仙鹤草及维生素 K 各 1 毫升；对于泌乳母兔，可实行母仔分养，人工看护哺乳，连续 3 天。如果没有发生食仔现象，可恢复正常；对于大群，尤其是断乳后的幼兔，饮水中加入 0.2%的微生态制剂，预防因应激造成的肠道菌群失调。

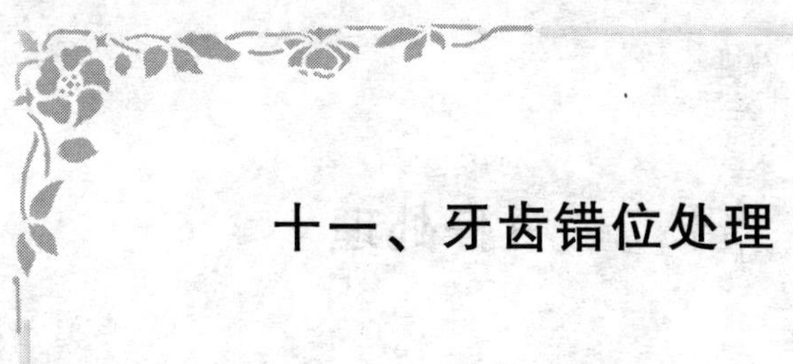

# 十一、牙齿错位处理

牙齿错位属于畸形齿，大多是遗传因素引起，在规模较小的近亲兔群发生率较高。

正常情况下，家兔的第一上门齿和第二上门齿与下门齿交互咬合，通过采食饲料时的相互磨损，保持牙齿相对稳定的长度。当有害基因配对时，上下门齿不能相互咬合，使之得不到应有的磨损，向内或向外徒长。在正常情况下，上下门齿年可生长10～12.5 厘米。如向内卷曲，可戳破牙龈、嘴唇黏膜，引起溃疡和糜烂；如向外伸出，影响采食和咀嚼，造成营养不良，最终消瘦饥饿而死。

由于该病主要是遗传因素引起，因此，凡有此病症的家兔一律不可种用。对患兔可用铁钳子将畸形的牙齿与牙床平齐处剪断，让其恢复采食，育肥后作为商品兔处理。

## 十二、食仔处理



爱仔护仔是动物的一种本能，家兔也不例外。但是，生产中有时发生母兔残食自己亲生仔兔的现象，称作食仔癖。

食仔的原因众说纷纭，比如缺水口渴、矿物质缺乏、维生素不足、蛋白质含量低、异味刺激、噪音干扰等。根据笔者大量的生产调查研究，以上原因可能为食仔的诱因，但最主要原因在于环境应激。如产仔期间受到噪音、动物闯入、陌生人干扰、雷电等刺激，造成神经错乱而出现反常现象。此外，如果产了死胎，母兔错误地认为是胎盘而将死胎吃掉，尝到了“吃肉”的甜头，随即将活的仔兔吃掉。此后，便形成了食仔癖。

出现食仔现象，应立即将母仔分开，每天定时人工监护哺乳，直到小兔开眼为止。下次母兔产仔时，采取人工催产的方法，在人工监护下产仔，同时实行人工监护哺乳。如果该母兔生产性能一般，可将其淘汰。

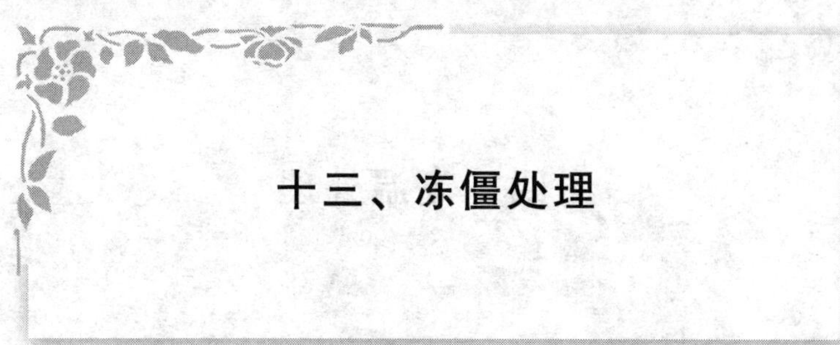

## 十三、冻僵处理

仔兔体温调节机能不健全，需要较高的温度（初生 1～3 天最适宜的温度是 33～35℃）。如果温度低，轻者影响生长发育，重者造成冻僵和死亡。生产中出现冻僵的事件屡见不鲜。尤其是个别仔兔离开了全窝小兔，或哺乳时被母兔带出巢箱即吊奶，如不及时发现，很容易被冻僵或冻死。

发现仔兔被冻僵，不可扔掉，应及时进行抢救。即将仔兔放在 35℃左右的温水里，头部向上，露出口和鼻子，手轻轻握住小兔在水中晃动，很快小兔苏醒，皮肤红润，并不停蹬动。然后，将小兔取出，用干净的毛巾擦净身上的水分，将其放入产箱内，与其他仔兔混在一起即可。

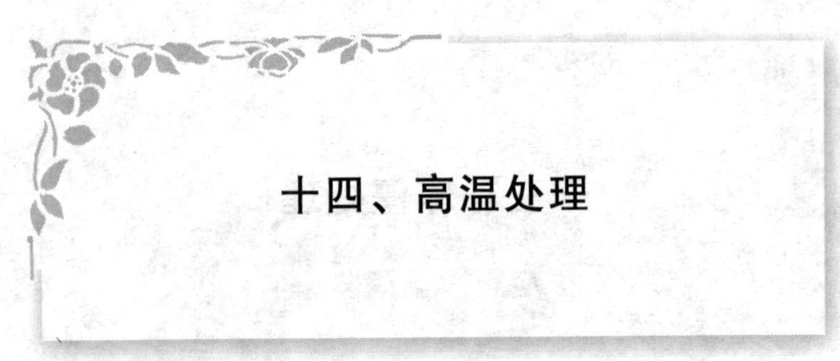

# 十四、高温处理



家兔耐寒怕热，防暑降温是夏季管理的重点工作。但是，在没有提前准备的情况下，如果环境突然升温，使兔舍温度在33℃以上，就应采取应急措施。

**1. 舍顶喷水** 兔舍内的热量很大部分来自兔舍顶部的太阳辐射热。特别是那些家庭简易兔舍和较低矮的兔舍，舍顶薄，隔热能力差，容易被阳光晒透，使舍内温度骤然升高。采取舍顶喷水措施，通过水分的蒸发降低温度，其效果良好。美国一些简易兔舍，夏季在兔舍顶脊部通一根水管，水管的两侧均匀钻很多小孔，使之往两面自动喷水，是很有效的降温方式。

**2. 加强通风** 加强舍内人工强制通风，将热量尽快排出舍外，是降低兔舍内温度较有效的措施。在没有安装通风设备的兔场，应加强自然通风。打开所有的门窗。当自然通风不能满足要求时，必须安装风扇。在有条件的兔场，采取纵向通风和湿帘相结合，是较理想的降温方式。

**3. 舍内喷水** 当其他措施不能尽快奏效时，在采取舍内喷水的方式进行应急降温。在舍内地面进行泼水，空气中喷水，同时加强通风，以水分的蒸发将热量带走，降低舍内温度。

**4. 投降温石** 对于小规模兔场，种兔数量不多的情况下，可将石头放在冷水里，然后取出，投放在种兔的笼内。种兔很快将身体贴近温度较低的石头，通过传导散热。

**5. 铺反光膜** 用于农业上的放光膜对于反射太阳光有很好效果。可在兔舍顶部铺一层反光膜，将直射到兔舍顶部的太阳光放射到太空，以降低兔舍接受的太阳光。根据笔者试验，铺反光膜后，在晴朗的中午兔舍内的温度可降低2～3℃。

**6. 拉遮阳网** 在兔舍的顶部和向阳面的前部高出舍顶50厘米处，拉一层遮阳网，遮光率达到70%，也是有效的降温方式。

**7. 降低密度** 在兔舍和笼具允许的情况下，可降低饲养密度。尤其是将多层兔笼单层饲养，使上层笼的兔子转移到下层。

**8. 自由饮水** 增加饮水量，提高排尿量和呼气量，加强血液循环，也是缓解高温必不可少的措施。为了提高防暑效果，可在饮水中加入电解多维，可提高抗热应激能力；也可在水中加入1%的食盐；为了预防消化道病，可在饮水中添加生态素或一定的抗菌药物（如环丙沙星等）；为了预防球虫病，可让母兔和仔、幼兔饮用0.01%～0.02%的稀碘液。

**9. 合理喂料** 一是喂料的时间方面作适当改动，采取“早餐早，午餐少，晚餐饱，夜加草”，把一天饲料的80%安排在早晨和晚上。由于中午和下午气温高，家兔没有食欲，应让其好好休息，即便喂料，它们也多不采食。

二是饲料的种类方面也应适当调整。增加蛋白含量，减少能量比例，尽量多喂青绿饲料。在阴雨天，为了预防腹泻，可在饲料中添加1%～3%的木炭粉。

三是在喂料方法上相应变更。如果为粉料湿拌，加水量应严格控制，少喂勤添，一餐的饲料分两次添加，防止剩料发霉变质。

**10. 增加抗热应激制剂** 试验和生产实践证明，使用一些抗热应激制剂，对于缓解高温影响是非常有效的。比如，在饲料或饮水中增加维生素C、添加有机铬、中草药抗热应激制剂、微生态制剂（如河北农业大学山区研究所研制的生态素）等，均有较好效果。

**11. 转移兔群** 在没有其他防暑降温条件或其他措施不能有效降温时，对于小规模兔场，可将种兔转移到温度较低的地方，如山洞、地下室等。

**12. 搞好卫生** 高温期家兔的消化道疾病较多，主要原因在于饲料、饮水和环境卫生没有跟上。特别是要消灭苍蝇、蚊子和老鼠。笼底板应保持干净，如果发现个别兔子发生肠炎，污染了底板，应及时清理和消毒。兔舍的窗户上面应安装窗纱，涂长效灭蚊蝇药物。加强对饲料库房的管理，防止老鼠污染料库。定期对饮水消毒也是必要的。

# 十五、高湿处理

家兔具有喜干燥、怕潮湿、喜干净、怕污浊的习性。短时高湿对家兔影响不明显，但如果长时间高湿，不仅影响家兔的生产性能，而且容易诱发其他疾病，对兔群健康形成威胁。高湿来自内、外两个因素，外部因素是大气湿度高，如连续阴雨；内部因素来自家兔粪尿的蒸发、饮水器具滴水和无谓泼水。应采取一定措施，缓解高湿带来的负面影响。

**1. 加强通风** 通过通风降低兔舍内的湿度，保持较干燥的环境。

**2. 勤除粪尿** 粪尿在兔舍内的堆积是造成高湿度和空气污浊的主要原因，尤其是在高湿季节。在这样的情况下，兔舍勤打扫，粪尿勤清理。

**3. 减少无谓水源** 滴水的饮水器应及时修理或更换；水盆里的剩水要集中处理，不要倒入兔舍内的地面或粪沟内；尽量避免喷雾消毒，可采取火焰消毒方式等。

**4. 勤换垫草** 高湿环境，使产箱内的垫草吸潮，有利于病原微生物的孳生。采取勤换垫草、定时消毒的方法，缓解这一矛盾。

**5. 铺吸潮垫料** 小规模兔场，在条件允许的情况下，可在兔舍内铺吸湿性较强的材料，以缓解舍内高湿度。比如干沙、白灰或垫草等。

**6. 预防疾病** 在高湿度环境下，容易诱发腹泻病、体内外寄生虫病、皮肤真菌病和饲料发霉造成的中毒性疾病等。应有针对性地加强防范。比如，为了预防腹泻病，可在饲料或饮水中添加微生态制剂，在饲料中配合一定的高粱或木炭粉等；提前用药驱虫和预防皮肤真菌病；饲料不要储存时间过长，减少储存期，保持饲料的新鲜；饲料储存在架子上，离开地面和墙壁，防止返潮等。

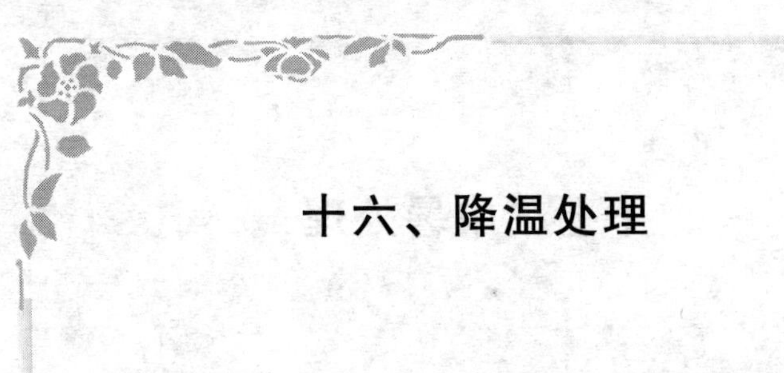

# 十六、降温处理

家兔是恒温动物，适应在相对稳定的温度环境下生活。温度突然变化会诱发疾病，突然降温的危害更大。每年的春季和秋季气温不稳定，忽高忽低，容易诱发感冒、肺炎、传染性鼻炎、腹泻，也是兔瘟的多发期。

平时应注意收听天气预报，对于降温天气有所准备。发生降温时，应采取果断措施：

**1. 关闭门窗** 增强兔舍的保温能力，同时注意适量通风，防止污浊气体含量过高。在这种情况下，使用微生态制剂控制粪尿的分解，是降低有害气体浓度的有效手段。

**2. 使用抗应激制剂** 环境突然变化造成的动物应激，可导致机体的抗病力和免疫力降低。应提前 2～3 天在饲料中或饮水中添加一定的抗应激制剂，如维生素 C、复合维生素、有机铬以及一些具有抗应激作用的中草药。

**3. 预防疾病** 对于突然降温容易诱发的疾病，可提前进行药物预防。尤其是对于肺炎、传染性鼻炎和感冒等呼吸道疾病，应作为重点预防的对象。

**4. 其他** 室外饲养的家兔，在突然降温时，难以大面积采取有效保温措施。可将未断奶的仔兔和刚刚断奶的小兔转移到容易保温的室内，以减少降温应激造成的损失；在降温期间，饲料相应增加，以提供足够的能量抵御寒冷。

## 十七、中暑处理



中暑包括日射病和热射病，是由于家兔受到强日光直射或气温过高而引起中枢神经系统、血液循环系统和呼吸系统机能以及代谢严重失调的综合征。此病多发生于炎热的夏季。主要由于长期处于高温（33℃以上）或日光曝晒条件下而又缺乏饮水造成的，如高热季节兔舍闷热而不通风，运输途中闷热拥挤、缺水、通风差；炎热季节兔舍或运输笼受强日光直射、无遮阳设施等都可引起中暑。

发现中暑病兔，应立即采取急救措施。首先，将病兔移到通风阴凉处，用湿毛巾或冰块冷敷头部；耳静脉放血，防止发生脑部和肺部充血、出血；喂饮或灌服加有水溶性维生素的淡盐水；口服仁丹 3～5 粒、十滴水 3～5 滴；并进行相应的支持疗法。

# 十八、换料处理

家兔采食某种饲料（包括单一饲料和配合饲料）习惯之后，突然改变饲料，会导致消化机能紊乱，轻则引起短时的食欲不振、消化不良、粪便失常，严重者造成腹泻或肠炎，甚至造成死亡。饲料更换是生产中不可避免的事情，处理不当造成对生产的损失也是屡见不鲜的。

保持饲料的相对稳定是饲养管理的基本原则之一。由于家兔盲肠内存在大量的微生物，其菌群的稳定是保证家兔消化道功能正常的关键。一种饲料饲喂家兔，会在盲肠中产生相对适应的微生物菌群。当饲料改变之后，会造成消化道内环境的变化，肠道菌群生存条件改变，导致菌群失调而诱发疾病。

为了避免由于改变饲料造成的菌群失调，应采取逐渐过渡的办法。即利用7～10天的时间将饲料改变过来，以使胃肠和微生物逐渐适应改变的饲料。但是，如果出现饲料更换突然而发生的消化机能紊乱，应采取紧急措施：

**1. 控制喂量** 饲喂量减少1/2～1/3。以后采取逐渐过渡的方法，喂料量增加到正常喂量。

**2. 增加粗饲料** 在草架上添加优质青干草，任其自由采食。

**3. 饮用微生态制剂** 高浓度饮用微生态制剂（0.5%～1%），连用3～5天，以控制胃肠道内的菌群，使有益菌群占据优势地位。

**4. 其他** 对于由于突然换料导致粪便异常的家兔，口服微生态制剂，成年家兔每次5毫升，青年兔3毫升，幼兔1～2毫升，每天2次，连续2～3天。

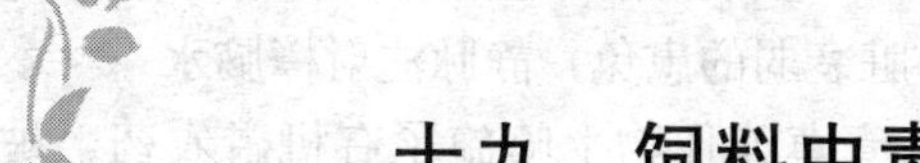

## 十九、饲料中毒处理

生产中由于饲料中毒而造成的损失是比较常见的，以发霉饲料、亚硝酸盐、有机磷和棉酚中毒多见。

**1. 发霉饲料中毒的处理** 由于霉菌毒素的种类不同、毒素的数量不一、家兔的生理阶段有异，表现的症状也不一样。通常有腹泻型、便秘腹胀型、口炎流涎型、瘫软型和流产死胎型等。

无论出现什么类型，首先，停止有毒饲料的投喂，大量饲喂优质青草或青干草；第二，静脉注射葡萄糖和生理盐水，并补充复合维生素 B 和维生素 C；第三，灌服微生态制剂，并在一周内自由饮用微生态制剂的水溶液，以改善肠道菌群结构和肠道内环境；第四，对精神沉郁、心脏功能减退的兔子，皮下注射一定的樟脑水。

**2. 亚硝酸盐中毒的处理** 一些叶菜类，如菠菜、白菜、萝卜叶、牛皮菜及一些野菜均含有较多的硝酸盐，这些饲料堆放过久，均可使硝酸盐转为亚硝酸盐，家兔采食后可发生中毒。中毒后，患兔狂躁不安，心跳加速，呼吸困难，呕吐流涎，四肢及耳朵发凉，全身颤抖抽搐，体温下降，重者倒地痉挛，口吐白沫，很快昏迷窒息死亡。

发现中毒症状后，可采取以下紧急措施：首先，耳尖放血，以缓解脑内压和头部血液循环；第二，静脉注射或肌肉注射 1%

应急技巧篇

的亚甲蓝溶液，每千克体重1～1.2毫升；或注射甲苯胺蓝溶液，每千克体重5毫升；第三，口服或注射维生素C，静脉注射葡萄糖生理盐水；第四，对心脏衰弱的患兔，静脉注射樟脑水。

**3. 有机磷中毒处理** 青草或作物上喷施了有机磷农药，被家兔采食后容易发生中毒。主要症状是减食或拒食、流涎、呕吐、瞳孔缩小、四肢抽搐等。本病发病急，死亡快，因此，发现采食有机磷污染的饲料后，应立即采取相应措施：

阿托品，每千克体重1毫升，肌肉注射；解磷定，每千克体重25毫升，肌肉注射；也可把药溶于100毫升葡萄糖溶液中，静脉注射或腹腔注射。

**4. 棉酚中毒处理** 饲料中配合较多的棉籽饼，就容易发生中毒。一般中毒以慢性积累性中毒为主，少数可发生急性中毒。中毒后主要症状是：初期精神沉郁，食欲减退，有轻度震颤。继而出现明显的胃肠功能紊乱，食欲废绝，先便秘后下痢，粪便中常混有黏液或血液，体温正常或略升高，脉搏疾速，呼吸促迫，尿频，有时排尿疼痛，尿液呈红色。

如发现家兔中毒，应立即停喂含有棉籽饼的饲料，灌服5%～10%的碳酸氢钠和硫酸钠，每千克体重1克；有出血性胃肠炎时，可内服鞣酸蛋白0.5～1克；其他可采取对症和辅助疗法，如补液、强心、利尿等。对于慢性中毒者，只要停喂该有毒饲料，一般7～10天恢复正常。

# 二十、用药失误处理

在家兔疾病的预防和治疗中，无论是选错了药物，还是用药量和疗程错误（过多或过少，过长或过短），都将产生不良后果。尤其是选错了药物和药物剂量过大，将造成重大损失。

发现以上失误之后，应采取紧急措施，尽量将损失降低到最低程度。如果选错了药物，应立即停止该药物的投喂；如果该药物添加在饲料中，应停喂添加药物的饲料。

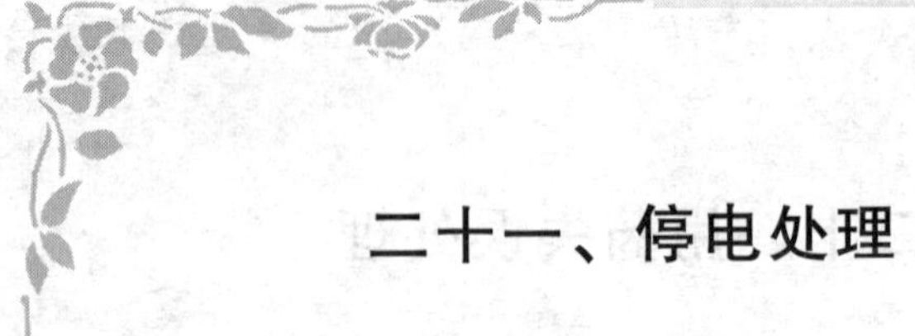

# 二十一、停电处理



规模化、集约化兔场对于电源具有很强的依赖性，如光照控制、饮水、通风换气、饲料加工、温度控制，乃至工作人员的生活等。兔场的现代化程度越高，对电的依赖性越强。因此，对于大型兔场，除了有外部电源以外，还应自备电源，以保证生产的正常进行。一旦发生停电，应采取相应措施：

一是事前与供电部门取得联系，确定停电日期和时间，将自备电源系统准备好，提前进行试运行。在停电期间替代外源电源，保证兔场的正常生产。

二是自己生产颗粒饲料的兔场，应提前备足颗粒饲料，保证在停电期间有足够的饲料供应。如果停电时间较长，可考虑外部加工饲料或饲喂相应的商品饲料。

三是靠机械通风的兔场，如果没有自备电源，应采取自然通风。在气温较高时，打开所有的可通风门窗，保证舍内通风。

四是水的供应是最关键的环节。提前将水塔装满，保证停电期间水的供应。如果停电时间较长，水塔储备水源有限，应控制水的使用，首先满足家兔饮水。此外，所有用水（如人的饮水）可到外地取水（自动饮水系统依靠水塔供水）。

五是冬季靠电源取暖供温时，在停电期间做好兔舍内的保温工作，减量减少散热，同时注意换气。对温度要求较高的产房，应配备其他热源（如生煤火）。当兔舍保温难度较大时，可将产箱转移到温度较高的房间，采取母仔分养，定时哺乳法。

六是光照对于种兔的繁殖产生较大的影响。在停电期间，可以蓄电池为电源，对准备配种的母兔补充光照。

# 第4篇 用药篇

ROUTU RICHENG GUANLI JI YINGJI JIQIAO


一、药物基础常识 ………………… 303

二、疫苗基础常识 ………………… 327

三、药物采购常识 ………………… 332

四、药物保管常识 ………………… 335

五、禁用药物 ………………… 340

# 一、药物基础常识

## (一) 抗菌药

**1. 抗菌药物** 具有杀菌或抑菌作用，供全身或局部应用的各种抗生素及其他化学药品的统称。抗生素是某些微生物（细菌、真菌、放线菌）在其代谢过程中所产生的能抑制或杀死其他病原微生物的一类化学物质。

**2. 抗生素的作用原理**

(1) 抑制细菌细胞壁的合成，如青霉素类、头孢菌素类、β-内酰胺类等。

(2) 损害细菌细胞膜的屏障功能，如多黏菌素类、二性霉素B、制霉菌素、曲古霉素等。

(3) 抑制菌体蛋白质的合成，如氨基糖甙类（链霉素、庆大霉素、卡那霉素等）、四环素类（金霉素、土霉素、四环素、强力霉素）、大环内酯类（红霉素、泰乐菌素）和林可霉素等。

(4) 直接或间接抑制核酸的合成，如新生霉素、灰黄霉素等。

**3. 抗菌药的分类及作用**

(1) 根据抗生素的抗菌谱分类。

①主要作用于革兰氏阳性菌的抗生素。

用药篇

青霉素类：青霉素G、氨苄青霉素钠、阿莫西林等。

头孢菌素类（先锋霉素类）：头孢氨苄、头孢噻吩等。

β-内酰胺类（β-内酰胺酶抑制剂）：如克拉维酸、硫霉素等。

大环内酯类：如红霉素、泰乐菌素等。

②主要作用于革兰氏阴性菌的抗生素。

氨基糖甙类：链霉素、庆大霉素、卡那霉素、新霉素等。

多黏菌素类：多黏菌素B、多黏菌素E等。

③广谱抗生素：四环素类。广谱抗菌素抗菌谱广，对革兰氏阳性、阴性菌有效；对支原体、螺旋体、立克次氏体和某些原虫有效。小剂量抑菌，大剂量杀菌。

（2）合成抗菌药。

①磺胺药和抗菌增效剂。

磺胺药：优点是高效、长效、低毒，与抗菌增效剂合用，能扩大抗菌范围，提高磺胺药的疗效。作用机理是通过干扰细菌的叶酸代谢起抑菌作用。

抗菌增效剂：抗菌谱与磺胺药相似，抗菌作用较强，能增强磺胺药和多种抗生素的疗效，抗菌增效剂由此得名。与磺胺药合用使磺胺药的抗菌效力增强几倍乃至几十倍，由抑菌作用变为杀菌作用；能扩大磺胺药的抗菌范围（对磺胺药产生耐药性的菌株也有效）。抗菌增效剂与四环素、青霉素、庆大霉素、卡那霉素等合用，也有增效作用。

②喹诺酮类。喹诺酮类药物是一类人工合成的抗菌药，是近年来研究开发的新领域。作用机理是抑制细菌DNA回旋酶，干扰细菌DNA的合成。

第一代产品：萘啶酸，其抗菌作用仅限于大多数肠杆菌科细菌。

第二代产品：吡哌酸，对革兰氏阴性菌的活性高于萘啶酸，抗菌作用强于氨苄青霉素或羧苄青霉素，对金黄色葡萄球菌也有效，且与庆大霉素、氨苄青霉素、青霉素G有协同作用。

第三代产品：氟喹诺酮类，主要有诺氟沙星、培氟沙星、环丙沙星、恩诺沙星、氧氟沙星、诺美沙星、单诺沙星等。它们对肠杆菌科、绿脓杆菌、革兰氏阳性菌等有较强的抗菌作用。具有抗菌谱广，杀菌力强，与其他抗菌药无交叉耐药性，具有疗效高、不良反应少等优点。

（3）其他合成抗菌药。

①硝基呋喃类：主要是痢特灵。本类药是人工合成的广谱抗菌药，对大多数革兰氏阳性菌和革兰氏阴性菌、某些真菌和原虫均有效，低浓度抑菌，高浓度杀菌。其抗菌作用是干扰细菌体内的氧化还原酶系统，使细菌代谢紊乱。痢特灵有基因毒性，国家已禁用。

②喹噁啉类：本类药是人工合成的新型抗菌药，抗菌谱广。其抗菌机理可能与抑制细菌的DNA合成有关。常使用的药物有喹乙醇、痢菌净（乙酰甲喹）。

## （二）抗病毒药

**1. 抗病毒药** 抑制病毒的吸附、侵入、脱壳、核酸复制、转录、翻译、装配等增殖环节的一类药物。抗病毒药只能抑制病毒的增殖，而不能杀死病毒。因此，对临诊病毒病的早期感染具有一定的疗效。但抗病毒药国家已禁用。

**2. 作用机理**

（1）阻止病毒的侵入。

（2）抑制病毒DNA的合成，如吗啉胍、远霉素、阿糖胞苷、碘苷。

（3）抑制逆转录酶，如利福平。

（4）抑制病毒的装配，如利福霉素。

（5）抑制mRNA的翻译，如甲红硫脲。

（6）抑制RNA的复制，如苯丙硫咪唑。

（7）抑制病毒核酸复制和蛋白质合成，如干扰素。

(8) 诱导干扰素的生成，如干扰素诱导剂。

## （三）消毒药

消毒药是一种对菌体有作用、对畜禽机体也有一定损害或影响的药物。在应用时，应首先考虑药物浓度和作用时间对家兔机体的影响。

**1. 药物浓度与作用时间** 一般来讲，浓度越高，作用时间越长，药物的作用越强。选择的原则是既对病原菌有较强作用，又对机体不产生损害的作用浓度及时间。

**2. 药液的温度** 一般来讲，药液的温度越高，对病原微生物作用越强。一般药液温度每提高 10℃，杀菌力即提高 1 倍。但在选择药液的温度时，必须考虑机体所能承受的温度，以免引起烫伤。

**3. 用药部位的有机物** 用药部位的有机物不仅消耗药量，而且还能阻碍药液向深层部位的渗透。因此，在环境、用具、畜舍消毒时，应事先打扫卫生，消除灰尘及垃圾。在创伤表面消毒时，应消除脓血、脓汁及坏死组织，以确保消毒药的效力。

**4. 配伍用药** 消毒药物之间的配伍应用，将对药效产生明显的影响。例如，乙醇与碘合用作用增强，而新洁尔灭与漂白粉合用时作用减弱。酚类药物对病毒、芽孢无效，而对生长期细菌作用强。

## （四）抗球虫病

球虫是危害畜牧业发展的虫害之一。不但感染兔，还感染鸡、鸭、猪、牛、羊等动物。感染兔的球虫有 14 种。目前，对球虫病的控制主要依靠药物。兔球虫疫苗尚处于科研阶段。

从目前来看，控制肉兔球虫病主要有两大类药物：一类是天然的离子载体类抗生素，如盐霉素等；另一类是化学合成药，约有 14 个类别几十种球虫药，如磺胺类、地克珠利等。用球虫药控制球虫病主要存在两大问题：一是抗药性越来越严重；二是药物残留对人类的危害。因为这些抗球虫药毒性都很大，特别是一些化学合成药。

## （五）抗菌药的配伍禁忌

**1. 药物的配伍禁忌分类**

（1）药理性（疗效性）配伍禁忌　指药理作用相抵触。

（2）化学性配伍禁忌　指引起化学变化，如乙酰水杨酸与碱性药物配伍引起分解；维生素 C 与苯巴比妥配伍，引起后者析出。

（3）物理性配伍禁忌　如水溶剂与油溶剂配合时分层；含结晶水的药物配伍时，结晶水析出使固体药物变成半固体或泥糊状态。

**2. 联合用药的目的**

（1）产生协同作用，提高抗菌效果，增强对重症感染或耐药性致病菌的疗效。

（2）扩大抗菌谱，使严重的混合感染获得及早有效的控制。

（3）降低毒性反应。

（4）防止或延缓耐药性的产生。

**3. 联合用药的效果**

（1）两种杀菌药联合应用，可获得协同作用。

（2）两种抑菌药联合应用，可获得累加作用。

（3）杀菌药和抑菌药合用可产生协同作用，亦可产生颉颃作用。繁殖期杀菌药与抑菌药合用，可因抑菌药抑制了细菌的生长繁殖，减弱杀菌药的杀菌作用。尤其是先用抑菌药后用繁殖期杀菌药，就会出现拮抗作用。但如先用繁殖期杀菌药而后用抑菌药，就不会出现颉颃作用。

（4）同类抗菌药物，特别是氨基苷类，作用相仿，而毒性相加，不宜合用。

**4. 抗菌药的分类（根据对微生物的作用方式）**

Ⅰ类——繁殖期杀菌药（作用于细胞壁），包括青霉素类、头孢菌素类、万古霉素、喹诺酮类（作用于DNA螺旋酶）。

Ⅱ类——静止期杀菌药（抑制蛋白质的合成），包括氨基糖甙类、多黏菌素类、喹诺酮类（作用于DNA螺旋酶）。

Ⅲ类——速效抑菌药（抑制蛋白质的合成），如大环内酯类、四环素类、林可霉素。

Ⅳ类——慢效抑菌药（抑制叶酸代谢），如磺胺类、TMP、DVD。

**5. 各类抗菌药配伍的结果**

（1）Ⅰ＋Ⅱ协同作用。

（2）Ⅰ＋Ⅲ颉颃作用。少数例外。

（3）Ⅰ＋Ⅳ无关作用。

（4）Ⅱ＋Ⅲ协同作用。

（5）Ⅱ＋Ⅳ协同或相加作用。

（6）Ⅲ＋Ⅳ相加作用。

**6. 配伍时的注意点**

（1）一般同类药不能合用，但作用点不同的同类药可合用。例如，链霉素（庆大霉素）＋多黏菌素；庆大（卡那霉素）＋喹诺酮类；磺胺药＋抗菌增效剂（TMP、DVD）。

（2）合用并不代表能混合注射（理化性配伍禁忌）。例如，青霉素与磺胺嘧啶钠可合用，但必须分别注射；青霉素（羧苄、氨苄）＋庆大霉素，青霉素的β-内酰胺环使庆大部分失活，可分别注射。

**7. 常用抗菌药的配伍禁忌**　见表4-1。注：＋＋＋：两种药物间有协同作用；＋＋：两种药物间有相加作用；＋：两种药物间彼此无作用；±：两种药物间有颉颃作用；－：两种药物联用，有害作用增强或发生理化变化。

表 4-1　常用抗菌药的配伍禁忌表

| 青霉素类 | 青霉素类 | | | | | | | | | | |
|---|---|---|---|---|---|---|---|---|---|---|---|
| 头孢菌素类 | ± | 头孢菌素类 | | | | | | | | | |
| 链霉素 | +++ | | 链霉素 | | | | | | | | |
| 新霉素 | ++ | | − | 新霉素 | | | | | | | |
| 四环素类 | ± | ± | ± | ++ | 四环素类 | | | | | | |
| 氯霉素 | ± | | ± | ++ | ++ | 氯霉素 | | | | | |
| 红霉素 | ± | ± | ± | ++ | ++ | ++ | 红霉素 | | | | |
| 卡那霉素 | ± | ± | − | | − | − | − | 卡那霉素 | | | |
| 多黏菌素 | ++ | | ++ | − | ++ | ++ | | ++ | 多黏菌素 | | |
| 喹诺酮类 | ++ | | ++ | | ± | ± | ± | ++ | ++ | 喹诺酮类 | |
| 磺胺类 | ++ | ± | ++ | ++ | ++ | − | − | ++ | ++ | | 磺胺类 |
| 呋喃类 | + | | ++ | ++ | ++ | − | | ++ | ++ | ± | + | 呋喃类 |

用药篇

## （六）药物的正确使用

**1. 用药的一般原则**

（1）确切诊断，正确掌握适应证。诊断正确，了解药理；适时治疗，对症治疗。

（2）剂量准确，疗程要足。剂量过小无效，过大有毒且增加费用；同一种药物用于治疗的疾病不同，其用量亦不同；如链霉素用于治传染性鼻炎时剂量特别大，用于其他病时剂量就特别小；同一种药物不同的用药途径，其剂量也不一样；如口服用药比注射给药剂量大，因口服不是百分之百吸收；疗程一般3～5天，但一些慢性病如兔传染性鼻炎，疗程不宜少于7天，以防复发。

（3）饮水给药要考虑药物的溶解度、饮水量、药物稳定性和水质。给药前适当断水（不超过1小时），有利于提高效果；强力霉素、氨苄青霉素在水中易破坏，应控水2～3小时，然后在1～2小时内饮完。

（4）拌料给药物要采用逐级稀释法。

（5）首次用量可适当增加，随后几天用维持量。

（6）慎用毒性较大的药物。

（7）注意交替或间隔用药，避免耐药性产生。

（8）根据药代动力学特性，决定肉兔上市前休药期。

（9）根据药物半衰期，确定每天给药次数。半衰期长而毒副作用小的药物，如恩诺沙星，全天的药可一次投给；半衰期长而毒副作用大的药物，应按推荐的间隔给药，如每天1～2次。半衰期短的药物，如阿莫西林，每天必须2～3次给药或全天给药。

（10）了解商品饲料中药物添加情况，防止重复用药，增加毒性。

（11）根据不同日龄的生理、生长发育特点及发病规律科学用药。哺乳、妊娠、空怀（要慎用磺胺类、呋喃类、球虫药、甲砜霉素等）。

（12）根据不同季节合理用药。秋冬防感冒；夏季防肠道病、热应激；夏季饮水量大，饮水给药时要适当降低浓度；而采食量小，拌料给药时要适当增加浓度。

（13）免疫期间慎用一些有免疫抑制作用的药，如磺胺类、呋喃类、四环素类、甲砜霉素等。

（14）注意种属特殊性。如反刍动物对水合氯醛敏感；家兔对马杜拉霉素敏感；牛对汞制剂敏感；牛、兔对敌百虫敏感。肉兔不宜过多使用抗生素，以免干扰胃内正常消化。

（15）注意配伍禁忌。

（16）注意并发症。有混合感染时，应联合用药。

**2. 根据家兔的生理特点用药**

（1）兔对磺胺药的平均吸收率较其他动物高，故不宜用量过大或时间过长。

（2）兔对以原型经肾排泄的药比较敏感，如新霉素、金霉素。

**3. 了解目前临床上的常用药与敏感药**

（1）抗大肠杆菌、沙门氏菌药：先锋霉素、氟苯尼考、安普霉素、丁胺卡那霉素等。

（2）抗球虫药：盐霉素、地克珠利、妥曲珠利等。

**4. 正确诊断、对症下药是发挥药效的基础**

（1）目前，肉兔疾病多为混合感染，极少为单一疾病。因此，要用复方药，要多药联用；除了用主药，还要用辅药。

（2）既要对症，还要对因。

（3）用药举例。例如，肉兔感染兔瘟，用补液盐缓解脱水，用解热镇痛药退烧，才会达到好的治疗效果。若有继发或混合感染，还要相应用药。

**5. 不可忽视辅助药的作用**　例如，兔瘟要辅以抗脱水药、退烧药；呼吸道病要辅以平喘药、化痰药和止咳药。

**6. 正确用药**

（1）时间：早用药比晚用药好。

（2）顺序：杀菌药与抑菌药联用，先用杀菌药，再用抑菌药才不会颉颃。

（3）疗程：一个疗程少则3天，多则5天，才能彻底治愈。

（4）剂量：剂量要足，特别是首次剂量。磺胺药首次剂量往往要加倍。

（5）给药方法（途径）：给药方法不同，效果不一样。例如，硫酸镁内服致泻，而静脉注射则产生中枢神经抑制作用；新霉素内服可治疗细菌性肠炎，而肌肉注射则肾毒性很大，严重者引起死亡。

一般来说，对于全身感染，注射用药好于口服给药。饮水给药好于拌料给药；饮水给药浓度要低于拌料给药的一半；感染部位不同，用药途径不一样。肠道感染口服好，全身感染注射好。

（6）配伍。

（7）次数：一般药品半衰期3～4小时，需每天用药3～4次；半衰期20小时左右的，每天用药一次即可。

（8）种类：兔个体用药、群体用药，注射、口服都可以；兔、牛、羊对敌百虫敏感；兔对马杜拉霉素敏感。

（9）年龄：幼年和老年肉兔的药酶活性低，应适当降低用量。

（10）性别：母兔比公兔对药物的敏感性高，在发情期、妊娠期和哺乳期慎用泻药、利尿药、子宫兴奋药等。

（11）生理状况：妊娠期、哺乳期慎用四环素类、氨基糖苷类,因可通过胎盘、乳腺吸收而影响新生动物发育，甚至致畸。

（12）用法用量的解释。例如，每100克对水100千克，连用3～5天，治疗量加倍：指每天2～3次（最低不少于2次），每次饮2～3小时（若空水，则每次饮1～2小时），间隔3～4小时，每次对水量为全天（24小时）饮水量的1/5～1/4。

### （七）合理使用抗菌药

**1. 青霉素类** 与氨基糖苷类有协同作用，但剂量要基本平衡；与四环素类、磺胺类、大环内酯类有颉颃作用；青霉素不可内服，因易被胃酸破坏；青霉素忌青贮饲料、酒糟（酸性太强）。

**2. 氨基糖甙类** 与青霉素类有协同作用；TMP可增强本品的作用，与DVD配伍比TMP好一些；与多黏菌素类、其他氨基糖苷类有颉颃作用；脱水、肾肿发生时慎用；硫酸新霉素不可注射给药，肌肉注射链霉素易造成家兔休克；链霉素忌青贮饲料、酒糟（酸性太强）；庆大霉素与碳酸氢钠联用，碳酸氢钠碱化尿液使庆大霉素毒性增加。

**3. 四环素类** 与同类药、非同类药（泰妙菌素、泰乐菌素）有协同作用；TMP可增强本品的作用；四环素与庆大霉素合用可增强对绿脓杆菌的杀灭作用；适量硫酸钠（1∶1）有利于本品吸收；含有较多钙和镁的饲料，如黄豆、黑豆、饼粕、石粉、骨粉、贝壳粉、石膏等不利于本品吸收；含三价离子的配合饲料不利于本品吸收；碱性电解质不利于本品吸收。

**4. 硫氰酸红霉素** 与$SM_2$（或SD、SMM）、TMP的复方制剂比泰乐菌素的复方制剂效果好；碳酸氢钠有利于本品吸收；与林可霉素、四环素有颉颃作用。

**5. 林可霉素** 口服补液盐、适量维生素可减少本品副作用；与四环素或诺氟沙星有协同作用。

**6. 磺胺类** 与TMP、DVD有协同作用，与土霉素有相加作用；碱性电解质可减少肾毒性；与酸性药物、普鲁卡因、氯化铵有颉颃作用；与青霉素类有颉颃作用；忌含硫的饲料添加剂，如人工盐、硫酸镁、硫酸钠、石膏等加重磺胺类药物对血液的毒性。

**7. 喹诺酮类** 与青霉素类、氨基糖苷类、TMP、林可霉素有协同作用；与利福平、氨茶碱有颉颃作用；配合饲料干扰本品吸收。

## （八）合理使用抗球虫药

**1. 一般原则**

（1）重视预防用药。球虫药大多在球虫发育史的早期（约4天）起抑杀作用，等出现临床症状时用药已为时过晚。

（2）要根据抗球虫药的作用阶段和作用峰期合理用药。

①抗球虫作用较弱的药物，一般用于预防。本类药会影响球虫免疫力的产生，一般用于肉兔。种兔一般不用或不宜长期使用，以免因突然停药而引起球虫暴发，如喹啉类（乙羟喹啉、丁氧喹啉）、克球粉、离子载体类（如莫能菌素）等。

②抗球虫作用较强的药物，一般用于治疗，不宜做饲料添加剂。本类药对球虫免疫力影响不大，可用于种兔（产仔期慎用），如尼卡巴嗪、氨丙啉、常山酮、球痢灵、磺胺类。

③穿梭或轮换用药时，一般先使用作用弱的药物，再换作用强的药物，可避免耐药性的产生，且可提高防治效果。

（3）使用抗球虫药时要定期变换或联合使用，以减少耐药性的产生。

（4）要选用理想的抗球虫药。抗虫谱广，性质稳定的；能提高饲料转化率，且具抗菌、止血等多种作用的；低使用浓度、高效的；无蓄积作用、无残留的；无“三致”作用，不影响肉兔的生长、发育、生产、免疫，安全、低毒的；价廉的；使用方便，易于拌料或饮水的。

（5）注意抗球虫药的毒性与配伍（表4-2）。聚醚类抗球虫药毒性大小顺序：马杜拉霉素＞来洛霉素＞莫能菌素＞那拉菌素＞拉沙里菌素＞盐霉素。

表 4-2　抗球虫药的毒副作用与配伍禁忌

| 药物 | 兔半数致死量 | 产生毒性拌料量 | 禁忌药物与毒副反应 | |
|---|---|---|---|---|
| | 毫克/千克体重 | 毫克/千克体重 | 禁忌药物 | 毒副反应 |
| 马杜拉霉素 | 5.535 | 7.5～10 | 泰妙菌素 | 安全范围小 |
| 莫能菌素 | 284 | 121～150 | 泰妙菌素、竹桃霉素 | |
| 拉沙里菌素 | 75～112 | 125～150 | 磺胺药、赤霉素 | |
| 盐霉素 | 150 | 100 | 泰妙菌素、竹桃霉素 | |
| 那拉菌素 | 52 | 80～100 | | |
| 妥曲珠利 | 1000 | | | |
| 氨丙啉 | | | | 引起维生素 $B_1$ 缺乏 |
| 尼卡巴嗪 | | | | 引起兔热应激、对妊娠兔毒性大 |
| 氯苯胍 | | | | 兔肉带异味 |
| 磺胺喹噁啉 | | | | 有蓄积中毒现象 |

（6）选择适当的给药方法。饮水给药比混饲给药好，特别在兔患病时。

（7）合理的剂量和疗程。

**2. 抗球虫药的分类**

（1）聚醚类抗球虫药：盐霉素、马杜拉霉素、莫能菌素、拉沙里菌素、塞杜霉素、海南霉素等。使用本类抗球虫药注意事项：①同类药合用仅有相加作用，而无协同作用，且毒性增加；②禁与泰妙菌素（拉沙里菌素除外）、竹桃霉素并用，否则引起严重长生抑制，甚至中毒死亡；③肉兔宰前 5 天停药。

聚醚类抗球虫药的一些特性见表 4-3。

**表 4-3 聚醚类抗球虫药的一些特性**

| 药名 | 分类 | 禁忌 | 毒性 | 禁用 | 停药期 | 其他 |
|---|---|---|---|---|---|---|
| 莫能菌素 | 单价聚醚类 | 泰妙菌素、其他抗球虫药 | 较大 | 马、火鸡、珍珠鸡、鸟类 | 5 | 肉牛促生长，可防治坏死性肠炎 |
| 盐霉素 | 单价聚醚类 | 同上 | 较强 | 马、成年火鸡、鸭 | 5 | 猪促生长 |
| 那拉菌素 | 单价聚醚类 | 泰妙菌素、可配尼卡巴嗪 | 强 | 马、火鸡、鸟类、鱼 | 5 | 喂药兔粪及药具 不可污染水源 |
| 拉沙里菌素 | 双价聚醚类 | 可配泰妙菌素 | 小 | 马 | 3 | 促进水分排泄 |
| 马杜拉霉素 | 单价糖苷聚醚类 | | 更强 | 禁用 | 5 | 安全范围小；抗球虫作用强；用药浓度低 |
| 塞杜霉素 | 单价糖苷聚醚类半合成 | | | | 5 | |
| 海南霉素 | 单价糖苷聚醚类 | 其他抗球虫药 | 最强 | | 7 | 喂药兔粪及药具不可污染水源 |

(2) 化学合成抗球虫药：

①磺胺类：主要有磺胺喹噁啉、磺胺氯吡嗪、磺胺氯哒嗪、磺胺二甲基嘧啶、磺胺间甲氧嘧啶、磺胺间二甲氧嘧啶等。使用本类抗球虫药注意事项：

A、使用本类药超过标准 1～2 倍以上，连用 5～10 天，可出现中毒；

B、肉用仔兔、产仔期、16 周龄以上种兔，少用或禁用；

C、肉兔宰前 10 天须停药；

D、由于易产生耐药性，可与其他抗球虫药或抗菌增效剂合用。

②酰胺类：主要有球痢灵（二硝托胺）等。使用本类抗球虫药注意事项：肉兔宰前3天停药。

③吡啶类：主要有克球粉（氯羟吡啶）。使用本类抗球虫药注意事项：

A、必须连续应用，后备兔群可连续喂至16周龄；

B、肉兔宰前7天停药，用于出口用的养殖场禁用。

④喹啉类：主要有苯甲氧喹啉、葵氧喹啉、丁氧喹啉等。使用本类抗球虫药注意事项：

A、肉兔宰前5天停药；

B、极易产生耐药性。

⑤胍类：主要有氯苯胍等。使用本类抗球虫药注意事项：

A、高浓度喂兔（60毫克/千克），使兔肉出现异味。与$SM_2$和乙胺嘧啶等合用，可提高疗效；

B、耐药性产生快；

C、肉兔宰前7天停药。

⑥抗硫胺素类：主要有氨丙啉等。使用本类抗球虫药注意事项：

A、不宜在饲料中长期保存；

B、长期应用高浓度易引起维生素$B_1$缺乏，但饲料中维生素$B_1$含量超过10毫克/千克时，抗球虫作用即开始减弱；

C、肉兔宰前7天停药。

⑦均苯脲类：主要有尼卡巴嗪等。使用本类抗球虫药注意事项：

A、暴发球虫病时，应迅速改为磺胺药或其他治疗；

B、使用本品时，如室温过高，可增加仔兔死亡率，应加强通风；

C、肉兔宰前4天停药。

⑧植物碱类：主要有常山酮（速丹）等。使用本类抗球虫药

注意事项：

A、混饲浓度 3 毫克/千克，6 毫克/千克影响适口性，9 毫克/千克大部分兔拒食；

B、肉兔宰前 4 天停药。

⑨均三嗪类：主要有地克珠利、妥曲珠利（甲基三嗪酮）等。使用本类抗球虫药注意事项：

A、地克珠利药效期较短，停药一天抗球虫作用明显减弱，2 天后作用消失，因此必须连续用药以防再次暴发；

B、地克珠利用药浓度极低，必须充分拌匀；

C、妥曲珠利与聚醚类合用，有互补作用。

⑩氟嘌呤：资料不详。

⑪抗硫胺类：主要有二甲硫胺等。使用本类抗球虫药注意事项：

A、饲料中维生素 $B_1$ 含量超过 10 毫克/千克时，抗球虫作用即开始减弱；

B、肉兔宰前 3 天停药。

⑫胂化物类：主要有硝酚胂酸（洛克沙胂）等。

⑬增效剂类：主要有乙氧酰胺苯甲酯：常与氨丙啉、磺胺喹噁啉配合使用，很少单独使用。

⑭二甲氧苄氧嘧啶（DVD，又名敌菌净）。

⑮乙胺嘧啶：

A、多与氨丙啉、磺胺药、氯苯胍等合用；

B、效果远不及 DVD，且毒性太大；

C、肉兔宰前 7 天停药。

**3. 用药方案**

（1）抗球虫药的使用方法。

连续用药法：从仔兔 18 日龄补料开始，饲料中连续添加某一药物。

轮换法：以兔的批次或 3 个月至半年为 1 个期限。原则：替换药之间无交叉耐药性；化学结构不能相似；作用方式不能相同；作用峰期也不能相同。

穿梭法：同一批兔不同阶段用不同药。原则：药物化学结构、作用方式不相同；一般先使用作用弱的药物，再换作用强的药物。

用量梯减法或间歇法：开始用全量，以后每阶段逐渐减少25%药量，直到完全停药。

联合用药法：抗球虫药与增效剂合用可提高效果。如磺胺喹噁啉＋二甲氧嘧啶；氨丙啉＋乙氧酰胺苯甲酯；抗球虫药与抗球虫药合用也可提高效果。合用的药物不能发生配伍禁忌，应分别作用于球虫的不同发育阶段。如马杜拉霉素＋尼卡巴嗪、氨丙啉＋磺胺喹噁啉、二胺嘧啶＋磺胺药等。

(2) 用药方案的选择。

用于肉兔的方案：可采用连续用药法、穿梭用药法和轮换用药法。如盐霉素（莫能菌素）＋地克珠利（尼卡巴嗪或常山酮）。

用于种兔的方案：可采用渐减用药法。低浓度的预防性抗球虫药连续使用；不用预防药，平时密切观察，在球虫暴发时再用磺胺药治疗。

**4. 使用抗球虫药注意事项**

(1) 防止球虫产生耐药性。球虫药产生抗药性从快到慢顺序：喹噁啉类＞氯羟吡啶＞磺胺类＞氯苯胍＞氨丙啉＞球痢灵＞尼卡巴嗪＞聚醚类＞三嗪类。

(2) 让兔产生抗球虫免疫力。

①与产生抗球虫免疫力有关的因素。产生抗球虫免疫力与药物的作用峰期有关：作用峰期强的药物影响免疫力的产生；而作用峰期弱的药物几乎不影响免疫力的产生。产生抗球虫免疫力与药物的使用浓度有关：作用于球虫生活史早期的药物，高浓度下使用影响免疫力的产生；而作用于球虫生活史晚期的药物，无论剂量高低，对免疫力影响很小。

②影响免疫力的抗球虫药。严重抑制免疫力的抗球虫药有莫

能菌素（120毫克/千克）、盐霉素、拉沙霉素；明显抑制免疫力的抗球虫药有莫能菌素（100毫克/千克）、乙羟喹啉、葵氧葵酯、氯羟吡啶；轻度抑制免疫力的抗球虫药有氟嘌呤、尼卡巴嗪、氨丙啉；对免疫力无影响的抗球虫药有氯苯胍、球痢灵、硝氯苯酰胺和大多数磺胺药。

（3）注意对产仔的影响和预防残留。除氨丙啉、球痢灵、地克珠利、妥曲珠利外，其他抗球虫药都影响产仔。

（4）注意日粮中抗球虫药与抗生素、维生素等的颉颃作用。

①莫能菌素、盐霉素与磺胺类、红霉素、泰乐菌素、泰妙灵、竹桃霉素有颉颃作用。

②氨丙啉与维生素 $B_1$ 有颉颃作用，应用时要减少饲料中维生素 $B_1$ 的用量。

③磺胺类影响维生素K、维生素 $B_1$ 的合成，应用时要增加饲料中维生素K、维生素 $B_1$ 的用量。

（5）了解日粮中已添加的抗球虫药，防止重复使用造成浪费和中毒。

**5. 抗球虫药及其使用方法** 见表4-4。

**表4-4 抗球虫药及其使用方法一览表**

| 类别 | 药 名 | 使用方法 | | 停药期（天） | 备 注 |
|---|---|---|---|---|---|
| | | 浓度（毫克/千克） | 用法 | | |
| 离子载体类 | 莫能菌素 | 100～120 | 混饲 | 3 | 不与磺胺类及赤霉素合用 |
| | 拉沙菌素 | 75～125 | 混饲 | 3 | |
| | 盐霉素 | 50～60 | 混饲 | 5 | |
| | 那拉霉素 | 50～70 | 混饲 | | |
| | 马杜霉毒 | 5 | 混饲 | 5 | |
| | 塞杜霉素 | 25 | 混饲 | | |
| | 海南霉素钠 | 5～7.5 | 混饲 | 7 | |

（续）

| 类别 | 药　名 | 使用方法 | | 停药期（天） | 备　注 |
|---|---|---|---|---|---|
| | | 浓度（毫克/千克） | 用法 | | |
| 磺胺类 | 磺胺喹噁啉钠 | 150～250 | 饮水 | 10 | 与 TMP、DVD合用 |
| | 磺胺二甲氧嘧啶 | 125 | 饮水 6 天 | 5 | |
| | 磺胺氯吡嗪钠 | 300 | 饮水 3 天 | 4 | |
| | 磺胺六甲氧嘧啶 | 125 | 混饲 | | |
| 酰胺类 | 球痢灵 | 125～250 | 混饲 | 0～5 | 有抑制生长作用 |
| 吡啶类 | 氯羟吡啶 | 125～250 | 混饲 | 7 | |
| 喹啉类 | 丁氧喹啉 | 82.5 | 混饲 | 0 | |
| | 乙羟喹啉 | 30 | 混饲 | 0 | |
| | 甲苄氧喹啉 | 20 | 混饲 | 0 | |
| 胍类 | 氯苯胍 | 30～60 | 混饲 | 7 | |
| 抗硫胺素类 | 盐酸氨丙啉 | 100～250 | 饮水 | 7 | |
| 抗硫胺类 | 二甲硫胺 | 62 | 混饲 | 3 | |
| 均苯脲类 | 尼卡巴嗪 | 125 | 混饲 | 9 | 25 克尼卡巴嗪 + 1.6 克乙氧酰胺苯甲酯 |
| 均三嗪类 | 地克珠利 | 1/0.5 | 混饲/饮水 | | |
| | 妥曲珠利 | 25 | 饮水 | 8 | |
| 植物碱类 | 常山酮 | 3 | 混饲 | 5 | |

## （九）正确使用磺胺类药物

**1. 磺胺药的分类** 见表4-5。

**表4-5 常用磺胺类药物的分类与简称**

| 分类 | 药 名 | 简称 |
|---|---|---|
| 肠道易吸收的磺胺药 | 氨苯磺胺 | SN |
| | 磺胺噻唑 | ST |
| | 磺胺嘧啶 | SD |
| | 磺胺二甲嘧啶 | $SM_2$ |
| | 磺胺甲噁唑（新诺明，新明磺） | SMZ |
| | 磺胺对甲氧嘧啶（磺胺-5-甲氧嘧啶，消炎磺） | SMD |
| | 磺胺间甲氧嘧啶（磺胺-6-甲氧嘧啶，制菌磺）嘧啶 | SMM；DS-36 |
| | 磺胺地索辛（磺胺-2，6-二甲氧嘧啶） | SDM |
| | 磺胺多辛（磺胺-5，6-二甲氧嘧啶，周效磺胺） | SDM′ |
| | 磺胺喹噁啉 | SQ |
| | 磺胺氯吡嗪 | |
| 肠道难吸收的磺胺药 | 磺胺脒 | SM，SG |
| | 柳氮磺胺吡啶 | SASP |
| | 酞磺胺噻唑 | PST |
| | 酞磺胺 | PSA |
| | 琥珀酰磺胺噻唑 | SST |
| 外用磺胺药 | 磺胺醋酰钠 | SA-Na |
| | 醋酸磺胺米隆（甲磺灭脓） | SML |
| | 磺胺嘧啶银（烧伤宁） | SD-Ag |

**2. 磺胺药的使用** 根据疾病性质选用不同类型的磺胺类药物。

（1）全身感染：选用肠道易吸收的磺胺药，如复方新诺明、磺胺嘧啶等。

（2）肠道感染：选用肠道不易吸收的药，如磺胺脒等。

（3）局部感染：选用外用磺胺药，如消炎粉、烧伤宁等。

(4) 寄生虫感染：选用磺胺氯吡嗪、磺胺二甲基嘧啶、磺胺喹噁啉等。

**3. 磺胺类药物的配伍**

(1) 与增效剂（TMP、DVD）合用（5∶1），提高疗效。

(2) 与小苏打（碳酸氢钠）合用，碱化尿液，减轻肾毒性，并充分饮水。

(3) 针剂磺胺嘧啶钠不宜与维生素 B、维生素 C、青霉素、四环素、盐酸麻黄碱、氯化钙、氯化铵合用。

(4) 不与普鲁卡因、苯唑卡因、丁卡因合用。

**4. 磺胺药的抗菌活性和生物利用度**

①抗菌强度：SMM＞SMZ＞SIZ（磺胺异噁唑）＞SD＞SDM＞SMD＞$SM_2$＞SDM′。

②生物利用度：$SM_2$＞SDM′＞SN＞SD。

**5. 使用磺胺类药物注意事项**

(1) 首次量加倍，然后改为维持量。

(2) 肾功能减退、全身性酸中毒时慎用。

(3) 补充维生素 K 和 B 族维生素。

(4) 疗程不宜超过 7 天。

(5) 免疫前 3 天不宜用。

(6) 妊娠期慎用。

(7) 外用时需要清除脓汁。

## (十) 肉兔的用药方法

肉兔用药需要根据药理作用确定不同的用药方法和途径，否则，不仅影响其药效产生的快慢和强弱，甚至可能改变药物的基本作用，或者产生副作用。所以，在临床工作中要根据病情的需要、药物的特性、肉兔的大小和体重差异等，选择适当的用药方法（表 4-6）。临床上，肉兔的用药一般分为口服、注射、灌肠和局部给药等方法。

**表 4-6　用药途径和方法**

| 用药途径 | | 适用范围 | 用药方法 | 注意事项 |
|---|---|---|---|---|
| 口服给药 | 混饲法饮水法 | 适用于毒性小、适口性好、无异味的药物，多用于大群预防和治疗 | 按照药物的剂量混入饲料或饮水中，让兔自由采食或饮水 | 混合均匀；含药物的饲料最好在短时间内吃完；存放太久影响药效 |
| | 喂服法 | 适用于药量小、有异味的片、丸剂药物或食欲废绝的病兔 | 保定肉兔，操作者一手按住兔头并捏住兔的面颊使口张开，用弯口止血钳、镊子或筷子夹取药片（丸），送入会厌部，让兔吞下 | |
| | 灌服法 | 适用于药量大、有异味的药物或食欲废绝的病兔 | 碾细药物加少量水调匀，用注射器或滴管吸取药液，从口角齿槽间隙处向口腔后部插入，慢慢注入药液，使兔自行吞咽 | 不要误灌入气管内，造成异物性肺炎 |
| | 胃管投药 | 适用于刺激性大、有异味的药品，该法最精确 | 保定肉兔，固定兔头，用开口器开口后，插入胃管，连接漏斗或注射器，投药后拔出胃管，取下开口器 | 胃管要涂擦润滑油或肥皂；插入过程中兔头、颈、躯干呈一直线；确认插入胃中 |

（续）

| 用药途径 | | 适用范围 | 用药方法 | 注意事项 |
|---|---|---|---|---|
| 注射给药 | 皮下注射 | 适用于免疫和药液注射量较大或不易吸收的油剂 | 选取耳根后部、颈部、腋下、股内侧或腹下皮肤薄、松软、易移动的部位，剪毛消毒后，捏起皮肤呈三角形，将注射器刺入皮下 1.5 厘米，松开皮肤，注入药液 | 最大用量：每千克体重 0.01 毫升 |
| | 皮内注射 | 适用于预防接种、过敏试验、诊断等 | 通常在腰部，剪毛消毒后，将皮肤展平，针头与皮肤呈 30°角刺入真皮，缓慢注入药液。注射完毕拔出针头时，用酒精棉球轻轻压迫针孔以免药液外溢 | 每个注射点最大用量小于 0.5 毫升 |
| | 肌肉注射 | 适用于水剂、油剂、悬浮剂等多种药液，但强刺激的药液不能肌肉注射，如氯化钙等 | 选择臀部或大腿肌肉丰满处。剪毛消毒后，固定注射部位皮肤，针头垂直迅速刺入一定深度，缓缓注入药液，注射完毕拔出针头时，用酒精棉球轻轻压迫片刻 | 不要损伤大的血管、神经和骨骼 |
| | 腹腔内注射 | 主要用于补液，适用于静脉注射困难或心力衰竭时 | 注射部位选在脐后部腹底壁，偏腹中线 3 毫米，一般用 2.5 厘米针头。剪毛消毒后，抬高兔后躯，对着脊柱方向进针，回抽活塞，如无空气、液体和血液后注入药液 | 针刺不要过深，以免损伤内脏；在兔胃和膀胱空虚时比较适宜；药液应加热到与体温相同 |
| | 气管内注射 | 适用于治疗气管、肺部疾病及肺部驱虫等 | 在颈上 1/3 下界正中线上，剪毛消毒后，垂直刺针，刺入气管后阻力消失，回抽有气体，慢慢注入药液 | 药液要加温；每次剂量不宜过大；药物应容易吸收 |

（续）

| 用药途径 | | 适用范围 | 用药方法 | 注意事项 |
| --- | --- | --- | --- | --- |
| 灌肠给药 | 直肠给药 | 发生便秘、毛球病时，可用本法辅助治疗 | 将药液加热至接近体温，固定病兔，后躯稍高，用一条口径适中的橡皮管，前端涂上润滑油，缓慢插入直肠 8～10 厘米，接上注射器，灌入药液。必要时，捏住肛门 5～10 分钟，然后让其自由排出 | |
| 局部给药 | 点眼 | 适用于结膜炎时的治疗或眼部检查 | 用手指将眼睑内角处捏起，滴药液于眼睑与眼球间的结膜囊内，每次滴入 2～3 滴，每隔 2～4 小时滴一次，如为药膏，则将药膏挤入结膜囊内即可 | 药物滴入或挤入籍么囊后，要稍活动一下眼睑，不要立即松开手指，以免药物被挤出 |
| | 洗涤 | 适用于清洗眼结膜、鼻腔以及空气黏膜、污染物或感染的创面等 | 将药液配成适当的浓度进行洗涤<br>常用：生理盐水、0.3%～1.0%过氧乙酸、0.1%新洁尔灭溶液、0.1%高锰酸钾溶液等 | |
| | 涂擦 | 适用于局部感染和疥螨病等 | 将药物涂擦在局部皮肤、黏膜和创面上 | |
| | 洗浴 | 适用于杀灭体表寄生虫等 | 将药液配制成适宜浓度溶液或悬浮液，对兔进行洗浴 | 要掌握好时间，时间太长容易引起中毒 |

# 二、疫苗基础常识

## （一）疫苗与免疫

**1. 疫苗** 指具有良好免疫原性的微生物或其组成成分，经繁殖和处理后制成的生物制品，接种动物后能产生相应免疫力、能预防疾病的一类制剂，包括细菌类疫苗、病毒性疫苗和寄生虫疫苗、亚单位苗、基因工程苗。

**2. 免疫** 通过接种免疫原性物质诱导免疫应答产生抗体或免疫活性细胞来保护动物，并且产生免疫记忆。当外界有野毒感染时，由于存在着一定的免疫力或诱导快速的记忆应答，而不会引起疾病，从而避免疾病暴发引起的损失。

## （二）疫苗的种类

疫苗种类繁多，除常规的灭活疫苗和弱毒活疫苗外，还包括生物技术疫苗。在生物技术疫苗投入实际应用前，常规疫苗依旧是预防疾病的有力武器。

**1. 灭活疫苗** 又称死疫苗，是将免疫原性好的细菌、病毒经人工培养后，用物理和化学方法将其灭活，使其失去感染性和毒性但保留免疫原性，并结合相应的佐剂，接种动物后产生主动免疫、起到预防疾病的作用。其优点：

(1) 安全，不存在散毒和造成新疫源的危险，不会返祖返强。

(2) 便于贮存和运输，对母源抗体的干扰作用不敏感。

(3) 易制成联苗和多价苗，可简化免疫接种程序，减少应激反应次数。

(4) 接种后应激反应小。

**2. 弱毒疫苗** 又称活疫苗，让病原微生物毒力逐渐减弱或丧失，但保持良好的免疫原性，用这种活的病原微生物制成的疫苗成为弱毒苗。其优点：

(1) 免疫效果好，免疫力坚强，免疫期长。

(2) 用量小，价格便宜。

## (三) 确定免疫程序的依据

一是本地区、本场的发病史及目前正在发生的主要传染病，依此确定疫苗的免疫时间和免疫种类。对当地从未发生过的疾病切勿盲目接种。

二是把握好接种日龄与兔易感性的关系。

三是免疫途径不同将获得不同的免疫效果，如兔瘟注射效果好。

四是科学地安排不同疫苗接种时间，以防疫苗间的干扰。

五是正确选择疫苗剂型和生产厂家。

六是确定疫苗剂量和稀释量。

七是同种疫苗本着先弱后强的安排，合理搭配活苗与死苗的应用。

## (四) 疫苗免疫失败的原因

肉兔的传染病主要通过免疫接种加以预防，在现实生产中常出现免疫后仍发病的情况，主要原因如下：

第一，家兔处于不健康状态。在正常情况下，只有家兔处于健康状态下才能进行预防接种。发生疫情紧急接种时，应在技术人员指导下进行。早期感染过疾病的接种效果不确切，如感染过免疫抑制病的，机体免疫应答能力下降，可影响其他疫苗的使用效果，甚至导致免疫失败。

第二，机体抗体水平差异较大或机体抗体水平较高时免疫，可导致免疫失败。

第三，运输和保存不当将影响疫苗的免疫效果。不同疫苗具有不同的特性，应在规定温度下保存。弱毒苗需在 2～8℃暗处保存，灭活苗在常温保存时应有一定的时间限制。运输过程中要求 2～8℃保存的疫苗，宜在相同温度下运送，防止日光直射。

第四，接种途径错误和免疫计量不当。不同疫苗亲嗜性不同，要求不同的接种途径，用其他接种途径则达不到应有效果。

免疫剂量须达到一定限度才能刺激机体产生抗体。在一定范围内量越大，产生的抗体越多，但超过一定限度时，抗体产生受到抑制，出现免疫麻痹。因此，免疫剂量要足。同时，疫苗应在规定时间内用完，否则疫苗效价下降，导致免疫剂量不足。

第五，免疫时避免与其他药物合用，以免造成效价下降。

第六，接种疫苗时有强毒感染是造成免疫失败的又一原因。

第七，疫苗稀释应严格按说明书操作，一般疫苗用蒸馏水、去离子水或冷开水，不能用含消毒剂的自来水。

## （五）常用疫苗的接种方法

**1. 点鼻免疫**

（1）疫苗瓶中注入半瓶稀释液，轻轻摇动。待疫苗全部溶解，混匀，倒入盛有稀释液的瓶中，再混匀，装上滴头。挤出瓶内部分空气，迅速将瓶倒置，滴头向下拿在手中。

（2）固定肉兔，右手拿装好滴头的稀释液瓶。

（3）将兔头向上，滴头离鼻 1 厘米左右，呈垂直方面轻捏塑瓶，滴一滴疫苗于兔鼻中。稍等片刻，待疫苗完全吸收后再放开兔，疫苗瓶在放开兔时，疫苗瓶在手中一直应倒置，滴头向下。

**2. 饮水免疫**

（1）关掉乳头式饮水线或饮水器空水，同时停止兔群供水。

（2）严格控水 2～3 小时；或当 70%～80%的兔找水喝时，再饮水免疫。

（3）免疫用水中加入 0.3%脱脂奶粉，搅匀，疫苗先用少量奶粉水稀释后，再加入大容器中，一起搅匀，立即使用。无脱脂奶粉时，可用全脂奶粉或新鲜牛奶加水煮沸，冷却后去掉上层油膜，经 2～3 次去膜后即可使用。

（4）配制好的疫苗水加入饮水器，给兔饮用。要求给疫苗水时间一致，饮水器分布均匀，使所有兔基本上同时喝上疫苗水，1～1.5 小时内喝完。

（5）炎热季节里，应在上午接种疫苗，装有疫苗的饮水器不应暴露在阳光下。

（6）禁止用金属容器盛装疫苗水。疫苗水中不得含有任何消毒剂。

**3. 皮下注射**

（1）选取耳根后部、颈部、腋下、股内侧或腹下皮肤薄、松软、易移动的部位。剪毛消毒后，捏起皮肤呈三角形，将注射器刺入皮下 1.5 厘米，松开皮肤，注入药液。

（2）注射时，两手指间可感觉到疫苗注入皮下，否则停止检查并进行调整。

（3）注射过程中，要经常检查连续注射器是否正常。

（4）若不慎将疫苗注入操作人员手部，可按说明书推荐的方法处理或看医生。

**4. 肌肉注射**

（1）一般油乳剂苗使用肌肉注射法。注射前，先将疫苗回温到室温，摇晃均匀。疫苗严重分层，瓶子有裂纹，瓶盖松动者不得使用。

（2）调试好连续注射器，确保剂量准确，疫苗瓶适当固定，倒挂于胸前。

（3）注射部位为臀部或大腿肌肉丰满处。

（4）剪毛消毒后，固定注射部位皮肤，针头垂直迅速刺入一定深度，缓缓注入药液。注射完毕拔出针头时，用酒精棉球轻轻压迫片刻即可。

（5）注射过程中，要经常摇动疫苗瓶，使其混匀。

用药篇

# 三、药物采购常识

## （一）药物采购原则

（1）明确采购药品的目的，不要盲目采购。

（2）少采购、勤采购。

（3）要货比三家，先比较药品的质量和功效，再比较药品的价格。

（4）从正规渠道采购。

（5）不轻信广告宣传和厂家介绍。

## （二）制订采购计划

（1）制订详细的采购计划，以实际生产需要为导向，做好严密的调研和科学预测。

（2）在实施采购计划时，做到满足生产需要，防止耽误生产、少进勤进、合理库存，减少资金占用。

（3）根据实际生产需要及时检查和修订采购计划。

## （三）选择采购对象

（1）采购药品时，应选择“证照”齐全的生产厂家，尤其是必须有《营业执照》、《生产经营许可证》、《产品批准文号》、

《GMP证书》等资料，选择具有法人资格、管理水平高、产品质量优并稳定、信誉高、合法生产经营的生产厂家。

（2）要建立采购台账档案，每年对采购的对象进行一次分析和评价，巩固和发展企业信誉高、产品质量优的企业购销关系。

## （四）签订采购合同

（1）为维护合法权益，在采购药品时，要与供应商或厂家依法签订购销合同。合同的签约人须是法人或法人委托人，应审核供应商的资质、授权委托书等。

（2）采购合同签订时需要明确的相关内容：①品名、规格、厂牌、单位、数量、单价、金额、包装等；②质量标准、验收方式等，进口药品须有口岸药检所的检验报告书；③付款方式及期限；④交货地点及办法、费用承担；⑤双方单位信息；⑥双方其他约定条款。

（3）采购合同一经签订应严格按期履行，并定期检查合同执行情况。如有困难，须以书面形式通知对方进行注销或更改，并留底存查，否则将承担违约责任。

（4）要对合同进行管理，审核确保合同的合法性、有效性；保证合同的依法执行；分析合同履行情况，效益好坏；建立健全合同档案管理。

## （五）采购凭证和质量管理

（1）采购药品时，要严格审查并向供应商索要相关的发票等票据。

（2）收到供应商的药品后，要办理入库手续，财会人员凭盖有质量验收员印章的付款凭证方可付款。

（3）采购发票应建档妥善保存，以利于分析备查。

（4）供应商提供的发票，内容要准确无误，票面干净整洁，做到票货同行。

### （六）区分产品，做好记录

要将合格品与不合格品区分开来，并做好相应的产品质量记录。

### （七）首次采购一种药品时需要注意的事项

（1）应向供应商索取批准文号的批件、药品质量标准、药品使用说明书、药品小包装、标签、说明书、样张和样品等。

（2）应向供应商索取“证照”、“注册商标”、批件的复印件及药品法定检验报告书。

（3）在试用期，每批到货均应按批向供应商索取化验报告书。

（4）应建立质量档案，做好使用效果记录。

### （八）特别要注意辨别药品的名称

一个药品可有通用名、化学名、商品名，但最常用的是通用名和商品名。对于一种药品，通用名是全世界通用的。也就是说，一种药品只对应一个通用名，而商品名因生产厂家不同而异。采购时不能只记商品名，还要学会并记住通用名。一般商品名在药品包装上最醒目，而通用名字体较小。如果只记商品名，当在使用不同的商品名药品时，可能会因不同商品名的同一药物而重复用药，造成药物中毒。首先，要记住药品的通用名，因为它是唯一的。在采购药品时，只需将通用名告诉供应商即可。

# 四、药物保管常识

## （一）药品质量验收

（1）从事药品质量验收的工作人员，须是高中以上文化程度，经专业培训，熟悉药品知识、理化性能，了解各项验收标准，经考核合格，持证上岗。

（2）药品库应设置黄色标志的药品待验区，凡入库待验的药品应在待验区进行。

（3）质量验收员对待验药品，应在24小时内对数量、质量、包装三个方面进行验收，并按规定比例抽样检查，验收完毕后恢复原状。

（4）未使用完退回的药品，应查清退回原因后再进行验收，检查填写退回商品台账及退回质量验收通知单。质量完好的凭退回发票入合格品区，有质量问题的入不合格品区。

（5）验收药品时，除详细核对进货凭证及品名、规格、厂牌、批号、数量、逐批验收，做好验收记录外，还应核对有效期、批准文号、注册商标、许可证号、外观质量情况、包装质量等，每个批号药品附生产厂家质检部门发出的质量检验合格报告单。验收记录内容完整、不缺页、字迹清楚、结论准确，每笔验收均应签字盖章，记录保存5年。

(6) 凡验收合格的药品，由质量验收员在该药品入库凭证付款凭证上签章后方可入库和付款。

(7) 凡验收不合格药品，应放入不合格区，由质量验收员填制《药品拒收报告单》，由保管员核查后，方可拒收。

(8) 药品破损和原装短少，其破损和短少的数量，由仓库填制《药品报损单》，随同批入库凭证分送业务及财会部门。

(9) 药品进货手续不全、无合格证或无检验报告书的来货不得验收。进货手续齐全，但质量凭证可疑及验收不合格的也应拒绝入库。

(10) 药品经签收入待验区后，质量验收员对药品的安全负责。

## (二) 药品保管养护

(1) 药品仓库要配备专职质量验收保管员，全面开展药品保管养护工作。

(2) 质量验收保管员应具有高中以上文化程度，经过"GSP"培训和专业知识培训，考核合格，持证上岗。

(3) 药品应按其温湿度要求，分别贮存，并按性质分类存放，做到药品与非药品分别存放；性质相互影响，易串味药品分别存放；内服药与外用药分别存放；品名与外包装易混淆的分别存放。

(4) 有效期药品要挂有效期标志，有效期限尚有一年的药品，要及时使用或退货。

(5) 药品入库后，依据先进先出、近期先出、易变先出的原则，按批号堆码。混垛期限、效期药品不超过 1 个月，一般药品不超过 3 个月。

(6) 凡药品入库堆码，除不应倒置外，应按"GSP"规定的"五距"和"五区"堆放，做到货垛堆码牢固、整齐，倾斜角小于 15°。

(7) 药品库坚持温湿度管理，库内设温湿度计，由保管员做好每天温湿度记录，适时采取封闭、通风、排潮、降温等措施。

(8) 药品贮存，实行分区分类，货位编号。药品入库后，保管员应将货区段和货位号填写入库凭证上，并按出库凭证上标出的区段货位发货。

(9) 药品库要建立药品检查养护档案，即设置药品养护档案表、养护记录、养护台账、检验报告书、质量报表等记录。

(10) 内包装破损的药品，不得使用。破损及不合格品不得随便处理，应列表审批，监督销毁。

(11) 保管员应坚持“动碰复核”和“季度盘点”制度，以保持账货相符，查清差错事故原因和责任。

(12) 药品库坚持药品贮存环境的清洁卫生，做好避光、防虫鼠和通风排水，照明和消防设施符合安全。

(13) 药品库的账册以及相应的台账记录应保存5年备查。

### (三) 药品出库复核

(1) 要配备出库药品复核人员，对出库药品依规定进行复核。

(2) 复核人员须按药品领用凭证，逐一核对使用单位、品名、规格（型号）、厂牌、批号、数量、效期、质量、包装等项目与要求无误后，方可将药品发出。

(3) 经复核符合出库的药品，做好药品出库复核记录，并保存5年。

(4) 药品出库复核时，复核人员须坚持按“先产先出，近期先出，按批号出货”的原则发货。

(5) 经复核，发现不符合质量标准规定的药品，一律不得出库。

(6) 生产人员提取药品时，保管员凭提货单发货，并当面点清，由提货人在出库凭证上签字存查。

## （四）效期药品管理

（1）购进、调入效期药品时，在采购合同上应注明产品的效期及发运到货的效期要求。

（2）对有效期或者使用期 3 年以上、2 年以上 3 年以下、1 年以上 2 年以下、1 年以内的药品，入库验收时要求距离有效期终止时间分别不低于 3 年、2 年、1 年零 3 月和 9 个月。

（3）有效期药品入库时，质量验收人员应逐一检查大小包装和内外包装上的内容，特别是有效期或失效期等。

（4）保管员应根据有效期商品的效期长短先后、品名、规格分类排列存放。

（5）药品库对效期长的至少每季检查一次，对效期短的或接近效期的，应逐月检查；对效期（半年）及即将失效的或估计在有效期内使用不完的药品，应及时向领导汇报并写出报告单。

（6）凡失效或已过使用规定期的药品，药品库应及时堆入划有红线的不合格区。在供方负责期内的应及时联系作退货处理，否则，应填制不合格商品报损审批表按审批程序作报损处理。

（7）药品库对有效期药品应实行报表制度（上墙示意图）管理，药品效期在 1 年以内的应按月列表上报效期药品催用表。

（8）有效期药品出库时，应严格贯彻“先产先出，近期先出，按批号发货”的原则。

（9）另外，有些药品未标明有效期，但厂方标示有使用期、保质期、保存期、贮存期等，应将这些药品视作效期药品管理。

## （五）不合格药品的管理

（1）有下列情形之一者为不合格商品：①产品质量不符合法定质量标准规定；②药品无批准文号、注册商标、批号；③进口药品口岸药检部门检验报告书复印件；④药品的包装、质量及标志等都不符合规定；⑤缺乏必要的使用说明书的药品。

(2) 质量验收员查出质量不合格药品，应将该药品放入划有红线标志的不合格品区内，同时，填写“药商拒收报告单”，按规定程序做出查询与拒付处理。

(3) 药品保管员查出质量不合格的药品，应及时填写“药品质量复检通知单”交保管员复检，按复检结果，做出相应处理意见。

(4) 对在库药品中的自然变质或过期失效药品，应及时停用，并堆入不合格区，由仓库保管员填写“不合格药品报损审批表”，并按规定报损处理。

(5) 对在库药品霉烂变质、虫蛀、鼠咬、过期失效、不合格药品损失数量多，金额大、严重的应及时上报，按有关制度处理。

(6) 药品库应设立不合格药品存放区，专门存放不合格药品。

## (六) 退库药品质量管理

(1) 退库药品指领用退回药品。

(2) 凡属退库药品均应放入退货区内。

(3) 凡退库药品，药品库和药品使用部门均应建立台账记录和查询追诉及凭证等均应建立档案，保存5年备查。

# 五、禁用药物

为了保证我国出口兔肉的卫生质量和食用安全，促进兔肉出口，国家质量监督检验检疫总局和对外贸易经济合作部根据《中国动物及动物源食品中残留物监控计划》的有关规定，发布了出口兔肉《禁用药物名录》和《允许使用药物名录》。要求所有出口企业所属养殖场在饲养肉兔过程中严格按照《禁用药物名录》和《允许使用药物名录》规定的使用药物。

## （一）禁用药物名录（List of Drugs prohibited）

**1. 兽药类**（Animal Drugs）：

（1）己烯雌酚及其衍生物、二苯乙烯类：如己烯雌酚。

Stilbenes and its derivatives：Diethylstibestrol.

（2）甲状腺抑制剂类：如甲巯咪唑。

Antithyroid agents：Thiamazole.

（3）类固醇激素类：如雌二醇、睾酮、孕激素。

Steroid hormones：Oestrol，Testosterone，Progesterone.

（4）二羟基苯甲酸内酯类：如玉米赤霉醇。

Resorcyclic acid lactones：Zeranol.

（5）β-肾上腺激动剂：如克仑特罗、沙丁胺醇、西马特罗、特布他林、来克多巴胺。



用药篇

β-agonists：Clenbuterol，Salbutamol，Cimaterol，Terbutaline，Ractopamin.

（6）氨基甲酸酯类：如甲萘威。

Carbamates：Carbaryl.

（7）抗菌素类：二甲硝咪唑、呋喃唑酮、甲硝唑、洛硝达唑、氯霉素、泰乐菌素、杆菌肽。

Antibiotics：Dimetridazole，Furazolidone，Metronidazole，Ronidazole，Chloramphenicol，Tylosinum，Bacitracin.

（8）其他类：氯丙嗪、秋水仙碱、氨苯砜、二氯二甲吡啶（氯羟吡啶）、磺胺喹噁啉。

Others：Chlorpromazine，Colchicine，Dapsone，Anticoccidials（Clopidol），Sulfaquinoxaline.

**2. 农药（Pesticides）类**

（1）有机氯类：六六六、滴滴涕、六氯苯、多氯联苯。

Ocs：BHC，DDT，Hexachlorobenzene，PCBs.

（2）有机磷类：二嗪农、皮蝇磷、毒死蜱、敌敌畏、敌百虫、蝇毒磷。

Ops：Diazinon，Fenchlorphos，Chlorpyrifos，Dichlorvos，Trichlorfon，Coumaphos.

## （二）允许使用药物

**表 4-7　允许使用药物名录**

| 药物名称 Name | 用药剂量和方法 Dose and Method | 宰前停药期（天）Date of Withdraw | 最大残留限量 MRLs，微克/千克 | 其他 Others |
|---|---|---|---|---|
| 青霉素 Penicilim | 饮水：5 000 国际单位/羽，2～4 次/天 | 14 | ND | 忌与氯丙嗪盐、四环素类、磺胺类药物合用 |



用药篇

（续）

| 药物名称 Name | 用药剂量和方法 Dose and Method | 宰前停药期（天）Date of Withdraw | 最大残留限量 MRLs，微克/千克 | 其他 Others |
|---|---|---|---|---|
| 庆大霉素 Gentamycinum | 肌肉注射：5 000单位/羽/次<br>饮水：每升水2万～4万单位 | 14 | | 肌肉：100<br>肝：300 |
| 卡那霉素 Kanamycinum | 拌料：15～30毫克/千克<br>肌肉注射：每千克体重10～30毫克<br>饮水：30～120毫克/千克，2～3次/天 | 7<br>14（注射） | 肌肉：100<br>肝：300 | |
| 丁胺卡那霉素 Amikacin sulfate | 饮水：每千克体重10～15毫克，2～3次/天 | 14 | 肌肉：100<br>肝：300 | |
| 新霉素 Neomycin | 饮水：每千克体重15～20毫克，2～3次/天 | 14 | 肌肉/肝：250 | |
| 土霉素 Oxytetracycline | 拌料：100～140毫克/千克 | 30 | 肌肉：100<br>肝：300<br>肾：600 | |
| 金霉素 Chlortetracycline | 拌料：20～50毫克/千克 | 30 | 肌肉：100<br>肝：300<br>肾：600 | |
| 四环素 Tetracycline | 拌料：100～500毫克/千克 | 30 | 肌肉：100<br>肝：300<br>肾：600 | |
| 盐霉素 Salinomycinum | 拌料：60～70毫克/千克 | 7 | 肌肉：600<br>肝：1800 | 禁止与泰妙菌素、竹桃霉素并用 |

（续）

| 药物名称 Name | 用药剂量和方法 Dose and Method | 宰前停药期（天）Date of Withdraw | 最大残留限量 MRLs，微克/千克 | 其他 Others |
|---|---|---|---|---|
| 莫能菌素 Monensin | 拌料：90～110毫克/千克 | 7 | 可食用组织：50 | |
| 黏杆菌素 Colistin | 拌料：2～20毫克/千克 | 14 | 肌肉/肝/肾：150 | |
| 阿莫西林 Amoxicillin | 饮水：5 000 国际单位/羽，2～4次/天 | 14 | 肌肉/肝/肾：50 | 慎用，易诱发肠炎 |
| 氨苄西林 Ampicllin | 饮水 5 000 国际单位/羽，2～4次/天 | 14 | 肌肉/肝/肾：50 | |
| 诺氟沙星（氟哌酸）Norfloxacin | 饮水：每千克体重 15～20 毫克/天 | 10 | 肌肉：100<br>肝：200<br>肾：300 | |
| 恩诺沙星 Enrofloxacin | 饮水：500～1 000毫克/千克，2～3 次/天 | 10 | 肌肉：100<br>肝：200<br>肾：300 | |
| 红霉素 Erythromycin | 饮水：150～250 毫克/千克，2～3 次/天 | 7 | 肌肉：125 | |
| 氢溴酸常山酮 Halofuginone | 拌料：3 毫克/千克 | 5 | 肌肉：100 | |
| 拉沙洛菌素 Lasalocid | 拌料：75～125毫克/千克 | 5 | 皮+脂：300 | |

用药篇

（续）

| 药物名称 Name | 用药剂量和方法 Dose and Method | 宰前停药期（天）Date of Withdraw | 最大残留限量 MRLs，微克/千克 | 其他 Others |
|---|---|---|---|---|
| 林可霉素 Lincomycin | 饮水：15～20毫克/千克，2～3次/天<br>拌料：2.2～4.4毫克/千克 | 7 | 肌肉：100<br>肝：500<br>肾：1500 | |
| 壮观霉素 Spectinomycin | 饮水：130毫克/千克，2～3次/天 | 7 | 可食用组织：100 | |
| 安普霉素 Apramycin | 饮水：250～500毫克/千克，2～3次/天 | 7 | 未定 | |
| 达氟沙星 Danoqloxacin | 饮水：500～1 000毫克/千克，2～3次/天 | 10 | 肌肉：200<br>肝/肾：400 | |

## （三）常备药物

表4-8　肉兔养殖场常备药物

| 类别 | 药物名称 | | 剂型 | 剂　量 | 使用方法 |
|---|---|---|---|---|---|
| 抗生素类 | 青霉素类 | 氨苄西林钠 | 注射剂 | 每千克体重50～100毫克 | 肌肉注射，3～4次/天 |
| | | | 粉散剂 | 每千克体重50～70毫克/天 | 口服或混料，1次/天 |
| | | 阿莫西林 | 注射剂 | 每千克体重50～100毫克 | 肌肉注射，3～4次/天；慎用 |
| | | | 粉散剂 | 每千克体重40～80毫克/天 | 口服或混料，1次/天；慎用 |
| | 头孢类 | 头孢拉定 | 可溶性粉 | 每千克体重25～50毫克 | 口服，3～4次/天 |

（续）

| 类别 | 药物名称 | | 剂型 | 剂　量 | 使用方法 |
|---|---|---|---|---|---|
| 抗生素类 | 大环内酯类 | 5%硫氰酸红霉素 | 可溶性粉 | 每升水1～1.5克 | 饮水，1次/天 |
| | | 琥乙红霉素 | 粉散剂 | 每千克体重15～25毫克 | 口服，2次/天 |
| | | 罗红霉素 | 粉散剂 | 每千克体重2.5～5毫克 | 口服，2次/天 |
| | | 阿奇霉素粉散剂 | 粉散剂 | 每千克体重5～10毫克 | 口服，1次/天 |
| | 林可胺洁霉素类 | 盐酸林可霉素 | 粉散剂 | 每千克体重30～60毫克/天 | 口服，分1～2次 |
| | | 盐酸克林霉素 | 注射剂 | 每千克体重25～40毫克/天 | 肌肉注射或静脉注射，分2～4次 |
| | | | 粉散剂 | 每千克体重10～20毫克/天 | 口服，分1～2次 |
| | | 磷霉素钙 | 粉散剂 | 每千克体重50～100毫克/天 | 口服，分1～2次 |
| | 氨基糖苷类 | 硫酸庆大霉素 | 注射剂 | 每千克体重40毫克 | 肌肉注射，2次/天 |
| | | 硫酸阿米卡星（丁胺卡那霉素） | 注射剂 | 每千克体重每天4～8毫克（4 000～8 000单位） | 肌肉注射，分1～2次 |
| | | 硫酸新霉素 | 粉散剂 | 每千克体重25～50毫克/天 | 口服，1～2次 |
| | 四环素类 | 盐酸多西环素 | 粉散剂 | 每千克体重2.2～4.4毫克 | 口服，1次/天 |
| | | 强力霉素 | 粉散剂 | 每千克体重2毫克 | 口服，2次/天 |

（续）

| 类别 | 药物名称 | | 剂型 | 剂 量 | 使用方法 |
|---|---|---|---|---|---|
| 抗生素类 | 抗霉菌类 | 灰黄霉素 | 粉散剂 | 每千克体重25～50毫克 | 口服，1次/天，连服1～2周 |
| | | 制霉菌素 | 粉散剂 | 成年兔，10单位/次 | 口服，2次/天 |
| | | 达克宁 | 软膏 | 软膏 | 外用，涂于患处 |
| | | 克霉唑 | 软膏 | 软膏 | 外用，涂于患处 |
| 合成类 | 喹诺酮类 | 盐酸环丙沙星 | 粉散剂 | 每千克体重50毫克 | 混饮 |
| | | | | 每千克体重100毫克 | 混饲 |
| | | 恩诺沙星 | 粉散剂 | 每千克体重50毫克 | 混饮 |
| | | | | 每千克体重100毫克 | 混饲 |
| | | 盐酸左旋氧氟沙星 | 粉散剂 | 每千克体重50毫克 | 混饮 |
| | | | | 每千克体重100毫克 | 混饲 |
| | | 盐酸沙拉沙星 | 粉散剂 | 每千克体重50毫克 | 混饮 |
| | | | | 每千克体重100毫克 | 混饲 |
| | 磺胺类 | 磺胺嘧啶（SD）磺胺甲基异噁唑 | 粉散剂注射液 | 首次量：每千克体重0.2～0.3克，维持量减半 | 肌肉注射、静脉注射或口服，2次/天，症状消失后再连用2～3天，应用时配小苏打 |
| | | 磺胺二甲氧嘧啶<br>磺胺-5-甲氧嘧啶<br>磺胺-6-甲氧嘧啶 | 粉散剂注射液 | 首次量：每千克体重0.1克，维持量减半 | 肌肉注射、静脉注射或口服，2次/天，症状消失后再连用2～3天，应用时配小苏打 |

（续）

| 类别 | 药物名称 | | 剂型 | 剂 量 | 使用方法 |
|---|---|---|---|---|---|
| 合成类 | 磺胺类 | 复方新诺明<br>复方敌菌净 | 粉散剂 | 每千克体重 25～30 毫克 | 口服，1～2 次/天 |
| | 抗球虫、寄生虫类 | 盐霉素 | 预混剂 | 每千克饲料 50～60 毫克 | 混饲；毒性强，搅拌均匀 |
| | | 二硝托胺预混剂 | 预混剂 | 每吨饲料 125 克 | 混饲 |
| | | 磺胺氯吡嗪钠 | 预混剂 | 每吨饲料 600 毫克 | 混饲 |
| | | 磺胺喹噁啉钠 | 可溶性粉 | 每升水 50～300 毫克 | 饮水，连续饮用不超过 5 天 |
| | | 地克珠利 | 预混剂 | 每吨饲料 1 克 | 混饲，容易产生耐药性 |
| | | 妥曲珠利溶液 | 溶液 | 每吨体重 7 毫克 | 饮水，连用 2 天 |
| | | 海南霉素 | 预混剂 | 每吨饲料 5～7.5 克 | 混饲 |
| | | 丙硫苯咪唑 | 粉散剂 | 每吨体重 10～20 毫克 | 1 次口服 |
| | | 盐酸左旋咪唑 | 粉散剂 | 每吨体重 10～15 毫克 | 1 次口服 |
| | | 吡喹酮 | 粉散剂 | 每吨体重 20～25 毫克 | 1 次口服 |
| | | 敌百虫 | 溶液 | 1%～2%水溶液 | 外用涂擦，1～2 次/天 |
| | | 伊维菌素 | 注射剂 | 每千克体重 0.2 毫克 | 1 次皮下注射或口服 |
| | | 阿维菌素 | 注射剂 | 每千克体重 0.2 毫克 | 1 次皮下注射或口服 |

（续）

| 类别 | 药物名称 | | 剂型 | 剂　量 | 使用方法 |
|---|---|---|---|---|---|
| 解热镇痛化痰激素类 | 解热镇痛类 | 扑热息痛 | 粉散剂 | 每千克体重20～30毫克/次 | 口服，2～3次/天 |
| | | 阿司匹林 | 粉散剂 | 每千克体重60～100毫克 | 口服，3次/天 |
| | 化痰类 | 盐酸溴己新 | 粉散剂 | 每千克体重6～12毫克 | 口服，2次/天 |
| | 激素类 | 醋酸地塞米松 | 注射剂 | 0.1～0.3毫升/次 | 肌肉注射，1次/天 |
| | | | 粉散剂 | 0.25毫克/次 | 口服，1次/天 |
| 消毒类 | 环境、兔舍、用具、笼具消毒类 | 来苏儿 | 乳剂 | 3%～5%水乳液 | 地面、墙壁喷洒消毒 |
| | | | | 5%～10%水乳液 | 兔排泄物消毒 |
| | | 火碱 | 溶液 | 2%～4%水溶液 | 兔舍、地面、墙壁、用具、车辆等消毒 |
| | | 生石灰 | 分散剂 | 10%～20%石灰乳 | 喷洒地面、墙壁、排泄物 |
| | | 季铵盐 | 溶液 | 0.4%～0.8% | 设备、房舍、手术器械、车辆消毒、人员喷雾或洗手、带兔消毒 |
| | | 戊二醛 | 溶液 | 0.01%水溶液 | 建筑物 |
| | | | | 0.15～2%水溶液 | 消毒、器械等 |
| | | 石炭酸 | 溶液 | 0.05%～1.0% | 兔舍、非金属设备、消毒池 |
| | | 次氯酸钠 | 粉散剂 | 0.3%水溶液 | 带兔喷雾消毒 |
| | | | | 1.5%水溶液 | 地面、墙壁、用具消毒 |
| | | 漂白粉 | 粉散剂 | 每升水6～10克 | 混匀30分钟后，饮水 |
| | | | | 10%～20%水溶液 | 地面、墙壁、用具消毒 |

（续）

| 类别 | 药物名称 | | 剂型 | 剂量 | 使用方法 |
|---|---|---|---|---|---|
| 消毒类 | 环境、兔舍、用具、笼具消毒类 | 高锰酸钾＋福尔马林 | 粉散剂、溶液 | 7克：14毫升/米$^3$兔舍 | 熏蒸消毒 |
| | | 二氯异氰尿酸钠 | 粉散剂 | 1：400水溶液 | 地面、笼具消毒 |
| | | | | 1：3 000水溶液 | 饮水 |
| | | 过氧乙酸 | 溶液 | 0.05%～0.5%水溶液 | 场地、兔舍消毒 |
| | 器具消毒、清创类 | 高锰酸钾 | 粉散剂 | 0.1%～0.2%水溶液 | 用具消毒或洗涤创口 |
| | 注射部位、消毒类 | 碘酊 | 溶液 | 2%～5% | 注射部位消毒 |
| | | 酒精 | 溶液 | 70%～75% | 注射部位消毒 |
| | 皮肤黏膜、创伤五官炎症类 | 龙胆紫水溶液 | 溶液 | 1%～2%水溶液 | 皮肤、黏膜、化脓创消毒 |
| | | 硼酸 | 溶液 | 2%～3%水溶液 | 眼睛、口腔、耳炎的冲洗 |
| | | 新洁尔灭 | 溶液 | 0.01%～0.05%水溶液 | 冲洗黏膜、深部感染创和手的消毒 |
| | | | | 0.1%水溶液 | 浸泡器具 |
| | | 洗必泰 | 溶液 | 0.05%水溶液 | 消毒手、皮肤、黏膜和冲洗创口 |
| 其他类 | 注射类 | 催产素注射液 | 注射剂 | 每千克体重2～3单位 | 1次皮下或肌肉注射 |
| | | 维生素$K_3$注射液 | 注射剂 | 每千克体重1毫升 | 肌肉注射，2次/天 |
| | | 止血敏注射液 | 注射剂 | 每千克体重0.5毫升 | 1次肌肉注射 |
| | | 复方氨基比林注射液 | 注射剂 | 每千克体重1.5～2毫升 | 1次肌肉注射 |

（续）

| 类别 | 药物名称 | | 剂型 | 剂 量 | 使用方法 |
|---|---|---|---|---|---|
| 其他类 | 注射类 | 柴胡注射液 | 注射剂 | 每千克体重1毫升 | 1次肌肉注射 |
| | | 25%氯丙嗪注射液 | 注射剂 | 每千克体重0.12毫升 | 1次肌肉注射 |
| | | 25%尼可刹米注射液 | 注射剂 | 成年兔0.5～1升 | 1次静脉注射 |
| | | 1%亚甲蓝注射液 | 注射剂 | 每千克体重2毫升 | 1次静脉注射 |
| | | 0.5%硫酸阿托品注射液 | 注射剂 | 每千克体重0.5毫升 | 1次肌肉注射 |
| | 口服类 | 液体石蜡 | 溶液 | 5～15毫升/次 | 口服，1～2次/天 |
| | | 口服补液盐 | 粉散剂 | 2～6克/次 | 口服，1～2次/天 |
| | | 鱼肝油 | 溶液 | 1～2毫升/次 | 口服，2天1次 |
| | | 复合维生素B | 粉散剂 | 10～20毫克/次 | 口服，1次/天 |

# 失误篇

ROUTU RICHENG GUANLI JI YINGJI JIQIAO

一、用药失误 ………………………… 353

二、饲养管理失误 …………………… 358

三、经营及决策失误 ………………… 369

四、疾病诊断和防治失误 …………… 379

# 一、用药失误

## （一）滥用抗生素导致抗生素相关性腹泻

抗生素的发现和商品化生产，对于预防和治疗某些传染性疾病发挥了积极作用。但是，如果使用不当，将产生严重的副作用。抗生素相关性腹泻就是其中之一。

2003 年春，河北省保定市一养兔专业户为了预防传染性鼻炎，按照说明剂量的 1.5 倍在饲料中添加了阿莫西林，3 天后陆续出现腹泻。由于其养兔多年，经验丰富，按照常规方法处理。比如注射一定的抗生素，口服一定的药物，补液、解毒等，但均没有奏效，5 天死亡种兔 800 多只。同时，发病率越来越高，死亡越来越严重。情急之下，让笔者诊治。

根据其发病的病因、临床症状和病理剖检，确诊为家兔魏氏梭菌性腹泻，是由于滥用抗生素导致的抗生素相关性腹泻。也就是说，由于滥用抗生素，将家兔肠道内的有益菌大量杀死，使得耐药性的有害菌得以大量繁殖，发生肠道菌群失调，出现急性肠炎。对于这种疾病，用任何药物都很难奏效。因此，笔者采取大剂量使用有益微生物的方法，收到了良好效果。

治疗措施：以 1%的生态素（河北农业大学山区研究所研制的微生态制剂）饮水，用于大群预防（平时预防量为 0.1%～

0.2%的浓度饮水），控制病情；对于发病患兔，大剂量灌服生态素，大兔每次10毫升（平时治疗量每次3～5毫升），小兔5毫升（平时2～3毫升），每天2～3次，连续3天。采取以上措施，3天控制了病情。

## （二）滥用马杜拉霉素造成家兔大批中毒死亡

**1. 实例** 家兔马杜拉霉素中毒事件在我国屡次发生，造成重大损失。

实例一：据刘桂艳（2000年）报道，1999年8月初，河北省滦县一种兔场因给兔喂马杜拉霉素，引起中毒，损失惨重。

该兔场过去一直以氯苯胍作为抗球虫药，但为了防止产生抗药性，决定换药。于是，听别人介绍，用马杜拉霉素以每100千克料50克药的剂量拌匀直接饲喂。第三天，喂过该药的兔只开始发病，并出现死兔；又过了3天，死兔150多只，死亡率已达20%，且死亡的多为基础母兔和青年兔，小兔和体弱少食的病症较轻，未吃过该药的200多只兔无一发病。临诊症状：精神不振，开始喜饮水，之后不思饮食，四肢瘫软无力。重症的颈软，头歪向一侧，瘫痪不起，四肢不规则地伸向体外。

实例二：据河南王玉现报道（1999），1998年9月16日，安阳郊区养兔专业户赵某发现幼兔群有患病病兔，随即将2只65日龄新西兰兔患兔带来求治。该患兔消瘦、腹胀，粪便稀软，经粪检诊断为球虫病。赵某使用抗球王（1%的马杜霉素铵预混剂）对幼兔群进行防治，参照鸡的使用剂量，按每千克饲料5毫克马杜拉霉素拌料饲喂。16日下午6时开始给幼兔群饲喂拌药饲料，17日早晨发现服药的220只幼兔全部发生中毒症状，并已死亡156只。至19日，又陆续死亡幼兔36只，总共死亡兔192只，死亡率达87%。而其他未服药的成年兔群精神尚好，未见异常。根据临床症状、病理变化、细菌培养和剩余饲料饲喂试验等，确诊为抗球王（马杜拉霉素）中毒。

实例三：据高爱萍等报道（2001年），2000年8月，某肉兔养殖户饲养肉兔180只，其中成年兔40只，1～2月龄兔140只，皆注射过兔瘟疫苗。1周前，兔群出现拉稀，疑似球虫病，遂到当地兽药门市部购球杀死（1%马杜拉霉素，100克/包）。为了迅速控制球虫病，户主擅自加大剂量，每包混料100千克（使用说明为每包混料200千克），连续饲喂。用药4天后，有些兔出现精神极度兴奋、乱跑、乱撞、不食、憋尿，很快死亡。2天内死亡兔45只，其中成年兔12只，幼兔33只。经综合诊断为马杜霉素中毒。

实例四：据冯涛等报道（2001），2000年11月21日，山东省临沂市某个体养户饲养的肉兔大批死亡。该养兔户共饲养哈白兔600只，其中成年兔580只、仔兔20只。发现兔群中有部分成年兔排胶冻状带黏液的粪便，因疑为球虫感染遂购买抗球王，并按说明剂量5毫克/千克拌料治疗，结果2天后兔大批发病并死亡；以后，又按兔瘟及兔巴氏杆菌病紧急注射兔瘟灭活苗和青霉素、链霉素治疗，但仍无效果。至11月27日已死亡兔540余只，仔兔未见发病，死亡率达90%。

实例五：据吕晓春报道（2001），江苏省某县3个养兔专业户共养肉兔500只，以前用克球粉加入饲料中防治球虫病，因常用一种药易形成耐药性，因此本次用中国抗球王代替。2000年7月5日，一起到饲料厂加工饲料500千克，加入中国抗球王3包。7月6日，其中一户开始喂本次饲料，到7月7日早上，有兔开始厌食，精神不振，误以为天气热，按照兔中暑治疗。晚上兔开始死亡，7月8日早上，发现有30只肉兔死在笼内。9日早上，最早饲喂户累计死亡肉兔100多只，其余两户肉兔也开始死亡，9日下午改换了饲料。接连3天，死亡肉兔数量逐步减少。最早使用饲料的养殖户200多只肉兔，除一只逃出笼的种公兔和未开食的仔兔外，其余几乎全军覆没。另外两户稍好些，但损失惨重。

实例六：据陈西岐等（2005）报道，河南省某养兔专业户饲养家兔352只，用5毫克/千克马杜拉霉素拌料防治球虫病，发病率为100%。曾按肉毒梭菌中毒症、兔病毒性出血症等病防治无效，死亡兔302只，死亡率为85.8%。按照死亡的快慢分成3种类型：

烈性中毒：于食后0.5～8.0小时发病，突然兴奋不安，尖叫狂窜乱跳，无目的地前冲后撞，出现头向后仰或头低耳耷、脖颈歪扭、转圈等神经症状。但体温正常或稍低。鼻流血沫，排血尿，倒地翻滚，角弓反张，痉挛，四肢呈游泳状挣扎后很快死亡。

急性中毒：食后10～36小时突然发病，全身软瘫，趴伏在地，四肢外伸。颈软，头歪向一侧。耳、口、鼻发绀。嗜睡，驱赶时站不起来，排血尿，拉稀，很快死亡。死时无挣扎现象，有的后躯瘫痪，驱赶时后肢站不起来，两前肢撑起拖着后肢向前爬。有的前躯瘫痪，驱赶时两后肢撑起，拖着头、颈、前肢向后倒退。于数小时内死亡，死时呈趴伏状，鼻流血沫或血水。

慢性中毒：食后2～5天发病，精神不振，反应迟钝，厌食，异食，嗜睡。后躯发软，驱赶时站立不稳，共济失调，迈步无力。腹泻，排血尿。呼吸困难，数日内死亡。停喂含马杜拉霉素的饲料后，兔群的死亡仍可持续10天左右。未死亡的发育不良，生产性能下降。

类似中毒例子很多，不再枚举。

**2. 解剖特点** 鼻孔内和气管内有大量血沫，喉头、气管严重出血，胸水和腹水增多，有的呈暗红色。心包积液，心肌松软，心外膜血管呈树枝状充血。肺淤血、充血、水肿，有的有出血斑点。肝肿大，质脆，色发乌，淤血、出血，有的有黄色条斑状病变。胆囊胀大，充满黑绿色胆汁。肾肿大、淤血、出血，有的呈黑色。胃饱满，黏膜大片脱落，呈弥漫性出血，胃底出血尤其严重。肠道广泛性出血。脑膜水肿、充血，有的有出血点。膀胱充满橘红色、暗红色或酱油色尿液。

**3. 治疗措施** 目前对马杜拉霉素中毒没有特效药物，一般采取对症治疗。首先立即换料，饲喂一些青绿饲料，精料中加入维生素$K_3$，其他多维素按规定量2倍添加。在饮水中加3%葡萄糖、口服补液盐（或电解多维）和百毒解；或加入0.01%维生素C，以加速排泄和提高抗病力。

**4. 体会** 家兔对马杜拉霉素极其敏感。根据笔者试验，无论是正常剂量添加还是减少一半剂量添加，家兔均可发生中毒。因而，绝不可以马杜拉霉素及其商品用于防治家兔球虫病。

## （三）注射受冻疫苗造成兔瘟大发生

1986年，河北省某县家兔发生大批死亡，经笔者诊断为兔瘟。但是，该县家兔免疫全部免费，兔瘟疫苗注射时间1个月左右，疫苗为国家正式厂家生产。为什么仍然发生兔瘟呢？对此，笔者进行了调查。

该批疫苗是省外贸系统统一调拨。技术人员对于疫苗的保存条件不清楚，误将疫苗存放在外贸冷库中冷冻保存。当使用时，又慢慢将其融化，有的甚至用热水迅速化冰。经过冻融之后，疫苗的免疫原性大大降低，甚至失效。因此，注射之后，不能产生坚强的免疫力而发生大批发病死亡。仅这一次，该县因兔瘟死亡家兔万余只。

兔瘟疫苗属于组织灭活苗，与其他动物的弱毒苗（如鸡新城疫Ⅳ系）或强毒苗（如鸡新城疫Ⅰ系）不同。后者只有在低温下才能保持其活性，而兔瘟疫苗在0～8℃下冷藏即可。

# 二、饲养管理失误

## （一）早期断奶引起仔兔腹泻

一些养兔场为了缩短母兔繁殖周期、提高繁殖率，推行早期断奶技术，即由传统的35天缩短到28～30天。这一技术的应用，可以大大地提高经济效益。但如果搞得不好，技术措施不衔接或不配套，就会出现很多问题。腹泻是常见的一种疾病，并且死亡率很高，给养兔场造成很大的经济损失。据马素峰等报道，他们在生产中遇到这样的实例多起，并分析其发病原因，指出其症状，提出预防措施。

**1. 发病病因**

（1）断奶应激。由于仔兔的消化、免疫和体温调节等生理功能未完善，断奶给仔兔造成营养和环境等应激，其中营养应激反应最大。仔兔的消化机能和酶系统本来就未发育完善，突然断奶转为饲草饲料。由于胃肠功能弱而消化不好，造成肠的吸收减少，分泌功能增加，使肠道内容物增加。不仅为病原微生物提供了营养场所，而且使肠内渗透压升高，导致渗透性腹泻。

（2）饲养管理不当。首先，不正确的饲喂。仔兔断奶后贪食，很容易造成过度采食和过量饮水，从而造成消化不良，引起腹泻。所以，在仔兔断奶后要严格控制采食量和饮水，并且要坚持少量多次的原则，一般喂料以喂八成饱为宜。第二，饲料、饮水受污染。由于所用水、料槽消毒不严，或水、料槽设计不合理，被仔兔拉粪、撒尿而污染，使仔兔受感染引发肠炎而腹泻。第三，仔兔摄入了腐败发酵的饲料，或有露水的、冰冻的草料，而导致腹泻。第四，由于气温的变化而导致兔舍内温度的大幅度升降，也会导致早期断奶仔兔肠炎腹泻的发生。

（3）病原性腹泻。由于防疫措施不力，早期断奶仔兔免疫力低下，极易发生传染性肠炎、腹泻。如感染胃肠炎病毒、细菌（大肠杆菌、沙门氏菌、魏氏梭菌等）、寄生虫病，如球虫等，均可导致腹泻。

**2. 临床症状** 临症表现都是在胃肠卡他或胃肠炎的基础上发展起来的，病兔精神不振，常蹲于一隅，不愿采食，甚至食欲废绝，粪便变软、稀薄，以至成稀糊状或水样，有臭味，可能混入未消化食物的碎块、气泡和浓稠的黏液。有时腹围增大，随着炎症加剧，体温升高、消瘦，被毛粗乱、无光泽，黏膜发绀或黄染，全身恶化。

**3. 防治方法**

（1）减少早期断奶的应激。可采取分期分批逐渐断奶法。即将体质强壮的仔兔先断奶，不要突然1次断奶，应在断奶前5天逐渐减少哺乳次数，然后再进行断奶。如果实行早期断奶，应将仔兔28天断乳体重调整到500克，但必须采取早期补料。

（2）改善饲养管理条件，杜绝各种致病因素。一定要在断奶后饲喂营养丰富的全价饲料，并保持断乳后与断奶前饲料的一致性。

（3）对早期断奶的仔兔，要定期在饮水中加入肠道消炎药，如氟哌酸、庆大霉素等。饲料中也应加入抗球虫药物和肠道消炎药。近年来生产中发现，以微生态制剂在断乳仔兔的饮水或饲料中添加，可有效地预防各种类型的腹泻，其效果较添加抗生素或化学合成药物更安全可靠。

(4) 对已发生腹泻的仔兔要给予及时治疗。首先抗菌消炎，如内服氟哌酸、肌肉注射庆大霉素和链霉素等。同时，配合防腐制酵、收敛保护药物。可内服鞣酸蛋白溶液 2～3 毫升，每天2～3 次；也可用鞣酸蛋白 0.1 克，磺胺脒 0.25 克、小苏打 0.25 克，加入饲料中或内服，每天 2 次。中草药治疗：穿心莲叶 6 克、银花 6 克、香附 5 克，水煎服；白头翁、黄连、银花、槐花各 1.5 克，水煮服，日服 2 次；马齿苋、鱼腥草、车前草，水煎服，日服 3 次，每次 2 汤匙。对恢复期的仔兔要给以健胃药，加神曲、麦芽各一半，混于饲料喂食；或喂酵母片 1 片内服，每天 2 次；在不使用抗菌药物的情况下，大剂量口服微生态制剂效果更好。

## (二) 以猪鸭配合料喂兔导致大批死亡

据江西农业工程学院黄雪如报道，在多年饲养实践中，碰到过数起因在冬季缺乏青绿饲料而长期大量使用猪鸭颗粒配合料喂兔，引起许多种兔和大批幼兔死亡，造成严重损失的病例。其列举了一些实例，分析其发病机制，指出预防措施。

**1. 中毒病例**

病例一：某兔场，2003 年 11～12 月，天气寒冷，雨水较多，缺乏青饲料和优质牧草，为了促使泌乳母兔多产奶，长期多量饲喂猪或鸭配合饲料，最终导致 6 只种母兔相继剧烈腹泻死亡，仔兔亦随之全部饿死。

病例二：某兔场，2005 年 1 月，一批 45～75 日龄的幼兔因缺乏青饲料和优质牧草而长期饲喂猪鸭配合颗粒精料，引起兔只逐渐死亡 320 只，仅剩存 40 只。患兔症状完全相同，即头后仰，两前脚往前伸，两后脚往后伸。剖检胃肠内有大量精饲料，积尿，肝肿大，肠道血管充血等。

病例三：某兔场，2005 年 1 月中旬从外地购进 120 只青年种兔。有的母兔已怀孕20余天。随种兔带来的一包兔专用饲料吃完后，擅改饲料配方，加大了粗蛋白和能量含量，降低了粗纤维的含量。此时天气多雨，寒冷潮湿，饲养管理不当，饲喂1周后，兔相继出现咳嗽、腹泻、流产及死亡。剖检发现肠内容物腐败发臭。

**2. 病因分析**

（1）为了提高母兔的泌乳力，长期多量饲喂能量、蛋白质含量较高的猪鸭配合颗粒料，日粮中粗纤维含量太低，天气阴冷潮湿，缺乏青绿饲料，加上泌乳负担重等原因，母兔抗病力下降，消化道中有害细菌，如魏氏梭菌、大肠杆菌大量繁殖，产生大量毒素，引起腹泻，粪便呈水样，黑色恶臭。肠道内充满气体，积尿，肝肿胀，最后自体中毒死亡。

（2）小兔刚断奶，消化机能尚未健全，天气寒冷潮湿，惊扰多，应激大，缺乏青饲料，较少采食粗饲料，贪食多量猪鸭配合颗粒料，引起中毒，无有效解救方法，最终大批死亡。剖检胃肠内有大量精料，腐败变酸，未出现腹泻症状。

（3）猪鸭配合饲料与家兔专用配合饲料相比，能量、粗蛋白的含量较高，最主要的区别是粗纤维含量太低。众所周知，兔是单胃动物，虽说对粗纤维的消化率较低，但日粮中适量的粗纤维对保证家兔的生长发育和预防胃肠道疾病有重要作用。在日粮中含量合理时，纤维素作为维持消化道运动的填充物是必需的。纤维素还具有消化酶的活化剂的作用，这有助于营养物质消化率的提高。粗纤维含量偏低，导致家兔消化紊乱，肠道疾病增多，肠道内有害细菌大量繁殖，产生的毒素被兔体吸收，严重的引起中毒死亡。

**3. 预防措施** 使用家兔专用配合饲料，不用其他动物的饲料代替。一旦发生由于这种原因引起的疾病，因首先停喂替代饲料，投喂优质粗饲料或青饲料，饮水中大量家兔微生态制剂。对于腹泻较严重的患兔可适当补液。一般3天后症状缓解，逐渐转为正常。

## （三）维生素A缺乏给生产造成严重损失

维生素A是家兔营养需要的主要脂溶性维生素，对于促进生长、提高繁殖性能和增强抗病能力等起到至关重要的作用。维生素A的来源：一是饲料中添加人工合成的维生素A添加剂；二是由饲料中的胡萝卜素转化。当饲料中没有添加或添加不足，或青绿饲料缺乏，或维生素A源不足，或提供总量不足、需要量大的时候，就会发生维生素A缺乏症，给生产造成损失。

**1. 实例**

实例一：据谷子林报道，1988年春季，某兔场出现了母兔受胎率低、产仔数少、流产率高和仔兔不开眼、眼球萎缩的怪现象。连续2个多月，30%左右的仔兔12天不开眼，1个月仍然没有开眼的迹象。掰开眼皮之后，发现内为空洞，眼球没有发育。其饲料配方至入冬以来没有变化，也没有发现异常现象。3月份产仔以后，陆续出现问题。经调查发现，近半年来，饲料中没有添加任何维生素，也没有补充任何青绿多汁饲料。当家兔进入繁殖季节后，维生素的需要量大大增加。胎儿发育、精子形成、神经系统和眼球的发育对于维生素A最为敏感，因而出现以上的系列症状。当饲料中补充维生素A添加剂，同时每天每只种兔补喂一定的青饲料10天后，以上症状消失。

实例二：据吴维华等（2004年）报道，近10年诊疗维生素A缺乏症千例有余，其分析了本病发生的主要原因：第一，长期饲喂棉子饼、米糠、麸皮、稻谷粉、劣质牧草等缺乏维生素A原的饲料而引发本病；第二，长期饲喂贮存过久或腐败变质的饲料，这些饲料中的胡萝卜素或维生素A遭到严重破坏；第三，兔舍阴暗潮湿，缺乏日光照射和适当运动，以及饲料中缺乏矿物质或微量元素等，也可引发本病；第四，继发性维生素A缺乏症，多继发于慢性消化系统疾病。因为饲料中的胡萝卜素进入兔体内，是通过肠的上皮组织转变成维生素 A，而维生素 A 的贮存主要是在肝脏中。所以，当兔发生慢性肠道疾病或肝脏疾病时（如慢性胃肠炎、肝型球虫病等），都可使维生素 A 的吸收、转化与贮存机能发生障碍，从而继发本病。

**2. 主要症状**

（1）皮肤上皮发生变性，使兔发生皮脂溢出、皮炎症状。

（2）泪腺上皮发生变性，使兔泪腺分泌减少，眼角膜干燥，并呈现云雾状浑浊，眼周围积有干燥眼屎，发生干眼病。

（3）生精小管生殖上皮发生变性，使公兔精子活力严重下降，发生生殖机能障碍症。

（4）胎盘黏膜上皮发生变性，使母兔发生流产、死产，或产出胎儿衰弱，或产出先天性畸形仔兔，并会发生胎盘滞留症。

（5）视神经管缩小而发生夜盲症，使兔盲目前进或行动迟缓，碰撞障碍物。

（6）外周神经损害而发生骨骼肌麻痹，使兔不愿运动，有时转圈，摇头，严重者头转向一侧或后仰或头颈缩起，四肢麻痹，发生惊厥。

（7）生长缓慢，消瘦，体重减轻，严重者可衰竭而死。

**3. 治疗方法**

（1）内服鱼肝油（每毫升中含维生素 A 850 国际单位 ＋维生素 D 85 国际单位），每次内服 3～5 毫升，每天 2～3 次，连用 10～15 天；或在每千克混合饲料中加入维生素 A2 万～5 万国际单位，连喂 7 天以上。或添加兔乐（河北农业大学山区研究所研制），按饲料的0.5％添加，连续 7 天后降低到 0.25％～0.3％。

（2）重症者可肌肉注射 AD 注射液（每毫升中含维生素 A 5 万国际单位＋维生素 $D_3$0.5 万国际单位），每次肌肉注射 0.3～0.5 毫升，每天 2 次。

## （四）低温环境造成新生仔兔猝死

初生仔兔体温调节机能不健全，需要的适宜温度在33℃左右。如果环境温度不合适（尤其是产仔箱保温效果不良），很容易发生低温导致猝死。据阎港报道（2004年），2003年1月，承德县某兔场进行冬繁过程中，技术人员在检查时发现，3～4日龄的初生仔兔中接连出现不明原因的整窝死亡现象。他们对此进行了详细的检查。

**1. 发病情况及特点** 该场进行冬繁，到1月6日为止，生产的136窝仔兔中，已有46窝共167只仔兔均在产后1～6天内死亡，死亡窝数大约占34%。而哺乳母兔和同场的其他各年龄段家兔未有任何临床症状表现。此时正值冬季，夜间外界气温最低达－17℃以下，而兔舍内温度仅达到8～13℃。

**2. 临床症状及剖检病变** 死亡仔兔均在6日龄以内，以3～4日龄为多，全身皆未长毛。在刚刚死亡的3窝仔兔中取9只进行剖检，观察到的比较一致的变化有：肝脏小而硬，胃肠内无乳凝块，肾盂内有白色沉淀物，而其他脏器未见明显异常变化。

对最近几天产的仔兔进行仔细观察，又发现有18窝仔兔表现不同程度的症状，有的强迫爬动，发出尖叫声；有的仔兔拒绝哺乳，可视结膜苍白，全身发凉，呼吸、心跳微弱。严重的蜷缩在一起，侧卧不能爬动，全身出现强直性、阵发性痉挛。

**3. 诊断** 能够引起仔兔出现痉挛、运动障碍甚至死亡的疾病有很多种，如兔细菌性脑炎、兔瘟、破伤风、李氏杆菌病和仔兔低血糖症等。此时为冬季，舍内温度仅达到8～13℃，明显低于初生仔兔所需的适宜温度。而该场未见其他年龄段的家兔发病，而且发病仔兔体温降低，呼吸、心跳微弱。剖检时未见到各脏器的病理性损害，且胃肠内没有乳汁。

选症状典型的5只仔兔心脏采血测定血糖，通过费林—吴宪氏法测定血糖含量，其血糖值均在16.8毫克/克以下，明显低于正常水平。

根据以上分析结果，认为该场发生的是仔兔低血糖症。

**4. 治疗措施**

（1）给全场繁殖母兔饮用温热的5%葡萄糖溶液。

（2）给初生的每只仔兔灌服温热的25%葡萄糖溶液2毫升，隔4小时再重复给药一次。

（3）同时给仔兔投喂乳酶生0.1克，间隔一段时间后再投送煮沸过的温热牛奶2毫升，每2小时一次。

（4）同时增加取暖设施，使舍内温度提高到20℃以上。通过人工拔毛或加放棉花的方法提高窝内温度。

通过采取以上措施，在以后产出的仔兔中没有出现整窝死亡的现象。

## （五）一次长途运兔的教训

运输家兔是一项技术性较强的工作，稍有不慎，将造成家兔的严重应激而发生疾病或大批死亡。据王金华（2002）报道，农户张某经长途运输从外地引进“种兔”1 002只。由于缺乏实践经验，造成幼兔在途中和卸车后相继发生死亡，损失严重，教训深刻。

**1. 死亡情况** 2001年6月7～12日，在外地的2个乡4个村的个体饲养户中，零散收购家兔4个品种的幼兔971只，成兔31只（共计1 002只），均欲作“种用”。6月13日3时装车，9时启运，昼夜兼程，途中发现不断有死亡，因条件不允许未做任何处理，15日16时到场卸车后经清理现场统计途中死亡幼兔285只，16日死亡143只，17日死亡29只，18日死亡7只，造成直接经济损失近万元。

**2. 原因和教训** 经调查和对兔尸的剖检，没发现有传染病，装车前无任何病史。故认为造成大批幼兔死亡的原因和教训主要有以下几点：

一是兔龄过小。抵抗力低和抵抗力急剧下降是造成幼兔死亡的内因。刚断乳和断乳不久的幼兔971只，占96.9%，整个群体本身的抵抗力就低，加之长途颠簸，机体过度疲劳和迅速消耗，使抵抗力急剧下降；个个皮包骨，卸车时最小的才0.35千克，有的呈瘫软衰竭状态。

二是装载密度大。仅用一台农用汽车装兔，笼子分5层，装载密度为22.9只/米$^2$。按运输装载密度8～12只/米$^2$的标准要求超出1.29倍。

三是笼子分格少，每层仅分2个大格。长途行车、急刹车、上下坡、急转弯等造成堆积性挤压、惊吓和压死。

四是饮食供应跟不上，每格仅放一个食槽和一个水槽，饮食设备不足，有时还只顾行车赶路。

五是运输时正遇炎热天气（白天均30℃，北京地区33℃），加之兔本身就具有“怕热”的生物学特性，火上加油，势必造成饥渴交加和脱水的状态。

六是暴饮暴食，到场卸车后，未经休息，马上供水供食，暴饮暴食，造成积食性胃扩张，导致心衰，出现又一次死亡高峰。

**3. 建议**

一是在没有饲养管理经验的情况下，不要一次大量购买。可先少量饲养，取得经验后，再逐步增加饲养量。

二是长途大批运兔时，装载密度不要过大，一般应按兔龄的大小，以6～12只/米$^2$为适宜。同时，要增加兔笼的格数，注意行车、急刹车、转弯时的车速，避免造成堆积性挤压。

三是要设置足够的食、水槽，定时喂饮。喂饮前要适当休息，供水要充足。食物投放量以每次吃到五六成饱为宜。

四是遇有炎热天气时，要避开炎热时间，必要时可采取昼停夜行的方式运输。

五是卸车后要让兔休息1～1.5小时，再少量供水供食，逐渐增加至正常量，切忌暴饮暴食。

六是选购时，要选购抵抗力强的健康兔，最好从条件好的兔场购买。

## （六）肉兔酒糟中毒造成巨大损失

据常福俊（2000）报道，1999年11月25日，山西省清徐县某兔场，为了降低饲料成本，给兔投喂大量鲜酒糟，导致全场300余只青年兔中毒、120只死亡、20余只怀孕母兔流产，种公兔性欲突降，受配15只母兔未孕，直接经济损失2 000余元。

**1. 症状** 肉兔食后1小时左右突然发病，急性表现为狂躁、兴奋、步态不稳，眼黏膜潮红，无神，眩晕，嗜眠，渐失去知觉，继而肢体麻痹，体温下降，腹卧不起，昏迷中死亡；慢性表现为食欲不振或拒食，消化不良，先便秘后下痢，体温稍高（40℃左右），孕兔5～10小时流产。

**2. 治疗** 立即停喂酒糟，同时进行抢救治疗，严重患兔静脉或腹腔注射生理盐水、复方氯化钠、5%葡萄糖，每兔5～10毫升，并视病情肌肉注射20%安钠咖2～4毫升；中毒轻的灌服1%碳酸氢钠2～4毫升，或缓泻剂硫酸钠2～4克，食用油5～10毫升。

**3. 效果** 该场患兔均在停食酒糟和用药2天后症状消失，恢复健康。

**4. 启示** 酒糟中含有蛋白质、脂肪等营养物质，少量饲喂可以促进食欲和帮助消化，冬春喂兔还可暖胃、御寒和提高抗病力。但酒糟中还含有未挥发的乙醇，尤以鲜酒糟为甚，超量使用可致中毒。因此，酒糟喂兔应适量，并搭配其他饲料，禁止单独喂，以占日粮的15%为宜。此外，酒糟易发热变质，且不易贮存（特别是夏秋季节应禁喂），应将酒糟装入缸内压实与外界空气隔绝贮存，防止发酵酸败。

### （七）频密繁殖不当的教训

家兔具有产后发情的特点，因此，根据这一生物学特性，生产中有“配热窝”或频密繁殖的做法，以提高繁殖率。

频密繁殖，一般是在产后当日或次日配种。如果母兔膘情较好，受胎率还是较高的。但是，产后配种使母兔泌乳和妊娠同时进行，营养消耗非常大。如果连续血配，使母兔经常处于营养负平衡状态，将产生严重后果。据笔者调查，一些兔场连续不合理的频密繁殖，产生严重后果。比如：

**1. 母兔泌乳量降低** 仔兔得不到足够的乳汁，发育不良。断乳体重小，断乳成活率低，育成率低，生长速度慢，不能进行快速育肥，因而经济效益低下。

**2. 妊娠质量差** 母兔营养处于负平衡，使怀孕不能正常进行，出现死胎、弱胎，甚至流产。

**3. 屡配不孕** 当营养不良时，尽管产后多次配种，受胎率总是很低。

**4. 降低母兔寿命** 由于母兔体况得不到恢复，影响母兔遗传潜力的发挥，出现早衰。

**5. 母兔发病死亡** 当出现严重的营养负平衡之后，母兔在妊娠后期容易发生妊娠毒血症、产前或产后瘫痪，甚至造成死亡。

因此，频密繁殖技术要科学利用。一般是在春季繁殖的黄金季节，对于膘情好的壮年母兔采用一次。对于产仔数少、营养好的母兔，也可采用频密繁殖。但是，尽量不连续血配，与半频密繁殖（产后 10～12 天配种最好）和延期繁殖（仔兔断乳后配种）结合进行。在实行血配之后，要加强母兔的营养供应，保证自由采食和自由饮水。同时，加强仔兔的早期补料和早期断奶。

# 三、经营及决策失误

## （一）追赶市场走，朝三暮四

家兔按照经济用途的不同，可划分为 3 个类型，即肉兔、皮兔和毛兔。在市场经济条件下，产品的价格随着供需矛盾的变化而上下波动，每种商品有其价格运行规律。至于饲养哪个类型的兔，饲养什么品种，要根据当地的实际情况、自己的优势条件而定。一般来说，首先应考虑当地的市场。比如，在南方兔毛市场发育较好的地方，以饲养长毛兔为主；在具有消费兔肉习惯的四川等地，最好饲养肉兔；在我国的北部地区，以饲养肉兔和獭兔为主。尤其是在河北省，全国最大的裘皮市场均在河北境内，因而发展獭兔具有优势。而在山东省，兔肉出口任务较大，应围绕外贸出口做文章。此外，要有一颗平常心，了解市场运行规律，价格总是在不停地波动，不可能永远是高峰，也不可能永远是低潮。不为一时的下滑而沮丧，也不为一时的高峰而狂妄。

在这里，举一个典型的例子。河北邢台有一个养兔户，1980 年至 1982 年发展毛兔，不远千里，辛辛苦苦，从南方高价购来种兔，繁殖扩群，规模不断扩大。眼看着自己亲手饲养的兔子活蹦乱跳，心里好不高兴！特别是月月有兔毛销售，货币开始回笼。不料，兔毛价格突然下滑，甚至销售受阻，上百斤兔毛压在自己手里，心里着急上火。而此时，正好赶上兔肉价格上扬，在河北一带出现饲养肉兔热。他产生了改养肉兔的念头，想把毛兔全部处理掉。有人劝他：“别把毛兔都处理掉，留些好的种兔，以备东山再起。十年河东，十年河西，要看得长远些。”别人的劝告他没听，一气之下，把种兔廉价外销，部分种兔送人，最后处理不出去的毛兔，屠宰心里难受，再说毛兔没有多少肉，不值得。干脆，一个夜间，将剩下的兔子往门外一轰，“各奔前程去吧！”就这样，满窝的毛兔一夜之间全部腾空。又花高价购买肉兔饲养，经过一年的努力，肉兔饲养技术已经掌握，并繁殖了不少的后代，眼看着就要出售种兔和商品兔了。不料肉兔又开始滑坡，而毛兔逐渐走出低谷，兔毛价格回升。此时，他又气又悔，住进了医院。

这虽然是一个特殊的例子，但说明了一个问题：养兔要有一颗平常心，心急发不了养兔财。养兔不要追着市场走，追市场永远追不上，更不能朝三暮四。在市场行情不好的时候，要适当压缩规模，借机淘汰那些质量欠佳的兔子，保留那些精华，为下一个高潮做好物质准备。当市场行情好的时候，要抓住机遇，扩大饲养规模，多繁快繁，以取得较大的效益。



## （二）仓促上马，基础不牢

近些年，一些下岗职工加入了养兔行列，一些饲养其他动物的养殖者改养家兔，甚至一些有钱的企业家、买卖人，也看上了养兔。很多人没有真正认识家兔，仅仅看到别人养兔发了财，就误认为养兔易如反掌，容易赚钱。因而，仓促上马，大投资，大规模。由于必要的准备不足，造成重大损失。根据笔者了解的情况，仓促上马主要表现在以下几个方面：

**1. 场地凑凑合合**　有人在养兔之前没有充分的论证，随便找个地方养兔。有的是过去的鸡场、猪场，而又没有彻底消毒；有的临近其他养殖场或交通要到（公路、铁路），也没有搞任何的隔离设施；有的地势低洼，有的处于风口地带等。这些都是不符合兔场建筑要求的，并为以后养殖带来麻烦。

**2. 笼具马马虎虎** 兔笼是养兔的工具，而且种兔一旦饲养，终生在笼子里度过。所以，兔笼的质量对于养好家兔极其重要。笼具马马虎虎表现在：

第一，尺寸大小不合理。有的过大，有的过小，有的过宽，有的过窄，有的过高，有的过低等。

第二，笼网设计不合理。比如，底网过密，粪便不能漏下，造成卫生不良，消化道疾病和寄生虫病发病率增高；底网间隙过大，经常将兔腿卡住，造成骨折，丧失种用价值；底网和侧网底部的间隙过大，仔兔容易掉出，造成成活率下降，无谓伤亡增多。

第三，笼具用材不合格，特别是底网。种兔的脚部经常与底部接触和摩擦，如果底网质地坚硬，很容易将脚磨破，造成脚皮炎而降低了种用价值，甚至失去种用价值。

第四，笼具的制作粗糙。钉头、毛刺多，底板与笼体不配套等。

第五，配套笼具不合格。如饮水器滴水造成笼内潮湿，饮水器不容易清洗，杂菌孳生，容易诱发疾病；饲料槽不合格，不仅浪费饲料，还容易造成饲料的污染；产箱不合格是造成仔兔成活率低的主要原因之一。

**3. 技术稀里糊涂** 养兔的技术性强，实践性很强，各生产环节连接密切，技术的系统性和配套性都很有讲究。一般来说，没有几年的养兔实践，很难真正掌握技术。笔者调查，一些大的养兔场的老板，多数对养兔的技术认识不足，重视不够。有的认为读了几本书，技术便学到手；有的认为，参加过一两次训练班，便掌握了养兔的真谛。往往是说起来头头是道，做起来粗粗糙糙，指导别人指手画脚，遇到问题束手无策。这种半瓶子醋要不得。

**4. 兔群隐患多多** 凡仓促上马的兔场，多数处于家兔行情好的时候起步。这时种兔的价格不仅高，质量也很难保证。特别是对于不很内行的人购买种兔，稍不注意，购入带病的种兔，为日后的饲养带来多多隐患。笔者接触过一些兔场，一开始就陷入了治病的怪圈。尤其是传染性鼻炎、皮肤真菌病（主要指小孢子真菌病）和疥癣病，三种最难绝根除的疾病，一旦存在，兔场难以安宁。无论如何，新建兔场应有一个健康的兔群。宁可多花钱，宁可少养兔，也绝不可将病兔引入兔场。

**5. 饲料准备不足** 常言说得好："养兔先抓料，越抓越有效"。而仓促上马的兔场多半是在饲料方面出现问题。主要表现在以下 4 个方面：第一，没有固定的配方，有啥喂啥，随意更换，这是养兔的一大禁忌；第二，没有科学的配方，价格不低，效果不好；或质量次，效果差；第三，饲料原料把关不严，特别是粗饲料发霉变质造成大批发病死亡；第四，饲料原料储备不足、计划不周，特别是秋季没有准备足够的粗饲料，冬季或春季青黄不接时突然改变饲料导致疾病。

**6. 人员训练无术** 正如上面所说，养兔的技术性较强，而技术的实施靠饲养员。因此，饲养员的基本素质决定了养兔的成败。凡仓促上马的兔场，饲养人员多数是低薪聘用的农民。这些人多数没有养过兔，有的甚至没有见过兔，没有经过系统的培训和实际操练，养好兔子是很难的。

**7. 盲目扩大规模** 新养兔户遵循的基本原则是由小到大，逐渐适应，不断发展。在养兔之前先走访一些成功的养兔场，最好先实习一段时间。开始引进不宜多，饲养一段后，一切正常了再根据自己的实力和市场行情扩大规模。一些养兔失败的人没有按照循序渐进的原则办事，总想一口吃个胖子。在没有充分准备的情况下，盲目大上，往往造成损失。养兔实践告诉我们，饲养规模大小不是简单的量的概念。比如说，老百姓在庭院里饲养 3～5 只，尽管没有什么精心的管理，但繁殖率、成活率都很高，发病率很低。而规模型兔场，虽然有严格的程序、严密的规章、精心的管理、科学的配方和饲料，但其饲养效果总比不上小规模的家庭养兔（指一只母兔所生产的商品兔数量、投入和产出的比例等）。个体和群体是两个概念，规模饲养条件下，饲养环境发生了变化，个体之间相互影响都比较大，兔舍内病原微生物的种类和数量发生了质的变化，其小气候与农家庭院无法相比，一旦一只发病，就会对全群造成威胁。因此，需要更高的管理条件和环境控制。盲目扩大规模的兔场，没有这方面的思想准备、技术准备和物质准备，出现问题是情理之中。

饲养规模大，成本低，效益高。笔者曾经进行过抽样调查，从单位种兔产出量而言，有随基础母兔增加而逐渐降低的趋势。即规模越大，单位产出量越低。小型兔场（兼业型）基础母兔30～50只效益最高。而对于中型兔场，基础母兔300～500只的效果较好。分析表明，小型兔场，非专业性养兔，基本上是以业余时间和辅助劳力为主，30～50只基础母兔所需要的工作量，约为1/2个劳动力，一般家庭在不误农活的情况下可以负担。但超过这一数量，管理往往达不到应有的精细。而过小的规模，经济效益甚微，引不起足够的重视；对于中型兔场而言，一般为专业性养殖，由于从事养殖者多为非专业人员，即多由其他行业改转而来，技术和管理水平落后，加之我国养殖场总体的环境控制能力较差，规模越大，失误的可能性和发病的危险性越大。

但是，规模不是固定的、一成不变的，应根据每个兔场的人力、物力、财力、智力和市场而定。一般而言，在缺乏经验和技术的情况下，应严格控制规模，盲目大上，往往适得其反。

### （三）管理粗放，广种薄收

一些兔场，饲养的种兔数量可观，但出售的商品兔寥寥无几，与所饲养的基础母兔不成比例。一般来说，一只基础母兔年出栏商品兔应该在25～30只。而相当多的兔场，每年繁殖的小兔很多，但出栏的商品兔有限，有的每只基础母兔年出栏商品兔还不足15只。这种广种薄收的现象是由于管理粗放造成的。主要表现在：

**1. 责任不明确** 兔场是一个完整的体系，各生产环节联系非常紧密。一个生产环节出现问题，必然影响与之相联系的其他环节。比如，饲料原料出问题，影响饲料生产，生产不出合格的饲料，整个兔群就养不好；再如，兔子是遵循仔兔—幼兔—商品兔或青年兔（后备兔）—种兔这样一个流程。如果母兔养不好，所生的仔兔发育不良，母兔奶水不足，仔兔断乳体重小，容易得病，那么，幼兔就不好养。幼兔养不好，影响商品兔或后备兔，种兔也难以合格等。由于生产环节相互的高度依赖性，必须使每个生产环节责任到人，哪个环节出现问题，哪个环节负责。要根据生产实际制定出每个生产环节的具体指标和标准，做到量化管理、不留空隙。根据笔者的调查，绝大多数兔场没有系统的量化指标和明确的责任制，出现问题互相推诿，查找问题躲躲闪闪，最终不了了之。问题得不到解决，就意味着后患无穷。

**2. 技术不到位** 饲养效果不佳的兔场，总是与技术的不到位有关。比如，一兔场向笔者咨询问题：他们饲养的家兔断乳成活率仅30%。从饲料的营养水平、兔舍的环境等看，没有明显的失误。笔者亲自到现场考察，进车间观察饲养员喂兔过程，调查饲料生产记录和每个饲养员领料记录，检查母兔乳房，称量仔兔的体重。最终发现的问题的根源：喂料不足，母兔饥饿，泌乳量少，仔兔发育不良，造成死亡率增高。他们饲喂泌乳母兔与其他兔子没有任何不同，一天三次料，一次一小勺。经过笔者称量，三勺料总重150克，由于料槽不规范，放进的饲料掉出或刨出约30克，因此，每只泌乳母兔每天仅能采食120克左右，仅相当于需要量的一半，极大地影响母兔的泌乳力，使母兔和仔兔经常处于半饥饿状态。根据笔者实际称量仔兔的断乳体重，平均300克，相当于标准断乳体重（500克）的60%。这样的小兔成活率是很难保证的。

又如，一兔场反映，他们饲养的母兔在产箱外产仔的比例多，吃仔兔的比例多，不拉毛的比例多，奶水不足的比例多。经笔者亲自到兔场考察，发现在母兔的围产期管理不当。比如，产仔的当天才把产箱放入母兔笼；产箱内没有垫草或垫草不足；环境嘈杂，使母兔感到很不安全，因而出现母性差、泌乳力低等一系列问题。当采取提前 3～5 天放产箱和垫草、保持环境安静、禁止闲人乱进等措施后，情况发生了改观。

再如，一兔场反映，仔兔生长速度慢，母兔泌乳量低，母性差。笔者到现场发现，他们采取母仔分离，定时哺乳。每次喂奶，将母兔按在产箱里，强制喂奶，使母兔形成“逆反情绪”，影响乳汁的分泌。当采取母仔同笼、自由喂奶后，过去的事情再也没有发生。

在养兔实践中，微小的技术失误可能导致重大的损失。而这些技术细节需要落实到日常工作中。

**3. 措施不得力** 兔子要靠饲养员饲养，饲养的效果取决于两个方面：一是技术，一是责任心。在某种意义上讲，后者更加重要。兔场管理人员的任务就是调动每个饲养人员的积极性。下面一个典型的例子说明这个问题。

一兔场，饲养种兔 408 只，其中种公兔 48 只，种母兔 360 只。起初雇佣 6 个饲养员，每人饲养基础母兔 60 只、种公兔 8 只。实行月薪制，每人 500 元，没有明确任务指标定额，完全大锅饭。这样饲养一年，平均每只种母兔提供合格种兔（3 月龄 2 千克以上的种兔）13.5 只，每人年提供合格种兔 810 只，折合每只合格种兔的人工成本 7.4 元。同时，年花费的医药费近 6 000元，每只种兔折合医药费 14.7 元。兔场不但没有赢利，还亏了上万元。后来，改用新的管理模式，解聘了两个饲养员，保留 4 个责任心强的饲养员，并增加他们的饲养量，每人基本工资 200 元，每提供一只合格种兔增加奖励工资 3.5 元。这样试行一年，平均每只基础母兔年提供合格种兔 30 只，效率提高了一倍。每个饲养员年提供合格种兔3 060只，效率增加了 2.78 倍。饲养员的工资由大锅饭时的 500 元增加到1 092.5元，收入增加了一倍多。每只合格种兔的人工成本由上年的 7.4 元降到 4.28 元，降低了 42.16%。兔场的年医药费用开支为上年的 46%，兔场获得了较好的经济效益。

通过以上实例说明，养兔生产中，饲养员是决定因素。只要政策制定得好，起到激励上进的作用，就能调动每个饲养人员的积极性，大幅度提高劳动效率，否则事倍功半。

## （四）经营不善，低效空转

**1. 经营不善表现的第一个问题是管理方法问题** 笔者应邀到一些兔场帮助“故障诊断”。发现一种现象，工厂化的管理模式应用到养兔中，即实行 8 小时工作制。饲养员连续工作 8 小时后下班，然后第二班接班，再第三班接第二班。一定时期以后再倒班。长此以往，循环往复。似乎兔子得到 24 小时的精心管理，应该有良好的饲养效果，而结果恰恰相反。这种管理方法的缺点，笔者认为，主要有以下三个方面：

第一，人不认兔，兔不认人。在正常情况下，每个饲养人员平均饲养基础母兔 100～150 只。实行三班倒后，每个班的每个饲养员应该管理基础母兔 300～450 只。倒班以后，再去熟悉另外的几百只。这样，每个饲养员不可能对兔场的每个兔子了如指掌，而每个兔子更不可能对每位饲养人员产生感情。人不认兔，兔不认人，绝不会有好的效果。

第二，互相推诿，不负责任。实行三班倒，往往是在交接班上出现问题。由于饲养的兔子较多，饲养员对每个兔子的观察不细，尤其是出现疾病的初期，难以及时发现，因而就不会有正常的情况反馈。一旦出现问题，到底最初出现在哪个班，谁负责，很难定论。

第三，违背家兔的生活规律。正如人需要吃饭、工作和睡觉一样，兔子也有它自身的生活规律。饥饿的时候需要吃食，疲劳的时候需要休息。因此，需要人给兔子提供必要的生活条件。即当它饥饿的时候及时提供饲料，需要喝水的时候供应清洁的饮水，需要休息的时候提供安静的环境。如果饲养人员一天 24 小时在兔舍里走来走去，不断打扰兔子，不能使其正常执行其自身的生物钟，久而久之，造成兔子生物钟的紊乱。

**2. 经营不善的第二个方面是经营体制问题** 笔者对一些兔场的调查发现一种怪现象，似乎国有不如集体，集体不如个人，合资不如独资。也就是说，国有的兔场，赢利的少，赔钱的多；个体的兔场，赚钱的多，亏本的少；合伙办的兔场，短期的多，长远的少。

按道理讲，国有兔场，从人才、资金、信息、政策等方面来说，都具有其他体制所不能与之相比的优越条件。为什么还不如个体办得好呢？其原因复杂，每个兔场都有其具体情况，但总的来说，多数国有兔场没有充分发挥国有的优势，而在管理方面的弊端得到一定程度的暴露。比如，人员机构庞大，吃饭的多，干活的少；想当家的多，愿承担责任的少；指挥的多，执行的少；享受的多，深入车间干活的少；有成绩争荣誉的多，有困难主动克服的少。以上是管理干部。就车间工人来说，越是长期工，养兔的效果越差。长期习惯于 8 小时工作制的工厂工作，对于整天没有明确上下班的养兔工作很不适应，难付出辛苦，难坚守岗位。养兔的利润是靠一点一滴积累，靠每个细小环节效率的累积，不仅靠苦干实干，还必须能干巧干。靠的是责任心，靠的是主动奉献。靠别人指挥，被动养兔，不会有好的效果。国有兔场效率不佳的主要原因还是大锅饭，失败是由于落后的管理体制，缺乏的是有能力、善管理的人才和有生命活力的激励机制。

个体兔场成功的多，失败的少，原因当然也是多方面的。尽管个体没有国有和集体那些优势条件，但有责任心、有事业心。

谁的兔场谁负责，谁投资谁做主，经营好坏与自己的根本利益直接相连。尤其是在小型兔场，个体的优势更利于发挥。在这里，没有臃肿的机构，没有吃闲饭的人，一个人顶 3 个人干，干好了效益就高，干坏了效益就少，甚至没有效益。精心的设计，精打细算，没有丝毫的无谓浪费，没有争功现象，没有责任的推卸。如果雇佣工人，必然将饲养效果与他们的待遇联系。如果为自己饲养，必然不遗余力，总是以最小的投资换取最大的效益。在这样的体制下，没有技术可刻苦学习技术，没有经验可努力积累经验。工作说干就干，决策不拖泥带水。因此，其效率高，效益好。

合伙养兔也是一种较好的形式，它可以优势互补、利益共享。但实践告诉我们，合资办兔场的，善始善终的少。往往是在起步时、困难时，能同舟共济、同心协力。而有一定成绩或效益后，逐渐暴露矛盾。矛盾日益激化，最终导致分裂。这不是绝对的模式，但绝非少数。起初的朋友，反目为仇。其原因固然很多，笔者在这里也说不十分清楚。但与人员的素质、养兔业的基本特征不无联系。

# 四、疾病诊断和防治失误

## （一）兔瘟诊断失误

兔瘟是家兔主要的病毒性传染病，其传染快、发病急、死亡率高。一般药物难以控制，对我国兔业造成很大威胁。尽管有特效疫苗对该病进行预防，但由于种种原因，在局部地区还不断发生和流行。特别是由于人们诊断上的失误，不能使病情得以及时控制，给生产造成不应有的损失。据谷子林（1994）报道，几年来，处理误诊病例近 20 次。其举出几个典型事例，分析其误诊的主要原因。

实例一　1989 年初冬，笔者接到某兔场加急电报："3 天死兔 100 多只，排除兔瘟，火速救援。"该场饲养青、成年种兔 300 多只，两月前曾注射兔瘟疫苗。患兔多无兔瘟的典型症状，加之已注射兔瘟疫苗，并在安全保护期内，故怀疑其他细菌病，先后用多种药物及抗生素治疗，毫无效果。笔者现场剖检死兔 20 多只，内脏器官变化同兔瘟。实验室人 O 型血球凝集试验呈阳性，诊断为兔瘟。当时两倍量紧急注射兔瘟疫苗，3 天后控制住死亡。

分析：对该场情况调查时发现，所使用的兔瘟疫苗在注射时已超过保存期 3 个月之久。而且，夏季高温保存，疫苗失效或效力不足，不能使兔体产生坚强免疫力。因此，抵抗不住自然野毒的攻击而发病。

实例二　1988年秋，河北某县家兔发生大面积死亡。1月前曾注射兔瘟疫苗。患兔死前多无兔瘟的神经症状。解剖发现肺部出血充血和水肿，怀疑巴氏杆菌病。使用多种抗生素及化学药物，毫无效果。拖至1周，死亡惨重。

调查发现：虽然多数患兔死前无兔瘟典型的神经症状，但尸体剖检，各脏器均有不同程度的出血、充血和水肿。肛门松弛，排出淡黄色黏液，直肠蓄粪被胶黏液包裹，与兔瘟相符。

实验室诊断：肝、心血、脾、肾等涂片镜检，无菌，人血球凝集试验呈阳性，确诊为兔瘟。经紧急注射兔瘟疫苗后，方控制死亡。

分析：经调查发现，该县所用兔瘟疫苗误放在低温冷库贮存，结冰严重。注射前温水化开。这样，使疫苗的免疫原性受到破坏。

实例三　1993年11月，内蒙古一养兔户千里迢迢携带死兔来河北就诊。据畜主讲，半月前发生陆续死亡，每天少则5～6只，多则20多只，300多只青、成年兔死亡近半。患兔多无兔瘟死前的神经症状，为渐进性死亡。畜主发现死兔肛门潮湿，有淡黄色稀便，有的排出黏胶状便，误认为是消化道疾病。曾用敌菌净、复方新诺明、氟哌酸、链霉素及氯霉素等治疗，不见效果。笔者根据以往类似事件的临床表现和尸体剖检，诊断为兔瘟。经注射兔瘟疫苗控制了病情。

分析：据了解，该场曾使用3种疫苗：第一种，某厂家生产的兔瘟单苗，使用时已生产2月；第二种为兔瘟、巴氏、魏氏三联苗，使用时已生产3个月；第三种为某厂家生产的兔瘟单苗，使用时已生产8个月。除注射第一种疫苗的兔子无一死亡外，后两种疫苗所注射的兔子均有大量死亡，而且都是发生在注射疫苗3个月之内。据调查，第三种疫苗标签上注明4～8℃保存期18

个月。笔者认为，由于生产条件所限及用户（多为农民）对疫苗使用和保管知识的不足，兔瘟疫苗的有效保存期达 18 个月是相当困难的。生产中发现，使用三联苗或二联苗之后，有时仍发生兔瘟，与国内有关报道一致。说明不同疫苗同时使用有交互干扰作用。因此，若使用多联苗，最好重注一次兔瘟疫苗。

实例四　1989 年某县一兔场 4～5 月龄兔子发生死亡。患兔体温升高，食欲减退，精神不振，爬伏不动，渐进性死亡。死后全身松软，皮肤松弛，用手一提似皮布袋。曾试用多种药物治疗无效果。

实验室诊断：脏器涂片镜检阴性，人“O”型血凝集试验呈阳性。当注射兔瘟疫苗后控制住死亡。

分析：该场有 3～5 月龄兔 200 余只，其中一部分兔子断乳前（20～28 日龄）注射兔瘟疫苗，一部分是在断乳后（35～42 日龄）注射兔瘟疫苗。调查分析发现，发生以上症状而死亡的全部为断乳前注射疫苗的，而断乳后注射的兔子基本无伤亡。由此可见，由于母源抗体的存在，过早（断乳前）注射疫苗的效果不如断乳后注射效果可靠。

实例五　1987 年 8 月下旬，河北某县一兔农带几只死兔来我校咨询。该场饲养 0.5～1.5 千克幼兔 200 多只，地面平养，不断发生死亡，不多时日死 10 多只。死前兔子尖叫，仰脖，蹬腿，粪便不正常。怀疑兔瘟。当注射兔瘟疫苗后，仍继续死亡。笔者对尸体进行剖检，发现肠壁众多的球虫结节，粪便用饱和盐水漂浮法镜检，有大量的球虫卵囊。又根据当时气温及前一段阴雨气候条件以及地面平养的饲养方式，诊断为肠球虫病。经短时大剂量口服氯苯胍后，很快控制了病情。

分析：由于农民对兔病知识和生产经验掌握的限制，往往仅看到片面的一些现象（如死前尖叫、蹬腿、突然死亡等），未能进行综合分析便下结论。除了典型的兔瘟患兔死前有尖叫、兴奋等神经症状与兔肠球虫有相似之处外，在年龄、季节、饲养条件、临床症状、病理变化、粪便情况等，两者有很多不同之处，应根据多方信息进行综合分析做出诊断。

综上所述，除第五病例因球虫病误诊为兔瘟以外，前4例兔瘟误诊的主要原因是患兔临床症状与标准的典型兔瘟症状不同所造成的。一般而言，兔瘟临床症状可分为3种，即最急性型、急性型和慢性型。患兔死前多有程度不同的神经症状，如兴奋、在笼内碰撞、尖叫等。生产中发现，当兔瘟疫苗注射量不足、疫苗保存期过长、疫苗受冻或受热、仔兔注苗时间过早、注射量不足、注射多联苗或者疫苗本身质量不佳（如稀释倍数大、抗原含量不足等）等情况下发生的兔瘟，其临床症状多与典型的三种类型不同。造成人们诊断上的失误笔者认为，任何传染性疾病，临床上所出现的症状是机体与病原微生物及其毒素相互作用的结果。机体状态不同，临床表现不一样。当兔体内兔瘟病毒的抗体水平极低或呈零时，受到兔瘟病毒的侵袭，临床症状为典型的最急性型、急性型或慢性型。而当兔子注射了兔瘟疫苗并产生坚强免疫力时，同样受到该病毒的侵袭，可以抵抗入侵之病毒，临床上不表现明显的临床症状。由于种种原因，虽然注射了兔瘟疫苗而体内未能产生足够的抗体时受到该病毒的袭击，抗原（病毒）与抗体相互作用的结果，终因抵不过强大的病毒而发病死亡。但在这种情况下而死亡的患兔，其临床上呈现与典型的三种类型所不同的特殊症状，笔者称之为沉郁型。也就是说，兔瘟临床上的表现形式取决于兔子的年龄、健康状况、抗体水平及入侵病毒的数量和毒力。

### （二）球虫病诊断防治失误

球虫病是家兔的主要体内寄生虫病。多年来，人们采取了多种方法和研制了多种药物防治该病。但是，随着饲养规模的不断扩大、用药种类的不断增加和饲养环境的改变，球虫病发生出现一些新的特点和趋势。据谷子林报道，球虫病呈现季节的全年化、月龄的扩大化、抗药性的普遍化、药物中毒的严重化、混合感染的复杂化、临床症状的非典型化和死亡率排位前移化等，给防治工作带来很大的难度。生产中在家兔球虫病的诊断、预防和治疗方面出现失误，主要体现在以下几点：

**1. 全群预防** 成年家兔体内有球虫的存在，但由于对球虫的耐受性强，体内的环境不适于球虫的快速发育，因而并不发生球虫病。由于成年家兔的采食量很大，添加抗球虫药物时易造成中毒，尤其是容易造成泌乳母兔中毒。因此，无论何种抗球虫药物，不要轻易给成年兔投喂，特别是泌乳母兔。

**2. 诊断失误** 很多养兔爱好者只认识肝球虫，不识别肠球虫，而很多情况下都是球虫和其他细菌性疾病混合感染。笔者一研究发现，凡是发生肠球虫病的，几乎100%与大肠杆菌混合感染，二者有必然的联系。

**3. 用药不准，搅拌不匀** 用手抓、用勺挖、大铁锹、乱呼啦，这种现象在小规模兔场普遍存在。

**4. 滥用药物** 所有的抗球虫药物都有一定的毒性，使用不当容易造成中毒。不过有的中毒范围较宽，有的较窄。但家兔对马杜拉霉素最敏感，绝不可使用。有些抗球虫药物的商品名称没有注明马杜拉霉素，这样往往使兔场采用该类药物而出现中毒。

**5. 季节性预防** 规模化兔场环境的改善，温度较高，湿度较大，全年都有发病的可能。而多数兔场没有四季防范的意识，出现大批死亡后还蒙在鼓里。

**6. 药物失效** 实践表明，氯苯胍经过1个高温的夏季，药效降低50%左右。2年以上的药物，基本没有使用价值。经过高温压粒的药物，药效受到很大影响。有的兔场买药不看生产日期，使用不看说明。笔者调查发现，有的兔场还使用8年前生产的氯苯胍。

**7. 耐药性** 耐药性问题是生物界的普遍现象，球虫的耐药性也非常严重。如果长期使用一种药物，很有可能造成耐药性而不能实现有效预防效果。笔者了解，地克珠利是一种较好的抗球虫药物，但连续使用3个月后，发生明显的抗药性。因此，当使用一种药物效果不如以往的时候，最好更换另一种新的药物。最好使用复方抗球虫药物。

## （三）注射部位细菌感染导致兔瘟免疫失败

兔瘟（兔病毒性出血症）是对兔危害极大的传染病，预防接种是防治该病的一项关键措施。但是，因操作技术失误导致免疫失败时有发生。据霍平等（2002）报道，2000年冬至2001安阳周围一些养兔户在对断奶兔注射兔瘟—兔巴氏杆菌—兔魏氏梭菌三联疫苗7～15天后，兔群暴发兔瘟，随即用兔瘟灭活苗紧急接种，病情仍不能得到有效控制。经对接诊的7个养兔户统计，断奶仔兔537只，发病死亡194只，死亡率36.1%。

**1. 发病情况**　发生免疫失败的7个养兔户，均在仔兔35～42日龄时注射兔二联疫苗（中牧集团郑州生物药厂生产）。注射后仔兔精神、食欲均无大变化。7～15天后，部分仔兔突然发热、不食、呼吸困难，死前抽搐，向后上方勾头，有的鼻孔出血。

剖检发现，病死兔气管弥漫性出血；全肺出血，肝、脾淤血、肿大；肾肿大，呈红褐色，皮质部有少量针尖大出血点。胃黏膜脱落，肠系膜淋巴结肿大。

根据各户提供的情况，在原来疫苗注射部位，即后肢内侧或外侧，切开后可见皮下有1～2个脓疱，大的1.0厘米×1～1.2厘米，小的0.5×0.5厘米～0.7厘米。脓疱有包膜，与健康组织界限明显，内含乳白色浓稠的乳油样脓汁。

**2. 现场察看**　现场看到，7户兔舍的门窗用塑料薄膜封闭严密，舍内通风不良，潮湿，空气中氨味刺鼻。畜主无菌观念淡薄，操作不规范，对注射器、针头和注射部位未作严格消毒。注射器械准备不足，其中两户竟反复使用废弃的一次性塑料注射器。

经调查，这7户附近的养兔户中有数十户也使用了同一生物药厂生产的同批号兔二联苗或兔瘟灭活苗，均未发现有免疫失败情况发生。

**3. 实验室诊断**

（1）兔瘟病毒HA和HI试验。按常规方法，无菌采取病死兔肝脏，加PBS研磨后制成乳剂，分别进行人“O”型红细胞凝集（HA）试验和红细胞凝集抑制（HI）试验，病料中病毒血凝价1∶320。

（2）细菌培养。切开被感染的注射部位，无菌采取脓疱内脓汁作涂片，革兰氏染色镜检，可见革兰氏阳性，成对或短链状排列的球菌。将脓汁接种于鲜血琼脂，37℃培养24小时，形成直径2毫米圆形凸出、边缘整齐的金黄色菌落，菌落周围有透明溶血环。

根据临床症状、剖检和实验室诊断，确认注射疫苗感染金黄色葡萄球菌，导致兔瘟免疫失败。

**4. 防治措施**

（1）改善兔舍环境。彻底清扫兔舍，用1∶1 000的菌毒杀带兔消毒，地面撒布生石灰。晴天中午开窗通风，降低兔舍内湿度和空气中病原微生物的含量，尽量保持干燥。

（2）紧急接种。对因注射感染引起免疫失败的兔群，用兔瘟灭活苗按每只兔1.5～2头份剂量紧急接种，严格消毒，规范注射操作程序。

（3）局部治疗。在原注射部位仔细触摸检查，发现皮下有黄豆大至豌豆大的脓疱。切开皮肤，清除脓疱，用3%双氧水冲洗后涂以5%碘酊，创口附近肌肉注射青霉素。

# 第6篇 资料篇

ROUTU RICHENG GUANLI JI YINGJI JIQIAO


一、家兔常用饲料营养价值表 ········ 389

二、家兔生理常数 ······················ 395

三、养兔机械设备生产厂家 ··········· 397

四、家兔饲料主要供应商 ·············· 406

五、部分国家和地区明令禁用或重点监控的兽药及其化合物清单 ······ 418

# 一、家兔常用饲料营养价值表

| 饲料名称 | 消化能 | 粗蛋白 | 钙 | 磷 | 赖氨酸 | 蛋氨酸＋胱氨酸 | 粗纤维 | 干物质 |
|---|---|---|---|---|---|---|---|---|
| 玉米A | 14.18 | 8.70 | 0.20 | 0.27 | 0.24 | 0.38 | 1.60 | 88.40 |
| 玉米B | 14.18 | 8.0 | 0.20 | 0.27 | 0.24 | 0.34 | 2.1 | 88.40 |
| 高　粱 | 14.11 | 8.50 | 0.09 | 0.36 | 0.22 | 0.20 | 1.50 | 87.00 |
| 小　米 | 12.85 | 12.0 | 0.04 | 0.27 | 0.15 | 0.47 | 1.30 | 87.70 |
| 粟 | 12.35 | 9.70 | 0.06 | 0.26 | 0.18 | 0.40 | 7.40 | 91.90 |
| 稻　谷 | 11.60 | 6.80 | 0.03 | 0.27 | 0.31 | 0.22 | 8.20 | 88.60 |
| 糙　谷 | 14.27 | 8.80 | 0.04 | 0.25 | 0.29 | 0.28 | 0.70 | 87.00 |
| 碎　米 | 14.69 | 6.90 | 0.14 | 0.25 | 0.34 | 0.36 | 1.20 | 87.60 |
| 大　米 | 14.32 | 8.50 | 0.06 | 0.21 | 0.15 | 0.47 | 0.80 | 87.50 |
| 大　麦（皮） | 12.18 | 10.50 | 0.08 | 0.30 | 0.37 | 0.35 | 6.50 | 88.00 |
| 大　麦（裸） | 13.86 | 10.70 | 0.07 | 0.32 | 0.47 | 0.35 | 2.20 | 87.40 |
| 大　麦（皮） | 12.64 | 11.0 | 0.09 | 0.33 | 0.42 | 0.41 | 4.8 | 87.4 |
| 小　麦 | 13.60 | 11.10 | 0.05 | 0.32 | 0.33 | 0.44 | 2.40 | 86.10 |
| 燕　麦 | 12.01 | 9.90 | 0.15 | 0.23 | 0.40 | 0.37 | 8.90 | 89.60 |
| 莜　麦 | 14.78 | 12.90 | 0.16 | 0.34 | 0.86 | 0.57 | 1.60 | 90.70 |
| 荞　麦 | 11.09 | 12.50 | 0.13 | 0.29 | 0.54 | 0.39 | 12.30 | 87.90 |
| 黑　麦 | 12.85 | 11.30 | 0.05 | 0.48 | 0.47 | 0.32 | 8.00 | 87.00 |
| 青　稞 | 13.56 | 9.90 | 0.00 | 0.42 | 0.43 | 0.34 | 2.80 | 87.00 |
| 四号粉 | 14.57 | 14.00 | 0.08 | 0.31 | 0.90 | 0.56 | 0.62 | 88.10 |
| 三等粉 | 11.93 | 13.40 | 0.12 | 0.13 | 0.51 | 0.16 | 0.71 | 87.80 |
| 次粉A | 13.68 | 15.4 | 0.08 | 0.48 | 0.59 | 0.60 | 2.8 | 88.0 |
| 次粉B | 13.43 | 13.6 | 0.08 | 0.48 | 0.52 | 0.49 | 2.8 | 88.0 |

（续）

| 饲料名称 | 消化能 | 粗蛋白 | 钙 | 磷 | 赖氨酸 | 蛋氨酸+胱氨酸 | 粗纤维 | 干物质 |
|---|---|---|---|---|---|---|---|---|
| 大　豆 | 16.58 | 37.10 | 0.25 | 0.55 | 2.30 | 0.95 | 5.10 | 88.80 |
| 黑　豆 | 16.41 | 37.90 | 0.27 | 0.52 | 2.18 | 0.92 | 6.70 | 91.00 |
| 蚕　豆 | 12.89 | 24.50 | 0.09 | 0.38 | 1.66 | 0.64 | 7.50 | 87.30 |
| 豌　豆 | 12.98 | 22.20 | 0.14 | 0.34 | 1.61 | 0.56 | 5.90 | 87.30 |
| 小　豆 | 13.35 | 20.70 | 0.07 | 0.31 | 1.60 | 0.24 | 0.00 | 88.20 |
| 甘薯粉 | 14.44 | 3.10 | 0.34 | 0.11 | 0.14 | 0.09 | 2.30 | 89.00 |
| 木薯粉 | 14.65 | 3.70 | 0.07 | 0.05 | 0.09 | 0.06 | 2.80 | 87.20 |
| 米　糠 | 11.34 | 11.60 | 0.06 | 1.58 | 0.56 | 0.45 | 9.20 | 86.70 |
| 三七统糠 | 3.18 | 5.40 | 0.36 | 0.43 | 0.21 | 0.30 | 31.70 | 90.00 |
| 小米糠 | 4.44 | 8.60 | 0.17 | 0.47 | 0.21 | 0.25 | 29.00 | 89.60 |
| 玉米糠A | 10.37 | 17.2 | 0.15 | 0.70 | 0.63 | 0.59 | 7.3 | 89.0 |
| 玉米糠B | 9.21 | 14.0 | 0.10 | 0.50 | 0.30 | 0.16 | 11.0 | 90.0 |
| 玉米糠C | 9.21 | 9.9 | 0.08 | 0.48 | 0.29 | 0.14 | 11.0 | 88.0 |
| 大豆皮 | 10.88 | 12.2 | 0.53 | 0.60 | — | 0.99 | 38.0 | 88.0 |
| 麦芽根A | 9.21 | 32.0 | 0.23 | 0.85 | 0.12 | 0.70 | 11.02 | 88.0 |
| 麦芽根B | 9.21 | 26.0 | 0.22 | 0.73 | 0.11 | 0.54 | 12.5 | 88.0 |
| 麦芽根C | 8.20 | 24.0 | 0.2 | 0.7 | 0.11 | 0.50 | 12.5 | 88.0 |
| 葵花粕A | 11.63 | 36.5 | 0.27 | 1.13 | 1.22 | 1.34 | 10.5 | 88.0 |
| 葵花粕B | 10.42 | 33.6 | 0.26 | 1.03 | 1.13 | 1.19 | 10.5 | 88.0 |
| 葵花粕C | 9.97 | 31.2 | 0.65 | 0.70 | 1.78 | 1.69 | 19.84 | 88.0 |
| 葵花饼 | 7.91 | 29.0 | 0.24 | 0.87 | 0.96 | 1.02 | 20.4 | 88.0 |
| 高粱糠 | 12.10 | 10.3 | 0.30 | 0.44 | 0.38 | 0.39 | 6.90 | 88.4 |
| 大麦麸 | 12.39 | 15.4 | 0.33 | 0.48 | 0.32 | 0.33 | 5.10 | 88.0 |
| 小麦麸 | 10.59 | 13.5 | 0.22 | 1.09 | 0.47 | 0.33 | 9.20 | 87.9 |
| 七二小麦麸 | 12.43 | 14.2 | 0.14 | 1.06 | 0.54 | 0.17 | 7.30 | 89.8 |
| 八四小麦麸 | 11.76 | 15.4 | 0.12 | 0.85 | 0.54 | 0.58 | 8.20 | 88.0 |
| 黑麦麸 | 12.85 | 13.7 | 0.04 | 0.48 | 0.69 | 0.44 | 8.00 | 89.8 |
| 苜蓿干草粉A | 6.95 | 19.1 | 1.40 | 0.51 | 0.82 | 0.43 | 22.7 | 89.6 |
| 苜蓿干草粉B | 6.11 | 17.2 | 1.52 | 0.22 | 0.81 | 0.36 | 25.6 | 87.0 |
| 苜蓿干草粉C | 6.19 | 15.5 | 1.34 | 0.22 | 0.66 | 0.36 | 31.2 | 87.0 |
| 苜蓿干草粉D | 6.19 | 14.3 | 1.34 | 0.19 | 0.60 | 0.35 | 31.6 | 87.0 |
| 紫云英草粉 | 6.87 | 22.3 | 1.42 | 0.43 | 0.85 | 0.34 | 19.50 | 88.0 |
| 沙打旺草粉 | 7.28 | 12.3 | 1.95 | 0.12 | 0.50 | 0.25 | 29.00 | 93.7 |

（续）

| 饲料名称 | 消化能 | 粗蛋白 | 钙 | 磷 | 赖氨酸 | 蛋氨酸+胱氨酸 | 粗纤维 | 干物质 |
|---|---|---|---|---|---|---|---|---|
| 秣食豆草粉 | 5.27 | 18.2 | 1.70 | 0.37 | 0.70 | 0.43 | 31.40 | 89.0 |
| 紫穗槐叶 | 10.55 | 12.3 | 1.40 | 0.40 | 1.45 | 0.82 | 12.90 | 90.6 |
| 玉米秸粉 | 2.30 | 3.30 | 0.67 | 0.23 | 0.25 | 0.07 | 33.40 | 88.8 |
| 青干草粉 | 2.47 | 8.90 | 0.54 | 0.25 | 0.31 | 0.21 | 33.70 | 90.6 |
| 花生藤粉 A | 6.91 | 12.2 | 2.80 | 0.10 | 0.40 | 0.27 | 21.80 | 90.0 |
| 花生藤粉 B | 5.52 | 8.46 | 1.17 | 0.15 | 0.32 | 0.22 | 29.6 | 88.0 |
| 大豆粕 A | 13.73 | 46.8 | 0.31 | 0.61 | 2.81 | 0.56 | 3.90 | 87.0 |
| 大豆粕 B | 13.10 | 45.6 | 0.26 | 0.57 | 2.54 | 1.16 | 5.40 | 89.6 |
| 大豆粕 C | 13.18 | 44.0 | 0.32 | 0.61 | 2.50 | 0.66 | 5.10 | 87.0 |
| 大豆粕 D | 13.18 | 43.0 | 0.32 | 0.61 | 2.45 | 0.64 | 5.10 | 87.0 |
| 大豆饼 | 13.56 | 41.6 | 0.32 | 0.50 | 2.45 | 1.08 | 5.70 | 88.2 |
| 黑豆饼 | 13.60 | 39.8 | 0.42 | 0.27 | 2.46 | 0.74 | 6.90 | 88.0 |
| 花生粕 | 12.26 | 47.4 | 0.20 | 0.65 | 2.30 | 1.21 | 13.00 | 92.0 |
| 花生饼 | 14.06 | 43.8 | 0.33 | 0.58 | 1.35 | 0.94 | 5.30 | 89.6 |
| 芝麻饼 | 14.02 | 35.4 | 1.49 | 1.16 | 0.86 | 1.43 | 7.20 | 91.7 |
| 棉籽饼 | 10.13 | 32.6 | 0.23 | 0.90 | 1.11 | 1.30 | 13.60 | 89.8 |
| 棉仁粕 | 11.55 | 32.3 | 0.36 | 0.81 | 1.29 | 0.74 | 15.10 | 92.2 |
| 菜子粕 | 11.47 | 41.4 | 0.79 | 0.98 | 1.11 | 1.30 | 11.80 | 89.8 |
| 菜子饼 | 11.60 | 37.4 | 0.61 | 0.95 | 1.23 | 1.22 | 10.70 | 92.2 |
| 亚麻饼 | 12.60 | 35.9 | 0.39 | 0.87 | 1.20 | 1.00 | 9.20 | 91.1 |
| 胡麻饼 | 10.93 | 31.1 | 0.45 | 0.54 | 1.18 | 0.75 | 9.80 | 90.5 |
| 蓖麻饼 | 8.79 | 31.4 | 0.32 | 0.86 | 0.87 | 0.82 | 33.00 | 80.0 |
| 大豆秸粉 A | 2.97 | 8.9 | 0.87 | 0.05 | 0.31 | 0.12 | 39.80 | 93.2 |
| 大豆秸粉 B | 2.55 | 3.96 | 0.76 | 0.03 | — | — | 49.6 | 90.0 |
| 甘薯藤粉 | 5.23 | 8.10 | 1.55 | 0.11 | 0.26 | 0.16 | 28.50 | 88.0 |
| 花生皮 | 4.27 | 5.0 | 0.57 | 0.07 | — | — | 50.0 | 88.0 |
| 大蒜茸 | 5.65 | 7.82 | 0.26 | 0.02 | — | — | 35.03 | 88.0 |
| 菊花粉 | 6.51 | 13.0 | 1.00 | 0.20 | — | — | 26.00 | 88.0 |
| 椰子饼 | 11.22 | 24.7 | 0.04 | 0.06 | 0.51 | 0.53 | 14.40 | 91.2 |
| 菜仁饼 | 10.13 | 10.5 | 0.36 | 0.23 | 0.30 | 0.42 | 18.30 | 91.0 |
| DDGS | 14.31 | 26.0 | 0.20 | 0.74 | 0.59 | 0.59 | 7.1 | 88.0 |
| 向日葵粕 | 10.88 | 35.7 | 0.40 | 0.50 | 1.17 | 1.36 | 22.80 | 90.3 |
| 向日葵饼 | 7.62 | 31.5 | 0.40 | 0.40 | 1.13 | 1.66 | 19.80 | 89.0 |
| 玉米胚芽饼 | 13.48 | 16.8 | 0.04 | 1.48 | 0.69 | 0.57 | 5.50 | 91.8 |

（续）

| 饲料名称 | 消化能 | 粗蛋白 | 钙 | 磷 | 赖氨酸 | 蛋氨酸＋胱氨酸 | 粗纤维 | 干物质 |
|---|---|---|---|---|---|---|---|---|
| 米糠粕 | 11.51 | 14.9 | 0.14 | 1.02 | 0.52 | 0.42 | 12.00 | 89.9 |
| 米糠饼 | 10.76 | 13.6 | 0.07 | 0.87 | 0.63 | 0.45 | 8.90 | 91.5 |
| 进口鱼粉 A | 13.18 | 64.5 | 3.80 | 2.83 | 5.22 | 2.29 | 0.50 | 90.0 |
| 进口鱼粉 B | 12.97 | 62.5 | 3.96 | 3.05 | 5.12 | 2.21 | 0.50 | 90.0 |
| 进口鱼粉 C | 15.53 | 60.5 | 3.91 | 2.90 | 4.35 | 2.21 | 0.00 | 89.0 |
| 国产鱼粉 A | 12.93 | 60.2 | 4.04 | 2.90 | 4.72 | 2.16 | 0.50 | 90.0 |
| 国产鱼粉 B | 19.27 | 55.1 | 4.59 | 1.17 | 3.64 | 1.95 | 0.00 | 91.2 |
| 国产鱼粉 C | 12.93 | 53.5 | 5.88 | 3.20 | 3.87 | 1.88 | 0.80 | 90.0 |
| 猪肉粉 | 9.42 | 38.6 | 6.13 | 1.03 | 2.12 | 1.30 | 0.00 | 91.2 |
| 肉 粉 | 22.44 | 55.4 | 0.19 | 0.54 | 2.20 | 0.79 | 0.00 | 90.0 |
| 肉骨粉 | 12.56 | 54.4 | 8.27 | 4.10 | 3.00 | 1.43 | 0.00 | 92.0 |
| 羽毛粉 | 11.59 | 77.9 | 0.20 | 0.68 | 1.65 | 3.52 | 0.70 | 88.0 |
| 皮革粉 | 11.51 | 77.6 | 4.40 | 0.15 | 2.27 | 0.96 | 1.70 | 88.0 |
| 血粉 A | 11.43 | 82.7 | 0.29 | 0.31 | 6.67 | 1.72 | 0.00 | 88.0 |
| 血粉 B | 12.10 | 45.0 | 11.0 | 5.90 | 2.49 | 1.02 | 0.00 | 92.4 |
| 蚕 蛹 | 10.93 | 78.0 | 0.30 | 0.23 | 8.07 | 1.14 | 0.00 | 89.3 |
| 蚕蛹渣 | 20.72 | 54.6 | 0.02 | 0.53 | 3.07 | 1.23 | 0.00 | 90.5 |
| 蝇 蛆 | 12.73 | 69.7 | 0.30 | 0.77 | 3.86 | 2.00 | 0.00 | 90.5 |
| 蚕 砂 | 11.05 | 47.2 | 2.76 | 3.14 | 3.37 | 0.15 | 0.00 | 86.0 |
| 小虾糠 | 10.05 | 14.8 | 0.10 | 0.61 | 0.40 | 0.33 | 10.50 | 90.2 |
| 酵母 A | 10.72 | 46.9 | 7.34 | 1.56 | 1.94 | 1.17 | 11.10 | 89.9 |
| 酵母 B | 14.81 | 70.0 | 0.40 | 3.40 | 2.38 | 1.14 | 0.60 | 91.0 |
| 饲料酵母 | 12.22 | 47.1 | 0.50 | 1.20 | 3.80 | 0.80 | 0.60 | 90.0 |
| 啤酒酵母 | 16.62 | 45.5 | 1.15 | 1.27 | 2.57 | 1.00 | 5.10 | 91.1 |
| 饲料 BE 酵母 | 14.82 | 52.4 | 0.16 | 1.02 | 3.38 | 1.00 | 0.60 | 91.7 |
| 酪蛋白 | 12.14 | 47.2 | 0.13 | 0.96 | 2.60 | 0.83 | 6.10 | 91.5 |
| 玉米蛋白粉 A | 15.32 | 89.1 | 0.00 | 0.00 | 0.00 | 0.00 | 0.00 | 91.3 |
| 玉米蛋白粉 B | 15.28 | 55.0 | 0.06 | 0.43 | 0.95 | 2.00 | 2.00 | 91.0 |
| 玉米蛋白粉 C | 15.61 | 51.3 | 0.06 | 0.42 | 0.92 | 1.90 | 2.10 | 91.2 |
| 玉米蛋白粉 D | 15.02 | 44.3 | 0.06 | 0.42 | 0.71 | 0.69 | 1.60 | 89.9 |
| 玉米蛋白粉 E | 10.38 | 19.3 | 0.05 | 0.70 | 0.63 | 0.62 | 7.80 | 88.0 |
| 全脂奶粉 | 22.52 | 21.4 | 1.62 | 0.66 | 2.26 | 1.02 | 0.00 | 98.0 |
| 水解羽毛粉 | 19.32 | 85.0 | 0.04 | 0.12 | 1.70 | 4.17 | 0.00 | 90.0 |
| 土霉素渣 | 11.47 | 43.6 | 1.61 | 0.48 | 1.27 | 0.60 | 5.30 | 90.7 |

(续)

| 饲料名称 | 消化能 | 粗蛋白 | 钙 | 磷 | 赖氨酸 | 蛋氨酸＋胱氨酸 | 粗纤维 | 干物质 |
|---|---|---|---|---|---|---|---|---|
| 青霉素渣 | 8.33 | 20.8 | 2.95 | 0.54 | 0.00 | 0.00 | 0.60 | 91.7 |
| 动物油 | 38.26 | 0.00 | 0.00 | 0.00 | 0.00 | 0.00 | 0.00 | 97.4 |
| 甘　薯 | 3.68 | 1.00 | 0.13 | 0.05 | 0.13 | 0.11 | 0.90 | 25.0 |
| 胡萝卜 | 2.13 | 1.30 | 0.53 | 0.06 | 0.03 | 0.03 | 0.80 | 13.4 |
| 南　瓜 | 1.72 | 1.50 | 0.00 | 0.00 | 0.02 | 0.01 | 0.90 | 10.9 |
| 马铃薯 | 3.47 | 2.30 | 0.33 | 0.07 | 0.09 | 0.06 | 0.90 | 23.5 |
| 冰　草 | 3.06 | 3.80 | 0.12 | 0.09 | 0.00 | 0.00 | 9.40 | 28.8 |
| 苜蓿草 | 2.22 | 4.60 | 0.20 | 0.06 | 0.21 | 0.10 | 5.00 | 19.6 |
| 三叶草 | 2.30 | 4.90 | 0.00 | 0.01 | 0.09 | 0.04 | 3.10 | 18.5 |
| 黑麦草 | 2.55 | 2.40 | 0.13 | 0.05 | 0.16 | 0.09 | 4.20 | 18.0 |
| 豆腐渣 | 0.88 | 2.80 | 0.05 | 0.03 | 0.19 | 0.09 | 1.70 | 10.0 |
| 薯类粉渣 | 1.76 | 0.60 | 0.07 | 0.01 | 0.00 | 0.00 | 1.70 | 15.0 |
| 玉米粉渣 | 2.01 | 1.80 | 0.02 | 0.01 | 0.03 | 0.07 | 0.50 | 15.0 |
| 糖　渣 | 3.93 | 7.00 | 0.01 | 0.04 | 0.22 | 0.43 | 5.30 | 22.6 |
| 醋　渣 | 2.43 | 2.40 | 0.06 | 0.03 | 0.08 | 0.16 | 3.40 | 25.0 |
| 酱　渣 | 2.80 | 7.10 | 0.11 | 0.03 | 0.14 | 0.10 | 2.40 | 22.4 |
| 甜菜渣 | 1.13 | 1.20 | 0.06 | 0.01 | 0.05 | 0.03 | 3.80 | 12.0 |
| 鲜啤酒糟 | 2.68 | 3.40 | 0.09 | 0.12 | 0.18 | 0.25 | 7.50 | 25.0 |
| 啤酒糟 A | 10.56 | 27.0 | 0.32 | 0.42 | 0.74 | 0.89 | 11.8 | 88.0 |
| 啤酒糟 B | 9.42 | 24.3 | 0.32 | 0.42 | 0.72 | 0.87 | 13.4 | 88.0 |
| 玉米酒糟 | 3.81 | 5.80 | 0.15 | 0.17 | 0.02 | 0.06 | 10.5 | 35.0 |
| 高粱酒糟 | 3.10 | 5.90 | 0.11 | 0.18 | 0.15 | 0.07 | 2.00 | 29.9 |
| 甘薯酒糟 | 0.50 | 2.00 | 0.09 | 0.01 | 0.02 | 0.06 | 5.70 | 7.00 |
| 酒　糟 | 3.39 | 7.50 | 0.19 | 0.20 | 0.56 | 0.29 | 1.10 | 32.5 |
| 水花生 | 0.54 | 1.10 | 0.08 | 0.02 | 0.03 | 0.01 | 0.90 | 6.00 |
| 水葫芦 | 0.42 | 0.80 | 0.08 | 0.03 | 0.04 | 0.04 | 2.50 | 5.00 |
| 甘薯藤 | 1.13 | 2.10 | 0.20 | 0.05 | 0.07 | 0.03 | 0.50 | 13.0 |
| 大白菜 | 0.80 | 1.40 | 0.03 | 0.04 | 0.04 | 0.04 | 0.70 | 6.00 |
| 小白菜 | 0.92 | 1.60 | 0.04 | 0.06 | 0.04 | 0.06 | 1.60 | 5.40 |
| 甘　蓝 | 1.00 | 1.80 | 0.08 | 0.04 | 0.09 | 0.00 | 11.0 | 9.90 |
| 槐叶粉 | 10.00 | 18.1 | 2.21 | 0.21 | 0.00 | 0.00 | 12.9 | 90.3 |
| 紫穗槐叶粉 | 10.55 | 23.0 | 1.40 | 0.40 | 0.00 | 0.00 | 0.00 | 90.6 |
| 脱胶骨粉 | 0.00 | 0.00 | 36.4 | 16.4 | 0.00 | 0.00 | 0.00 | 96.0 |
| 骨　粉 | 0.00 | 0.00 | 30.12 | 13.46 | 0.00 | 0.00 | 0.00 | 99.0 |

（续）

| 饲料名称 | 消化能 | 粗蛋白 | 钙 | 磷 | 赖氨酸 | 蛋氨酸＋胱氨酸 | 粗纤维 | 干物质 |
|---|---|---|---|---|---|---|---|---|
| 磷酸钙 | 0.00 | 0.00 | 27.91 | 14.38 | 0.00 | 0.00 | 0.00 | 80.0 |
| 磷酸氢钙 | 0.00 | 0.00 | 23.10 | 18.7 | 0.00 | 0.00 | 0.00 | 79.6 |
| 碳酸钙 | 0.00 | 0.00 | 40.0 | 0.00 | 0.00 | 0.00 | 0.00 | 99.0 |
| 石　粉 | 0.00 | 0.00 | 35.0 | 0.00 | 0.00 | 0.00 | 0.00 | 99.0 |
| 贝壳粉 | 0.00 | 0.00 | 33.4 | 0.14 | 0.00 | 0.00 | 0.00 | 99.0 |
| 蛋壳粉 | 0.00 | 0.00 | 37.0 | 0.15 | 0.00 | 0.00 | 0.00 | 99.0 |
| L-赖氨酸 | 0.00 | 0.00 | 0.00 | 0.00 | 76.80 | 0.00 | 0.00 | 98.0 |
| L-蛋氨酸 | 0.00 | 0.00 | 0.00 | 0.00 | 0.00 | 98.0 | 0.00 | 98.0 |
| L-蛋氨酸（代胱氨酸） | 0.00 | 0.00 | 0.00 | 0.00 | 0.00 | 98.0 | 0.00 | 98.0 |

## 二、家兔生理常数

| 体温（℃） | 38.5～39.5 | 血小板（$10^3$/毫米$^3$） | 170～1 120 |
|---|---|---|---|
| 呼吸频率（B/M） | 30～60 | 白细胞（$10^3$/毫米$^3$） | 9～11 |
| 呼吸量（升/分钟） | 0.8～1.2 | 中性粒细胞（%） | 20～75 |
| 二氧化碳分压（毫米汞柱） | 40 | 嗜酸性粒细胞（%） | 0～4 |
| 耗氧量（毫升/克/小时） | 0.47～0.85 | 嗜碱性粒细胞（%） | 2～7 |
| 心律（次/分钟） | 130～325 | 淋巴细胞（%） | 30～85 |
| 血压（毫米汞柱） | 90～130 | 单核细胞（%） | 1～4 |
| 动脉血 pH | 7.35 | 日采食量（克/100 克） | 5 |
| 血凝时间（秒） | 60～360 | 饮水量（毫升 /100 克） | 5～10 |
| 血量（ 毫升/千克） | 57～70 | 适宜室温（F） | 62～64 |
| 放血量（ 毫升/千克） | 35 | 适宜室内湿度（%） | 45～55 |
| 取血量（毫升/千克/次） | 7 | 日照时间（小时） | 12～14 |
| 血钙（毫克/100 毫升） | 5.6～12 | 成年公兔体重（千克） | 4～5.5 |
| 血磷（毫克/100 毫升） | 4.0～6.2 | 成年母兔体重（千克） | 4.5～6.5 |
| 血钠（mEq/升） | 140 | 出生体重（克） | 50～100 |
| 血氯（mEq/升） | 105 | 公兔初配月龄 | 6～10 |
| 血钾（mEq/升） | 5.5～6.0 | 母兔初配月龄 | 4～9 |
| 血镁（毫克/100 毫升） | 3.2～5.4 | 年发情次数 | 多次 |

（续）

| 血胆固醇（毫克/100毫升） | 30～80 | 妊娠期 | 29～35 |
|---|---|---|---|
| 血清蛋白（毫克/100毫升） | 5.4～7.5 | 断乳时间 | 28～56 |
| 血清白蛋白（毫克/100毫升） | 4.6 | 胎产仔数 | 1～10 |
| 血清球蛋白（毫克/100毫升） | 1.8～2.8 | 分娩后再配时间 | 14～28 |
| 血葡萄糖（毫克/100毫升） | 75～150 | 公兔利用年限 | 1～3 |
| 血清尿素（毫克/分升） | 17～23.5 | 母兔利用年限 | 1～3 |
| 血肌氨酸酐（毫克/分升） | 0.8～1.8 | 公兔交配次数（次/周） | 6 |
| 总胆红素（毫克/分升） | 0.25～0.74 | 乳脂率（%） | 12.2 |
| 血脂（毫克/分升） | 280～350 | 乳糖率（%） | 10.4 |
| 血清磷脂（毫克/分升） | 75～113 | 乳蛋白（%） | 10.4 |
| 血清甘油三脂（毫克/分升） | 124～156 | 染色体数（条） | 44 |
| 血球容积（%） | 30～50 | 寿命（年） | 5～6 |
| 血红素（克/100毫升） | 8～15 | | |
| 血红细胞（$10^6$/毫米$^3$） | 4～7 | | |

根据 Dr. James B. Nichols 资料整理。

资料篇

# 三、养兔机械设备生产厂家

| 名　称 | 单位地址 | 邮政编码 | 联系电话 | 联系人 | 网　站 | 主要设备 |
| --- | --- | --- | --- | --- | --- | --- |
| 北京南水畜牧设备有限公司 | 北京市海淀区学清路 16 号学知轩 1006 室 | 100083 | 010 - 82755671 | 孙秀燕 | http：//www.nanshuixumu.com | 饲料机械、兔笼配件、饮水器、兔耳号 |
| 北京人和机械厂 | 北京市大兴区德茂庄 | 100076 | 010 - 67962439 | | http：//www.renhejixie.com | 自动饮水器、食槽、耳号钳、塑料管等 |
| 北京市平谷万青机械厂 | 北京市平谷区东高村镇大服务西路 06 号 | 101200 | 13601223272 | 刘钟鸣 | | 颗粒饲料机 |

（续）

| 名称 | 单位地址 | 邮政编码 | 联系电话 | 联系人 | 网站 | 主要设备 |
| --- | --- | --- | --- | --- | --- | --- |
| 北京燕北华牧科技有限公司 | 北京市海淀区中国农业大学金码大厦 | 100083 | 010 - 82838579 | 付余 | http://www.yanbei.com | 畜牧养殖业设备及用具，饲料加工机械，屠宰及肉类初加工设备 |
| 河北省沧州市恒源兔饮水器厂 | 河北省沧州市李天目镇皂坡村 | 061024 | 0317 - 4801676 | 陈玉森 | | 兔饮水器 |
| 河北省沧州市华源畜禽饮水器厂 | 河北省沧州市李天目镇大郝村 | 061024 | 0317 - 4801785 | 李卫东 | | 兔饮水器 |
| 河北省沧州市兔饮水器总厂 | 河北省沧州市李天目镇皂坡村 | 061024 | 0317 - 4802762 | 孟庆行 | | 兔饮水器 |
| 沧州市皂坡兔用饮水器专业生产厂 | 河北省沧州市李天目镇皂坡村 | 061024 | 0317 - 4802782 | 王忠江 | | 兔饮水器 |
| 常州市振兴干燥设备厂 | 江苏省常州市新丰街 20 号 | 213003 | 0519 - 8675284 | 张才虎 | http://www.zxdrying.com | 饲料加工机械 |
| 河北省大厂县博海畜牧设备金属结构加工厂 | 河北省大厂县祁各庄乡变电站对面 | 065302 | 0316 - 8941015 | 郭立安 | | 兔笼、饮水器、饲料槽 |

（续）

| 名　称 | 单位地址 | 邮政编码 | 联系电话 | 联系人 | 网　站 | 主要设备 |
| --- | --- | --- | --- | --- | --- | --- |
| 河北省大厂县红星养殖设备厂兔笼厂 | 河北省大厂县祁各庄村 | 065302 | 0316－8941322 | 王文彬 | | 兔笼 |
| 河北省大厂县鑫瑞达獭兔专用笼具厂 | 河北省大厂县窄坡经济开发区 | 065302 | 0316－8941888 | 崔志东 | | 兔笼、饮水器、粪板 |
| 河北省石家庄市栾城县安顺地板采暖专用网厂 | 河北省石家庄市栾城县西街（县工会南邻） | | 0311－88039133 | 杨红欣 | http://www.anshunmesh.com | 兔笼 |
| 河南黎明路桥重工有限公司 | 广州市中山八路1号隆城大厦809室 | 510175 | 020－81837820 | 付海钦 | http：//www.lmlq.com | 饲料加工机械 |
| 河南省金凤鸡笼有限公司 | 河南省西平县二郎街 | 463922 | 0396－6368888 | | http：//www.jinmu999.com | 兔笼 |
| 河南舞阳县神龙养殖设备有限公司 | 舞阳县富平春路139号附5号 | 462400 | 0395－7121429 | 陶改鸣 | | 笼具 |
| 吉林省四平市艾斯克机电开发有限公司 | 吉林省四平市铁西区北桥桃园路1号 | 136001 | 0434－3580241 | 于志成 | | 肉兔屠宰加工设备 |

（续）

| 名　称 | 单位地址 | 邮政编码 | 联系电话 | 联系人 | 网　站 | 主要设备 |
|---|---|---|---|---|---|---|
| 济南赛信机械有限公司 | 山东省济南市北园大街东泺河6号 | 250033 | 0531-86822899 | | http://www.food-machinery.com.cn | 颗粒饲料机 |
| 江苏宝达粮机配件厂 | 江苏省镇江市润州山路 | 212000 | 0511-5210993 | 张海华 | | 饲料加工机械 |
| 江苏牧羊集团有限公司 | 江苏省扬州市 | 225127 | 0514-7848888 | 王淑红 | http：//www.muyang.com | 饲料加工机械 |
| 江苏省溧阳市裕达机械有限公司 | 江苏省溧阳市濑江路7号 | | 0519-8305886，8305806 | | http：//www.cnyuda.com.cn | 饲料机械 |
| 江苏特普王实业有限公司粮机分公司 | 江苏省镇江市长江路107号 | 212002 | 0511-5290598 | 赵非 | http：//www.jstopone.com | 饲料加工机械，畜牧养殖业设备及用具 |
| 江苏正昌集团 | 江苏省溧阳经济开发区正昌路28号 | 213300 | 0519-7309850 | | http：//www.zhengchang.com | 饲料机械加工设备 |
| 江苏省江阴市华灵胶带有限公司 | 江苏省江阴市云亭镇中街202号 | 214422 | 0510-6012588 | 朱正洪 | http：//www.hljd.com | 饲料加工机械，屠宰及肉类初加工设备 |
| 江苏省江阴市文虎药化干燥设备有限公司 | 江苏省江阴市申港镇西街858号 | 214443 | 0510-6620166 | 金文虎 | http：//china.nowec.com | 饲料加工机械 |

（续）

| 名　称 | 单位地址 | 邮政编码 | 联系电话 | 联系人 | 网　站 | 主要设备 |
|---|---|---|---|---|---|---|
| 江苏省江阴市鑫达药化机械制造有限公司 | 江苏省江阴市文林镇文祝桥堍 | 214416 | 0510-6343810 | 顾洪 | http：//www. xinda-china. com www. xdchina. com | 饲料加工机械 |
| 江苏省溧阳市德诚机械有限公司 | 江苏省溧阳市煤建路77-23号 | 213300 | 0519-8301800 | 吴淑云 | http：//www. decheng. cn | 饲料成套加工机组 |
| 南京白云机械有限公司（原南京白云机械厂） | 江苏省南京市中央门安怀村454号 | 210028 | 025-85506531 | 许先生 | http：//www. byjx. cn | 屠宰及肉类初加工设备，饲料加工机械 |
| 南京明瑞机械设备有限公司 | 江苏省南京市孝陵区钟灵街50号 | 210014 | 025-52106001 | 马益民 | | 兔屠宰及肉深加工设备 |
| 平湖光明机械设备制造有限公司 | 浙江平湖市平湖南门马厩镇 | 314215 | 0573-5943777 | 屈春升 | http：//www. phgmjx. com | 饲料加工机械 |
| 曲阜孔圣机械厂 | 山东省曲阜市校场路大庄西首，啤酒厂加油站南邻 | | 0537-4415442 | 李东彬 | www. qfksjx. com | 颗粒饲料机 |
| 山东省莱州市成达机械有限公司 | 山东省莱州市南三里河子 | 261400 | 0535-2217713 | 邱维成 | | 颗粒饲料机 |

（续）

| 名　称 | 单位地址 | 邮政编码 | 联系电话 | 联系人 | 网　站 | 主要设备 |
| --- | --- | --- | --- | --- | --- | --- |
| 山东省莱州市龙昌机械厂 | 山东省莱州市南八腊庙北路西 | 261400 | 0535-2258986 | 马向波 | | 颗粒饲料机 |
| 山东省微山县田农机械有限公司 | 山东省微山县西平乡商业街194号 | 277609 | 0537-8341055 | 田中武 | http://tnjx.cn.alibaba.com | 颗粒机系列、混合机系列、粉碎机系列 |
| 山东省文登市先锋兔具厂 | 山东省文登市茴山镇东许家村 | 264414 | 0631-8545661 | 白成林 | | 家兔饲料槽 |
| 山东省章丘市华龙机械厂 | 山东济南章丘绣惠 | 250201 | 13969070750 | 陈麦冬 | http://www.hualongjixie.com | 饲料机械 |
| 山东省章丘市明水金辉机械厂 | 山东省章丘市明水镇吕家村 | 250200 | 0531-3258596 | 李宝东 | | 颗粒饲料机、消毒器 |
| 山东省章丘市獭兔良种养殖场 | 山东省章丘市龙山镇政府东600米路南 | 250216 | 0531-3621853 | 王献德 | | 兔笼 |
| 山西省长治市建民兔业开发公司 | 山西省长治屯留上村镇王庄村 | 046001 | 13903455687 | 董建民 | | 兔笼 |
| 陕西省西安长兴畜牧有限公司 | 陕西省西安市长安区郭杜镇南街36号 | 710118 | 029-85843423 | 张建 | | 养殖设备 |

（续）

| 名　称 | 单位地址 | 邮政编码 | 联系电话 | 联系人 | 网　站 | 主要设备 |
|---|---|---|---|---|---|---|
| 上海三鼎畜牧机械厂 | 上海市金山区亭林镇复兴北路3号 | 201505 | 021-57232593 | | http：//www.san-ding.com | 笼具、饮水器、饲料槽、清粪机等 |
| 驷通达獭兔专用笼具厂 | 北京市通州区甘棠乡侉子店正东两公里 | 101007 | 0316-8967567 | 王廷驷 | | 成套养兔设备 |
| 天津市工农联盟畜牧机械厂 | 天津市西青区津静公路京福公路交口处 | 300381 | 022-23792313 | | | 笼具 |
| 无锡市华强饲料机械有限公司 | 无锡市八士镇芙蓉桥堍 | 214192 | 0510-3780085 | 诸卫强 | http：//www.huaqiangjx.com | 颗粒饲料加工机组 |
| 无锡市太湖粮机有限公司 | 江苏省无锡市羊尖工业园 | 214107 | 0510-8738888 | 李忠 | http：//www.thlj.com.cn | 粉碎机、混合机、颗粒压制机 |
| 武汉市华巨生物技术有限公司 | 武汉市洪山区路狮南路501号明泽 | 430070 | 027-87290841 | 郑红福 | http：//www.chinahuaju.com | 饲料加工机械 |
| 象山市正圆农牧机械设备厂 | 浙江省象山县定塘镇峰北路工业园区 | 315700 | 0574-65763302 | 仇伟传 | http：//www.xstsw.com | 饲料粉碎机械、饲料粉碎、制粒成套加工机械 |

资料篇

（续）

| 名　称 | 单位地址 | 邮政编码 | 联系电话 | 联系人 | 网　站 | 主要设备 |
|---|---|---|---|---|---|---|
| 新乡市长胜机械贸易有限公司 | 河南省新乡市新飞大道 118 号太平洋大厦 | 453000 | 0373 - 2389802 | | http：//www.xxcsjx.com | 饲料加工机械 |
| 偃师市段西养殖设备厂 | 河南省偃师市段西工业区 | 471922 | 0379 - 7513913 | 齐有功 | http：//www.ysyg.com | 颗粒饲料机，粉碎机，饲料混合机 |
| 浙江省余姚市凯帆新型养兔器材厂 | 浙江省余姚市马渚镇东一路 348 号 | 315450 | 0574 - 62468325 | 杨新国 | | 料槽、饮水器、耳号钳、兔笼等 |
| 浙江省嵊州市金塔通用机械厂 | 浙江省嵊州市 | | 0575 - 3040084 | 石颂明 | | 颗粒饲料机 |
| 浙江省余姚区新华饲料机械厂 | 浙江省余姚市火车站背后子陵路 268 号 | 315400 | 0574 - 62643339 | 俞建国 | | 颗粒饲料机 |
| 浙江省余姚市双河颗粒饲料机械厂 | 浙江省余姚市双河村 | 315401 | 0574 - 62606382 | 黄永尧 | | 颗粒饲料机 |
| 镇江恒通粮食机械有限公司 | 江苏镇江市镇江市南徐路中段 | 212017 | 0511 - 5639140 | 何张进 | http：//www.htlj.com | 饲料加工机械 |

（续）

| 名　称 | 单位地址 | 邮政编码 | 联系电话 | 联系人 | 网　站 | 主要设备 |
| --- | --- | --- | --- | --- | --- | --- |
| 郑州莽源机械制造有限公司 | 河南郑州市郑州南阳路与北环路立交桥下向西100米 | 450053 | 0371-3525268 | 姚光建 | http：//www.myjxzz.com | 饲料加工成套设备 |
| 中州牧业养殖设备有限公司 | 河南省西平县城南十五公里处 |  | 0396-6099258 | 白纪周 | http：//www.zhongmu.net | 兔笼 |
| 南京明瑞机械设备有限公司 | 江苏省南京市孝陵卫钟灵街50号 | 210014 | 025-52106001 | 马益民 |  | 兔类屠宰加工生产线、兔肉深加工成套设备 |

## 四、家兔饲料主要供应商

| 名称 | 单位地址 | 邮政编码 | 联系电话 | 联系人 | 网站 | 品种 |
|---|---|---|---|---|---|---|
| 中国农业科学院饲料研究所北京精准动物营养中心 | 北京海淀区中关村南大街12号饲料研究所科研辅助楼501 | 100081 | 010-62142122 | | | 各种饲料和营养添加剂、兔用预混料 |
| 绿宝草饲料有限公司 | 北京市丰台区樊羊路33号 | 100070 | 0350-7623623 | 李飞 | | 干草饲料、柠条饲料、秸秆饲料、饲料粉末、饲料压块、饲料颗粒 |
| 北京市绿田园生态农场有限公司 | 北京市昌平区兴寿镇 | 102212 | 010-61721269 | 张海明 | www.lvty.com.cn | 苜蓿草颗粒、草饲料 |

（续）

| 名　称 | 单位地址 | 邮政编码 | 联系电话 | 联系人 | 网　站 | 品　种 |
|---|---|---|---|---|---|---|
| 甘肃杨柳青牧草饲料开发有限公司 | 甘肃省兰州市泰安路81号东楼10层 | 730000 | 0931-8832262 | | | 苜蓿草粉、草块、草捆、草颗粒产品 |
| 广东肇庆市华芬饲料酶有限公司 | 广东省肇庆市端州六路22号之三 | 526020 | 0758-2838308 | 余冬生 | http：//www.huafen.com.cn | 复合酶制剂、植酸酶 |
| 广西南宁康佳龙饲料有限公司 | 广西区南宁市开源路8号 | 530031 | 0771-4516928 | 张德荣 | http：//www.nnkjl.com | 粮油饲料原料 |
| 广州市海珠区浩霖粮油经营部 | 广东省广州市海珠区南洲路2号 | 510288 | 020-84036063 | 荆涛 | | 玉米淀粉、纤维饲料、玉米蛋白粉、DDGS、米糠粕、米糠油、米糠 |
| 广州蓝欣贸易有限公司 | 广东省广州市天河区富华新街 | 510600 | 020-85557139 | 顾杰 | | 米糠粕、麸皮、羽毛粉、酵母粉、玉米蛋白粉、玉米皮、统糠、大豆蛋白粉、磷酸氢钙 |
| 贵州省遵义德惠饲料有限公司 | 贵州省遵义县南北镇西大街333号 | 563100 | 0852-8893799 | 余军 | | 玉米、小麦、大豆、蚕豆、鱼粉、次粉、粕类、饲料 |

(续)

| 名　称 | 单位地址 | 邮政编码 | 联系电话 | 联系人 | 网　站 | 品　种 |
| --- | --- | --- | --- | --- | --- | --- |
| 河北普瑞秸秆饲料发展有限公司大城分公司 | 河北省大城县北青州 | 065900 | 0316 - 5951339 | 王恩发 | | 玉米秸秆、苜蓿、玉米秸秆压块饲料 |
| 石家庄金牛饲料有限公司销售一部 | 河北省藁城市 | | 0311 - 13722447820 | 吕建升 | | 玉米蛋白粉、菊花粉、DDGS、土渣、玉米粉、玉米柠檬酸渣、玉米纤维饲料、辣椒粉、酱油渣、青渣 |
| 石家庄中天饲料公司 | 河北省藁城市 | 052160 | 0311 - 8358611 | 何建华 | | 各种饲料原料 |
| 石家庄金海饲料有限公司（销售部） | 河北省藁城市民航机场路只甲开发区 | 52160 | 0311 - 88334858 | 葛艳峰 | | 各种饲料原料、辣椒粕、DDGS、菊花粉;、胚芽粕（饼）、喷浆蛋白、葵花粕、棉粕、菜粕、苹果渣、柠檬酸渣 |

（续）

| 名　称 | 单位地址 | 邮政编码 | 联系电话 | 联系人 | 网　站 | 品　种 |
|---|---|---|---|---|---|---|
| 石家庄巨龙饲料公司 | 河北省藁城市南孟镇西只甲 | 052160 | 0311-88334001 | 葛雪山 | | 玉米蛋白粉、豆粕、棉粕、花生粕、酒泥、玉米喷浆蛋白、渣、玉米粉、芝麻、玉米蛋白饲料、玉米柠檬酸渣、玉米粉 |
| 廊坊东信生物科技有限公司 | 河北省廊坊市开发区华祥路 | 065000 | 0316-5919919 | 苏海燕 | | 杂粕类原料、生物饲料 |
| 曲周利民蛋白饲料公司 | 河北曲周县疃张庄 | 057250 | 0310-8988689 | 赵利民 | | 玉米粗蛋白、蛋白精、玉米蛋白粉、酵母 |
| 石家庄科瑞德饲料有限公司 | 河北省石家庄市长江大道9号 | 050035 | 0311-85370188 | 邢艳庆 | http：//www.cradlefeed.com | 预混料、多维、微量、豆粕 |
| 石家庄正太饲料厂 | 河北省石家庄市行唐工业区108号 | 050600 | 0311-82997000 | 徐彦会 | | 骨粉、菌体蛋白、膨润土、玉米蛋白、玉米饲料粉、葡萄籽、豆粕 |

（续）

| 名　称 | 单位地址 | 邮政编码 | 联系电话 | 联系人 | 网　站 | 品　种 |
|---|---|---|---|---|---|---|
| 唐山圣昊农科发展有限公司 | 河北省唐山市海港开发区 | 063000 | 0315-8768396 | 王志刚 | | 米糠、糠粕、米糠毛油及精炼 |
| 邢台飞豹草业有限责任公司 | 河北省邢台市中兴西大街1号 | 054000 | 0319-2022390 | 景晓丽 | | 杂树叶颗粒、玉米秸颗粒 |
| 河北省内邱绿洲兔业发展公司 | 河北省内邱金店镇东文孝村 | 054200 | 0319-6881387 | 张国庆 | | 草粉 |
| 河北深州金粮饲料科技有限公司 | 河北省深州市工业开发区 | 053800 | 0318-3395716 | | | 兔用全价颗粒饲料 |
| 保定市波尔莱特农牧有限公司 | 河北省保定市保满路张庄工业区 | 071051 | 0312-3170429 | 张福斌 | | 兔用全价颗粒饲料 |
| 河北康保县屯垦镇吉安草业公司 | 河北省康保县内 | | 13313134882 | 张慧林 | | 牧草 |
| 河北中旺绿源农业开发有限公司 | 河北省隆尧县中旺经济开发区 | 055350 | 0319-6598488 | 齐文峰 | | 苜蓿草捆、苜蓿草粉、苜蓿压块、颗粒、苜蓿草段、花生秧颗粒 |
| 曲周县宏达饲料厂 | 河北省曲周县张庄工业区 | | 0310-8988820 | 曹玉峰 | | 河北省曲周县张庄工业区 |

（续）

| 名称 | 单位地址 | 邮政编码 | 联系电话 | 联系人 | 网站 | 品种 |
|---|---|---|---|---|---|---|
| 深州金豆饲料有限公司 | 河北省深州市工业开发区 | 053800 | 0318-3316546 | 张轮大 | | 兔用全价颗粒饲料 |
| 河北省辛集市华辛饲料有限公司 | 河北省辛集市307国道辛集晋州交界处路南 | 052360 | 0311-3270789 | 李玉军 | | 兔用全价颗粒饲料、预混料 |
| 东方希望集团石家庄希望饲料有限公司 | 河北省石家庄鹿泉市方台村 | 050200 | 0311-2017900 | 高景泰 | | 兔用全价颗粒饲料 |
| 石家庄正丰饲料原料贸易公司 | 河北省石家庄正定县 | | 0311-88351664 | 于艳松 | | 豆粕、棉粕、菜粕、DDG、DDGS、柠檬酸、肉粉、骨粉、磷酸氢钙、菊花粉、辣椒粉、苹果渣、山楂粕 |
| 河北省肃宁县科牧饲料科技有限公司 | 河北省肃宁县城南（肃衡路）500米路西 | 062350 | 0317-5025488 | 鲍锦伟 | | 兔饲料 |
| 河北邢禽饲料有限公司 | 河北省邢台市高新技术开发区 | 054001 | 0319-3972628 | 魏然 | | 兔用全价颗粒饲料 |

（续）

| 名　称 | 单位地址 | 邮政编码 | 联系电话 | 联系人 | 网　站 | 品　种 |
|---|---|---|---|---|---|---|
| 商丘市丰源饲料厂 | 河南省商丘市睢阳区闫集工业园区 | 476000 | 0370-2686521 | 王宪振 | | 棉壳、棉壳颗粒、秸秆颗粒 |
| 河南新乡润博饲料有限公司 | 河南省新乡市高新西区 | 453000 | 0373-5595110 | 唐全明 | | 豆粕、棉粕、维生素、预混料、浓缩料、全价料 |
| 郑州牧专实验动物中心饲料厂 | 河南省郑州市花园路59号 | 450045 | 0371-65794201 | | | 兔全价料 |
| 河南省辉县市太行养兔协会 | 河南省辉县市西平罗乡莲花村 | 453647 | 0373-6780128 | 刘必臣 | | 颗粒饲料 |
| 河南省民权县兔业协会 | 河南省民权县道南清真寺西100米 | 476100 | 0370-8510262 | 袁明友 | | 饲料加工 |
| 河南三星饲料厂 | 河南省郑州市中原区 | | 0371-65638138 | | | 兔全价料 |
| 木兰县沣源牧业开发有限公司 | 黑龙江省木兰县木庆公路1公里处 | 151900 | 0451-57096556 | 薛勇 | | 苜蓿草 |
| 黑龙江省巨型草粉厂 | 黑龙江省巴彦县榆树乡丰田村西双井屯 | 151820 | 13101512602 | 李洪江 | | 豆皮、菊花、苜蓿、羊草 |

（续）

| 名　称 | 单位地址 | 邮政编码 | 联系电话 | 联系人 | 网　站 | 品　种 |
|---|---|---|---|---|---|---|
| 武汉市东源饲料有限公司 | 湖北武汉市东西湖区东吴大道 81 号 | 430040 | 027 - 83251665 | | | 玉米、大豆、大米、碗豆、高粱、小麦、蚕豆、麸皮、蚕豆、豆粕、菜粕、棉粕、大麦 |
| 武汉华农饲料厂 | 湖北省武汉市东西湖区严家渡 | 430047 | 027 - 83258997 | | | 玉米、麸皮、大豆 |
| 玉米秸秆揉搓饲草厂 | 吉林省公主岭市响水镇 | | 0434 - 6890349 | 郭文博 | | 玉米、秸秆、饲草、纤维、麸皮 |
| 吉林郭尔罗斯生物饲料有限公司 | 吉林省前郭尔罗斯蒙古族自治县郭尔罗斯工业园区 | 131100 | 0438 - 2187888 | 苏黎明 | www.golrose.com | 膨化饲料原料、膨化大豆、膨化玉米、复合磷脂粉、饲料原料购销、玉米、大豆、豆粕、饲料原料购销、饲料、磷脂油 |
| 扬州市晨望生物饲料有限公司 | 江苏省高邮市南郊经济开发区 | 225600 | 0516 - 2685994 | | | 饲料原料 |
| 徐州市九里区爱华饲料厂 | 江苏省徐州市九里区火花 | 221000 | 0516 - 85755376 | 沈超 | | 啤酒酵母粉、啤酒酵母粉 |

(续)

| 名　称 | 单位地址 | 邮政编码 | 联系电话 | 联系人 | 网　站 | 品　种 |
|---|---|---|---|---|---|---|
| 溧阳市南峰饲料有限公司 | 江苏省溧阳市南渡镇大溪集镇 | 213374 | 0519-7673999 | 刘刚 | | 獭兔饲料 |
| 大连庞宇国际贸易有限公司 | 辽宁省大连市西岗区胜利路110号—15—802室 | | 0411-83785977 | 孙贵彬 | | 玉米芯粉、苜蓿草颗粒、木粉、棉籽皮颗粒 |
| 赤峰市百草川草业有限公司 | 内蒙古自治区林西县大井镇农业经济开发区 | 025250 | 0476-5505318 | 王海林 | | 苜蓿草草捆、苜蓿精粉颗粒、无粮型草粉生物蛋白营养饲料、苜蓿精粉 |
| 宁夏银川永宁农林牧科技服务公司 | 宁夏自治区银川市永宁县 | 750100 | | 颜总 | | 磷酸氢钙、酵母粉、饲料 |
| 华龙蛋白饲料公司 | 山东省滨州市无棣县 | 251911 | 0543-6427418 | 曹常利 | | 进口鱼粉、国产鱼粉、玉米蛋白粉、蛋白精、大豆分离蛋白、大豆蛋白 |
| 山东和美华农牧发展有限公司 | 山东省济南市二环东路发展大厦B-11 | | 0531-88883388 | 张华荣 | | 药物、添加剂、维生素、微量元素 |

（续）

| 名　称 | 单位地址 | 邮政编码 | 联系电话 | 联系人 | 网　站 | 品　种 |
|---|---|---|---|---|---|---|
| 青岛顺宇牧业有限公司 | 山东省莱西市李权庄镇大河头工业园 | 266624 | 0532 - 86489258 | 耿守顺 | | 供鱼粉、玉米蛋白粉、豆粕、棉粕、菜粕、各种饲料原料 |
| 青岛瑞芳贸易有限公司 | 山东省青岛市平度张戈庄镇 | 266738 | 0532 - 15064255405 | 李学瑞 | | 花生壳、花生壳粉、花生秧粉、玉米芯、棉籽皮、花生米、花生果 |
| 东营金盛饲料有限责任公司 | 山东省东营市河口区孤岛镇 | 257000 | 0546 - 3687320 | 胡金祥 | | 饲草颗料、苜蓿草颗粒、杂草颗粒、木质燃料颗粒、鱼粉 |
| 济南科牧饲料有限公司 | 山东省济南市历城区董家镇 | 250000 | 0531 - 88289219 | 陈延涛 | http：//jnkemu. b2b. cn | 兔全价料 |
| 山西省平遥县宝亮油脂饲料厂 | 山西省平遥县洪善镇北营村康宁路东二排 2 号 | 031103 | 0354 - 5947255 | 王振宝 | | 玉米胚芽、玉米皮、玉米胚芽饼、玉米皮饼、玉米油、玉米蛋白粉、玉米喷浆料、玉米 |

（续）

| 名　称 | 单位地址 | 邮政编码 | 联系电话 | 联系人 | 网　站 | 品　种 |
|---|---|---|---|---|---|---|
| 山西省襄汾县福兴牧草有限公司 | 山西省襄汾县大邓乡政府北 200 米 | 041500 | 0357 - 3690316 | 陈神记 | | 苜蓿草粉、草粉 |
| 山西省永济市汪红兔业养殖有限公司 | 山西省永济市张营镇窑头村 | 044500 | 0359 - 8203425 | 介红革 | | 苜蓿饲料 |
| 海益能特饲料公司 | 上海市浦东新区 | 201322 | 021 - 28703203 | 杨宵 | | 獭兔饲料、肉兔饲料、毛兔饲料 |
| 上海德邦饲料有限公司 | 上海市沪松公路 195 弄 56 号 402 | 201101 | 021 - 54858676 | 邓志刚 | | 微量元素、抑制剂、酶剂、吸附剂、预混料、畜禽料、豆粉、油 |
| 农达（上海）饲料科技有限公司 | 上海市浦东新区申江路 3018 号 | 201322 | 021 - 29556561 | | | 肉兔、獭兔、毛兔预混料 |
| 成都市长友饲料有限公司 | 四川省大邑县安仁镇 | 611331 | 028 - 88315186 | 艾波 | | 饲料原料、包装、饲料、玉米、豆粕、鱼粉 |
| 成都市新津金阳饲料有限公司 | 四川省成都市新津龙马 | 611430 | 028 - 82459518 | | www.jinyangsiliao.com | 兔用浓缩料、全价料 |
| 成都丰达饲料有限公司 | 四川省成都双流黄甲大道双华段 242 号 | 610207 | 028 - 85745076 | | | 兔全价料 |

（续）

| 名　称 | 单位地址 | 邮政编码 | 联系电话 | 联系人 | 网　站 | 品　种 |
| --- | --- | --- | --- | --- | --- | --- |
| 四川金字塔饲料有限公司 | 四川省眉山市东坡区松江工业发展集中开发区 | 620010 | 0833-8012366 |  | http：//www.msjzt.com | 兔全价料 |
| 天津市宝坻区华禹饲料辅料厂 | 天津市牛道口镇村李三店工业园 | 301800 | 022-59217136 | 钱学强 |  | 玉米、骨粉、糠壳粉、玉米糠、玉米芯颗粒、玉米芯细粉 |
| 济南一邦笼具研究所 | 济南市章五市龙山办理处东500米路南 | 250216 | 0531-83621853 | 王献德 | http：//www.ybly.cn | 环保笼具设备 |
| 蠡县二胖养殖设备厂 | 河北省蠡县辛兴镇辛兴工业区 | 071400 | 0312-6569990 | 李二胖 | http：www.erpangyzsb.cn | 兔笼及笼具 |

# 五、部分国家和地区明令禁用或重点监控的兽药及其化合物清单

| 国家或地区 | 药物清单 |
| --- | --- |
| 欧盟 | 阿伏霉素，洛硝达唑，卡巴多，喹乙醇，杆菌肽锌（禁止作饲料添加药物使用），螺旋霉素（禁止作饲料添加药物使用），维吉尼亚霉素（禁止作饲料添加药物使用），磷酸泰乐菌素（禁止作饲料添加药物使用），阿普西特，二硝托胺，异丙硝唑，氯羟吡啶，氯羟吡啶/苄氧喹甲酯，氨丙啉，氨丙啉/乙氧酰胺苯甲酯，地美硝唑，尼卡巴嗪，二苯乙烯类及其衍生物、烟酸酯（如己烯雌酚等），抗甲状腺类药物（如甲巯咪唑、普萘洛尔等），类固醇类（如雌激素、雄激素、孕激素等），二羟基苯甲酸内酯（如玉米赤霉醇），β-兴奋剂类（如克仑特罗、沙丁胺醇、喜马特罗等），马兜铃属植物及其制剂，氯霉素，氯仿、氯丙嗪，秋水仙碱，氨苯砜，甲硝咪唑，硝基呋喃类 |
| 美国 | 氯霉素，克仑特罗，己烯雌酚，地美硝唑，异丙硝唑，其他硝基咪唑类，呋喃唑酮（外用除外），呋喃西林（外用除外），泌乳牛禁用磺胺类药物（下列除外：磺胺二甲氧嘧啶、磺胺溴甲嘧啶、磺胺乙氧嗪），氟喹诺酮类（沙星类），糖肽类抗生素（如万古霉素），阿伏霉素 |
| 日本 | 氯羟吡啶，磺胺喹噁啉，氯霉素，磺胺甲基嘧啶，磺胺二甲基嘧啶，磺胺-6-甲氧嘧啶，噁喹酸，乙胺嘧啶，尼卡巴嗪，双呋喃唑酮，阿伏霉素 |
| 香港 | 氯霉素，克仑特罗，己烯雌酚，沙丁胺醇，阿伏霉素，己二烯雌酚，己烷雌酚 |

**图书在版编目（CIP）数据**

肉兔日程管理及应急技巧/谷子林，孙惠军主编
—北京：中国农业出版社，2010.5
（21世纪规范化养殖日程管理系列）
ISBN 978-7-109-14467-5

Ⅰ.①肉… Ⅱ.①谷…②孙… Ⅲ.①肉用兔—饲养管理 Ⅳ.①S829.1

中国版本图书馆CIP数据核字（2010）第047220号

中国农业出版社出版
（北京市朝阳区农展馆北路2号）
（邮政编码100125）
责任编辑 刘 炜

中国农业出版社印刷厂印刷 新华书店北京发行所发行
2011年1月第1版 2012年6月北京第2次印刷

开本：850mm×1168mm 1/32 印张：13.75
字数：341千字 印数：6 001~9 000册
定价：30.00元